全国大学生电子设计竞赛培训教程第5分册

电子仪器仪表与测量系统设计

高吉祥　熊跃军　**主　编**◎

欧阳宏志　**副主编**◎

李清江　陈新喜　周　群　张耀东　　　**编**◎

傅丰林　**主　审**◎

电子工业出版社·

Publishing House of Electronics Industry

北京·BEIJING

内 容 简 介

本书是全国大学生电子设计竞赛培训教程第 5 分册,是针对全国大学生电子设计竞赛的特点和需求编写的。全书共 7 章,内容包括:时频测量仪设计、电气参数测量仪、时域测量仪、元件参数测量仪、频域测量仪、数据域测量仪和其他测量仪的工作原理、设计基础、设计方法及大量设计举例。

本书内容丰富实用、叙述条理清晰、工程性强,可作为高等学校电子信息类、自动化类、电气类、计算机类专业的大学生参加全国及省级电子设计竞赛、课程设计与制作、毕业设计的参考书,以及电子工程各类技术人员的参考书。

图书在版编目(CIP)数据

全国大学生电子设计竞赛培训教程. 第 5 分册,电子仪器仪表与测量系统设计 / 高吉祥,熊跃军主编.
北京:电子工业出版社,2019.4

ISBN 978-7-121-29526-3

Ⅰ. ①全… Ⅱ. ①高… ②熊… Ⅲ. ①电子仪器-设计-高等学校-教材
②电工仪表-设计-高等学校-教材 Ⅳ. ①TN702

中国版本图书馆 CIP 数据核字(2019)第 039158 号

策划编辑:王羽佳
责任编辑:谭海平　　特约编辑:陈晓莉
印　　刷:北京虎彩文化传播有限公司
装　　订:北京虎彩文化传播有限公司
出版发行:电子工业出版社
　　　　　北京市海淀区万寿路 173 信箱　　邮编:100036
开　　本:787×1 092　1/16　印张:20.5　字数:577 千字
版　　次:2019 年 4 月第 1 版
印　　次:2024 年 1 月第 4 次印刷
定　　价:59.80 元

前　言

　　全国大学生电子设计竞赛是由教育部高等教育司、工业和信息化部人事教育司共同主办的面向全国高等学校本科、专科学生的一项群众性科技活动，目的在于推动普通高等学校在教学中培养大学生的创新意识、协作精神和理论联系实际的能力，加强学生工程实践能力的训练和培养；鼓励广大学生踊跃参加课外科技活动，把主要精力吸引到学习和能力培养上来，促进高等学校形成良好的学习风气；同时，也为优秀人才脱颖而出创造条件。

　　全国大学生电子设计竞赛自 1994 年至今已成功举办 13 届，深受全国大学生的欢迎和喜爱，参赛学校、参赛队和参赛学生逐年增加。对参赛学生而言，电子设计竞赛和赛前系列培训，使他们获得了电子综合设计能力，巩固了所学知识，并培养了他们用所学理论指导实践，团结一致，协同作战的综合素质；通过参加竞赛，参赛学生可以发现学习过程中的不足，找到努力的方向，为毕业后从事专业技术工作打下更好的基础，为将来就业做好准备。对指导老师而言，电子设计竞赛是新、奇、特设计思路的充分展示，更是各高等学校之间电子技术教学、科研水平的检验，通过参加竞赛，可以找到教学中的不足之处。对各高等学校而言，全国大学生电子设计竞赛现已成为学校评估不可缺少的项目之一，这种全国大赛是提高学校整体教学水平、改进教学的一种好方法。

　　全国大学生电子设计竞赛只在单数年份举办，但近年来，许多地区、省市在双数年份也单独举办地区性或省内电子设计竞赛，许多学校甚至每年举办多次各种电子竞赛，其目的在于通过这类电子大赛，让更多的学生受益。

　　全国大学生电子设计竞赛组委会为了组织好这项赛事，2005 年编写了《全国大学生电子设计竞赛获奖作品选编（2005）》。我们在组委会的支持下，从 2007 年开始至今，编写了"全国大学生电子设计竞赛培训教程"（共 14 册），深受参赛学生和指导教师的欢迎和喜爱。

　　这一系列教程出版发行后，据不完全统计，被数百所高校采用，作为全国大学生电子设计竞赛及各类电子设计竞赛培训的主要教材或参考教材。读者纷纷来信来电表示这套教材写得很成功、很实用，同时也提出了许多宝贵意见。基于这种情况，从 2017 年开始，我们对此系列教程进行整编。新编写的 5 本系列教材包括：《基本技能训练与综合测评》《模拟电子线路与电源设计》《数字系统与自动控制系统设计》《高频电子线路与通信系统设计》和《电子仪器仪表与测量系统设计》。

　　《电子仪器仪表与测量系统设计》是新编系列教材的第 5 分册，是在前几版的基础上撰写而成的，删去了一些陈旧的内容，增加了 2013 年、2015 年和 2017 年的竞赛内容。全书共 7 章，第 1 章介绍时频测量仪设计，第 2 章介绍电气参数测量仪设计，第 3 章介绍时域测量仪设计，第 4 章介绍元器件参数测量仪设计，第 5 章介绍频域测量仪设计，第 6 章介绍数据域参数测量仪设计，第 7 章介绍其他测量仪器设计。本书收集整理了历届关于电子仪器仪表和测量系统设计方面的竞赛试题 17 道，并将它们归类为了 7 章。每章的第一节介绍与本章相关的基本技术及关键器件，所举的每道试题均设有题目分析、方案论证与比较、理论分析与参数计算、软硬件设计、测试方法、测试结果及结果分析，内容丰富多彩。

参加本书编写工作的有高吉祥、熊跃军、欧阳宏志、李清江、陈新喜、周群、张耀东等。高吉祥、熊跃军任主编，欧阳宏志任副主编，李清江、陈新喜、周群、张耀东等参加了部分章节的编写。西安电子科技大学傅丰林教授在百忙之中对本书进行了主审。长沙学院电子信息与电气工程学院院长刘光灿、副院长刘辉为本书出版立项、编著、组织做了大量的工作。南华大学王彦教授、湖南科技大学吴新开教授为本书的编写提供了大量优秀作品和论文。长沙学院杨毅、熊思瑾等同学在文字编辑与校对方面做了大量的工作。北京理工大学罗伟雄教授、武汉大学赵茂泰教授等为本书编写出谋划策，对本书的修订提出了宝贵意见。再次表示衷心的感谢。

由于时间仓促，本书在编写过程中难免存在疏漏和不足，欢迎广大读者和同行批评指正。

编　者

2019 年 1 月

目 录

第①章
时频测量仪设计

1.1 时频测量仪设计基础

1.1.1 概述

1. 时频关系

时间是国际单位制中的 7 个基本物理量之一，其基本单位是秒，用 s 表示。在电子测量中，有时因为秒的单位太大而常用毫秒（ms，10^{-3}s）、微秒（μs，10^{-6}s）、纳秒（ns，10^{-9}s）、皮秒（ps，10^{-12}s）。

"时间"一般有两种含义：一是指"时刻"；二是指"间隔"，即两个时刻之间的间隔，表示某事件持续了多久。

"频率"是指单位时间（1s）内周期性事件重复的次数，单位是赫兹（Hz）。

可见，频率和周期（时间）是从不同侧面来描述周期性现象的，两者在数学上互为倒数，即

$$f = \frac{1}{T} \tag{1.1.1}$$

2. 时频标准

时间的单位是秒。随着科学技术的发展，"秒"的定义曾做过三次重大的修改。

1）世界时（UT）秒

最早的时间（频率）标准是由天文观测得到的。以地球自转周期为标准测定的时间称为世界时（UT）。定义地球自转周期的 1/86400 为世界时的 1 秒，这种直接通过天文观测求得的秒为零类世界时（UT_0），其准确度在 10^{-6} 量级。后来，人们对地球自转轴微小移动（称为极移）效应进行了校正，得到了第一类世界时（UT_1）；把地球自转的季节性、年度性变化校正后的世界时称为第二类世界时（UT_2），其准确度在 3×10^{-8} 量级。

2）历书时（ET）秒

1960 年，国际计量大会决定采用以地球公转为基础的历书时（ET）秒作为时间单位，将 1900 年 1 月 1 日 0 时整起的回归年的 1/31556925.9747 作为 1 秒，按此定义复现秒的准确度提高到 1×10^{-9} 量级。

世界时秒和历书时秒都是客观计时标准，它需要精密的天文观测，设备庞大，手续繁

杂，观测量周期期长，准确度有限。

3）原子时（AT）秒

为了寻求更加恒定并能迅速测定的时间标准，人们从宏观世界转向微观世界，利用原子能级跃迁频率作为计时标准。1967 年 10 月，第 13 届国际计量大会正式通过了秒的定义："秒是 C_s^{133} 原子基态的两个超精细结构能级[$F = 4$, $m_F = 0$]和[$F = 3$, $m_F = 0$]之间跃迁频率相应的射线持续 9192631770 个周期的时间"。以此为标准定出的时间标准称为原子时秒，并从 1972 年 1 月 1 日零时起，时间单位秒由天文时秒改为原子时秒。这样，时间标准改为由频率标准来定义，其准确度可达 ±$5×10^{-14}$，是所有其他物理量标准远远不能及的。

4）协调世界时（UTC）秒

世界时和原子时之间互有联系，可以精确运算，但不能彼此取代，各有各的用处。原子时只能提供准确的时间间隔，而世界时考虑了时刻和时间间隔。

协调世界时秒是原子时和世界时折中的产物，即用闰秒的方法来对天文时进行修正。这样，国际上就可采用协调世界时来发送时间标准，即摆脱了天文定义，又使得准确度提高 4～5 个数量级，其准确度优于 ±$2×10^{-11}$。

至此已明确，时间标准和频率标准具有同一性，可由时间标准导出频率标准，也可由频率标准导出时间标准，故通常统称为时频标准。

3. 频率测量方法

在电子测量中，频率测量与时间测量相比显得更为重要。根据测量方法的原理，对测量频率的方法大体上可做如图 1.1.1 所示的分类。

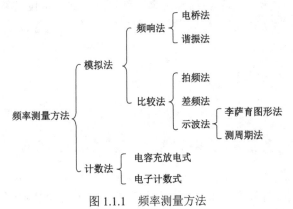

图 1.1.1　频率测量方法

频响法又称利用无源网络频率特性测频法，它包括电桥法和谐振法。比较法将被测频率信号与已知频率信号进行比较，通过观、听来比较结果，进而获得被测信号的频率。属于比较法的有拍频法、差频法和示波法。

计数法有电容充放电式和电子计数式两种：前者利用电子电路控制电容器充放电的次数或时间常数，再用磁电式仪表测量充、放电电流的大小，进而指示被测信号的频率值；后者是根据频率的定义进行测量的一种方法，它用电子计数器显示单位时间内通过被测信号的周期数来实现频率的测量。由于数字电路的飞速发展和数字集成电路的普及，计数器的应用已十分广泛。利用电子计数器测量频率具有精确度高、显示直观、测量迅速及便于实现测量过程自动化等一系列优点，因此该法是目前最好的，也是我们要重点讨论的测频方法。

1.1.2 电子计数法测量频率

1. 电子计数法测频原理

1）基本原理

根据频率的定义，若某一信号在 T 秒时间内重复变化了 N 次，则可知该信号的频率为

$$f_x = N/T \qquad\qquad (1.1.2)$$

针对上述原理，可采用数字逻辑电路中的门电路（如与门）来实现，如图 1.1.2 所示。在与门 A 端加入被测信号被整形后的脉冲序列 f_x，在 B 端加入宽度为 T 的控制信号（常称闸门信号），取 $T = 1s$，则 C 端仅在 T 期间有被测脉冲出现，然后送计数器计数，设计数值为 N。由图 1.1.2 中的与门 C 端可以直接得出

$$NT_x = T$$

因此

$$f_x = N/T$$

实现了式（1.1.2）的测频原理。其方法可简述为"定时计数"，其实质上属于比较法测频，比较的时间基准是闸门信号 T。

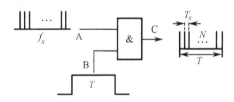

图 1.1.2 测频的原理

2）组成框图

图 1.1.3 所示是计数式频率计测频的框图，它主要由以下 4 部分组成。

（1）时基（T）电路。

这部分的作用是提供准确的闸门时间 T。它一般由高稳定度的石英晶体振荡器、分频整形电路与门控（双稳）电路组成。晶体振荡器输出的正弦信号（频率为 f_c，周期为 T_c）经 m 次分频，整形得到周期为 $T = mT_c$ 的窄脉冲，以此窄脉冲触发一个双稳（即门控）电路，从门控电路输出端即得所需的宽度为基准时间 T 的脉冲，它又称闸门时间脉冲。为了测量需要，在实际的电子计数式频率计中，时间基准选择开关分若干挡位。因此，时基电路具有以下两个特点。

① 标准性。闸门时间准确度应比被测频率高一个数量级以上，故通常晶振频率稳定度要求达 $10^{-10} \sim 10^{-6}$。

② 多值性。闸门时间 T 不一定为 1s，应让用户根据测频精度和速度的不同要求自由选择，如 10ms、0.1s、1s 和 10s 等。

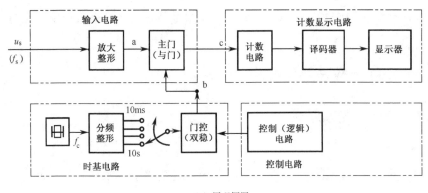

（a）原理框图

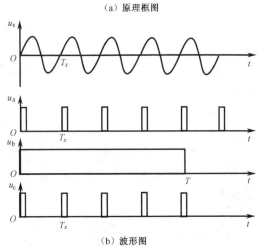

（b）波形图

图 1.1.3　计数式频率计框图及波形图

（2）输入电路。

这部分电路的作用是将被测量周期期信号转换为可计数的窄脉冲。它一般由放大整形电路和主门电路组成。被测输入周期信号（频率为 f_x、周期为 T_x）经放大、整形、微分得周期为 T_x 的窄脉冲，送到主门的一个输入端，其波形变换过程如图 1.1.4 所示。主门的另一个控制端输入的是时间基准产生电路产生的闸门脉冲。在闸门脉冲开启主门期间，周期为 T_x 的窄脉冲才能经过主门，在主门的输出端产生输出。在闸门脉冲关闭主门期间，周期为 T_x 的窄脉冲不能在主门的输出端产生输出。在闸门脉冲控制下，主门输出的脉冲将输入计数器计数，因此将主门输出的脉冲称为计数脉冲，相应的这部分电路称为计数脉冲产生电路。

（3）计数显示电路。

简单地说，计数显示电路的作用就是累计被测量周期期信号重复的次数，显示被测信号的频率。它一般由计数电路、译码器和显示器组成。在逻辑控制电路的控制下，计数器对主门输出的计数脉冲实施二进制计数，其输出经译码器转换为十进制数，输出到数码管或显示器件进行显示。因为时基 T 都是 10 的整数次幂倍秒，因此显示的十进制数就是被测信号的频率，其单位可能是 Hz、kHz 或 MHz。

（4）控制电路。

控制电路的作用是产生各种控制信号，以便控制各电路单元的工作，使整机按一定的工作程序完成自动测量的任务。在控制电路的统一指挥下，电子计数器的工作按照"复零－测量－显示"的程序自动进行，其工作流程如图 1.1.5 所示。

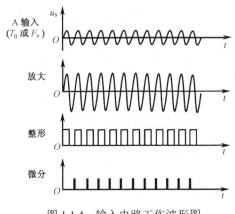

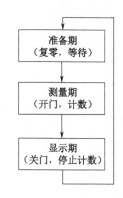

图 1.1.4　输入电路工作波形图　　　　图 1.1.5　电子计数器的工作过程

测频时，电子计数器的工作过程如下。

准备期：在开始进行一次测量之前应当做好的准备工作是，使各计数电路回到原始状态，并抹掉读数，这一过程称为"复零"。"复零"完成后，控制电路撤掉对门控双稳的闭锁信号（解锁），门控双稳处于等待状态，等待一个闸门信号（秒信号）的触发。

测量期：通过闸门信号选择开关从时基电路选取 1Hz 的频标信号作为开门时间控制信号。门控双稳在 1Hz 频标信号的触发下产生秒脉冲，使主门准确地开启 1s。在这 1s 时间内，输入信号通过主门到计数电路计数的这段时间称为测量时间。

显示期：在一次测量完毕后，关闭主门，把计数结果送到显示电路显示。为便于读取或记录测量结果，显示的读数应当保持一定的时间（显示时间长短通常可调，如 0.1～20s）。在这段时间内，主门应被闭锁，这段时间称为显示时间。显示时间完结后，再做下一次测量的准备工作。

电子计数器的测频原理实质上是以比较法为基础的，它将被测信号频率 f_x 和已知时基信号频率 f_c 相比较，并以数字形式显示相比较的结果。

2．误差分析计算

在测量中，误差分析计算是不可少的。理论上讲，不管测量什么物理量，不管采用什么测量方法，只要进行测量，就可能有误差存在。误差分析的目的就是要找出引起测量误差的主要原因，从而有针对性地采取有效措施，减小测量误差，提高测量的精确度。虽然电子计数式测量频率的方法有许多优点，但这种测量方法也存在测量误差。下面来分析电子计数测频的测量误差。

由式（1.1.2）可求得

$$\frac{\Delta f_x}{f_x} = \frac{\Delta N}{N} - \frac{\Delta T}{T} \qquad (1.1.3)$$

从式（1.1.3）可以看出，电子计数测量频率方法引起的频率测量相对误差，由计数器计数脉冲相对误差和标准时间相对误差两部分组成。因此，对这两种相对误差可以分别加以讨论，然后相加得到总的频率测量相对误差。

1) 量化误差——±1 误差

在测频时,主门的开启时刻与计数脉冲之间的时间关系是不相关的,即它们在时间轴上的相对位置是随机的。这样,即使是在相同的主门开启时间 T 内(先假定标准时间相对误差为零),计数器所计得的数也不一定相同。如图 1.1.6(a)所示,第一种情况进入 8 个脉冲,第二种情况只进入 7 个脉冲,即导致了多 1 个或少 1 个的 ±1 误差,这是频率量化时带来的误差,故称量化误差,又称脉冲计数误差或 ±1 误差。

上述 ±1 误差还可由图 1.1.6(b)进行进一步的分析。图中,T 为计数器的主门开启时间,T_x 为被测信号周期,Δt_1 为主门开启时刻至第一个计数脉冲前沿的时间(假设计数脉冲前沿使计数器翻转计数),Δt_2 为闸门关闭时刻至下一个计数脉冲前沿的时间。设计数值为 N(处在 T 区间内的窄脉冲个数,图中 $N = 6$),由图可得

$$T = NT_x + \Delta t_1 - \Delta t_2 = \left(N + \frac{\Delta t_1 - \Delta t_2}{T_x} \right) T_x$$

$$\Delta N = \frac{\Delta t_1 - \Delta t_2}{T_x} \tag{1.1.4}$$

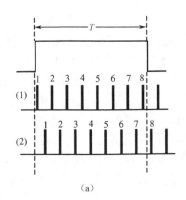
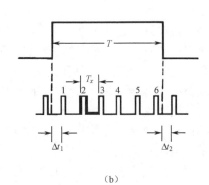

图 1.1.6　量化误差

考虑 Δt_1 和 Δt_2 都是不大于 T_x 的正时间量,由式(1.1.4)可以看出:$\Delta t_1 - \Delta t_2$ 虽然可能为正或为负,但它的绝对值不会大于 T_x,ΔN 的绝对值也不会大于 1,即 $|\Delta N| \leqslant 1$。再联系 ΔN 为计数增量,它只能为实整数,可对照图 1.1.6 进行分析,在 T、T_x 为定值的情况下,可以令 $\Delta t_1 \to 0$ 或 $\Delta t_1 \to T_x$,也可令 $\Delta t_2 \to 0$ 或 $\Delta t_1 \to T_x$。经如上讨论可得 ΔN 的取值只有 3 个可能的值,即 $\Delta N = 0$、$\Delta N = 1$ 或 $\Delta N = -1$。所以,脉冲计数最大绝对误差即 ±1 误差为

$$\Delta N = \pm 1 \tag{1.1.5}$$

联系式(1.1.5)和式(1.1.2),可写出脉冲计数最大相对误差为

$$\frac{\Delta N}{N} = \pm \frac{1}{N} = \pm \frac{1}{f_x T} \tag{1.1.6}$$

式中,f_x 为被测信号频率;T 为闸门时间。由式(1.1.6)不难得到结论:脉冲计数相对误差与被测信号频率和闸门时间成反比。也就是说,被测信号频率越高、闸门时间越宽,脉冲计数相对误差越小。

2) 闸门时间误差(标准时间误差)

如果闸门时间不准,造成主门启闭时间或长或短,那么显然会产生测频误差。闸门信号 T 是由晶振信号分频得到的。设晶振频率为 f_c(周期为 T_c),分频系数为 m,因此有

$$T = mT_c = m\frac{1}{f_c} \tag{1.1.7}$$

由误差合成定理，对式（1.1.7）微分，得

$$\frac{\mathrm{d}T}{T} = -\frac{\mathrm{d}f_c}{f_c}$$

考虑到相对误差定义中使用的是增量符号 Δ，用增量符号代替上式中的微分符号，由此上式改写为

$$\frac{\Delta T}{T} = -\frac{\Delta f_c}{f_c} \tag{1.1.8}$$

式（1.1.8）表明，闸门时间相对误差在数值上等于晶振频率的相对误差。由于它是测量频率的比较标准，所以也称标准频率误差或时基误差。通常，对标准频率准确度 $\Delta f_c / f_c$ 的要求是根据所要求的测频准确度提出的，例如，测量方案的最小计数单位为 1Hz，$f_x = 10^6$Hz，在 $T = 1$s 时的测量准确度为 $\pm1\times10^{-6}$（只考虑 ±1 误差），为了使标准频率误差不对测量结果产生影响，石英晶体振荡器的输出频率准确度 $\Delta f_c / f_c$ 应优于 1×10^{-7}，即比 ±1 误差引起的测频误差小一个数量级。

3．结论

综上所述，可得如下结论。

（1）计数器直接测频的误差主要有两项，即 ±1 误差和标准频率误差。一般总误差可采用分项误差绝对值合成，即

$$\frac{\Delta f_c}{f_c} = \pm\left(\frac{1}{f_x T} + \left|\frac{\Delta f_c}{f_c}\right|\right) \tag{1.1.9}$$

式（1.1.9）可绘成图 1.1.7 所示的误差曲线，即 $\Delta f_x / f_x$ 与 T、f_x 及 $\Delta f_c / f_c$ 的关系曲线。由图可见，f_x 一定时，闸门时间 T 选得越长，测量准确度越高。而当 T 选定后，f_x 越高，则由 ±1 误差对测量结果的影响越小，测量准确度越高。但是，随着 ±1 误差影响的减小，标准频率误差 $\Delta f_c / f_c$ 将对测量结果产生影响，并以 $|\Delta f_c/f_c|$（图中以 5×10^{-9} 为例）为极限，即测量准确度不可能优于 5×10^{-9}。

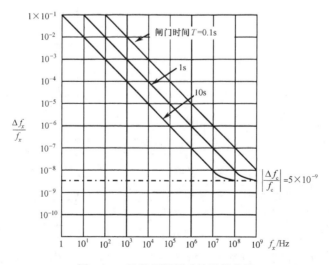

图 1.1.7　计数器测频时的误差曲线

（2）测量低频时，±1 误差产生的测频误差大得惊人，例如 $f_x = 10\text{Hz}, T = 1\text{s}$ 时，由 ±1 误差引起的测频误差可达 10%，因此测量低频时不宜采用直接测频方法。

1.1.3 电子计数法测量时间

本节介绍的时间量的测量主要是指与频率对应的周期、相位及时间间隔等时间参数，且重点讨论周期的测量。周期是频率的倒数，既然电子计数器能测量信号的频率，我们自然会联想到电子计数器也能测量信号的周期，二者在原理上有相似之处，但又不等同。下面进行具体的讨论。

1. 电子计数法测量周期的原理

图 1.1.8 所示是应用计数器测量信号周期的原理框图，将它与图 1.1.3 对照，可以看出，它是将图 1.1.3 中的晶振标准频率信号与输入被测信号的位置对调构成的。

当输入信号为正弦波时，图中各点的波形如图 1.1.9 所示。可以看出，被测信号经放大整形后，形成控制闸门脉冲信号，其宽度等于被测信号的周期 T_x。晶体振荡器的输出或经倍频后得到频率为 f_c 的标准信号，其周期为 T_c，加于主门输入端，在闸门时间 T_x 内，标准频率脉冲信号通过闸门形成计数脉冲，送至计数器计数，经译码显示计数值 N。

由图 1.1.9 所示的波形图可得

$$T_x = NT_c = \frac{N}{f_c} \tag{1.1.10}$$

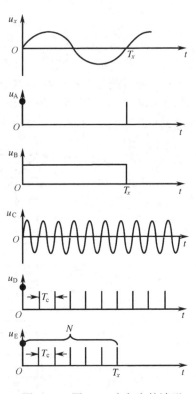

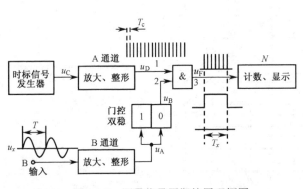

图 1.1.8　测量信号周期的原理框图　　　　图 1.1.9　图 1.1.8 中各点的波形

T_c 一定时，计数结果可直接表示为 T_x 值。例如，$T_c = 1\mu s$，$N = 852$ 时，$T_x = 852\mu s$；$T_c = 0.1\mu s$，$N = 12345$ 时，$T_x = 1234.5\mu s$。在实际电子计数器中，根据需要，T_c 可以有几种数值，用有若干挡位的开关实施转换，显示器能自动显示时间单位和小数点，使用起来非常方便。

2. 电子计数器测量周期的误差分析

1）量化误差和基准频率误差

与分析电子计数器测频时的误差类似，这里 $T_x = NT_c$，根据误差传递公式并结合图 1.1.9，可得

$$\frac{\Delta T_x}{T_x} = \frac{\Delta N}{N} + \frac{\Delta T_c}{T_c} \tag{1.1.11}$$

根据图 1.1.9 所示的测量周期原理，由式（1.1.10）可得

$$N = \frac{T_x}{T_c} = T_x f_c, \quad \Delta N = \pm 1$$

因此式（1.1.11）可写成

$$\frac{\Delta T_x}{T_x} = \pm \frac{1}{T_x f_c} \pm \frac{\Delta T_c}{T_c} = \pm \frac{1}{T_x f_c} \pm \frac{\Delta f_c}{f_c} \tag{1.1.12}$$

由式（1.1.12）可见，测量周期时的误差表达式与测频的表达式形式相似，但应注意符号的脚标不同。很明显，T_x 越大（即被测频率越低），±1 误差对测量周期精确度的影响越小；基准频率 f_c 越高（或将晶振频率倍频），测量周期的误差越小。

图 1.1.10 显示了测量周期时的误差曲线，图中有 3 条曲线，其中 $10T_x$ 和 $100T_x$ 两条曲线是采用多倍周期测量时的误差曲线。

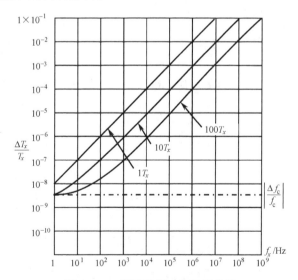

图 1.1.10 测量周期时的误差曲线

2）触发转换误差

实际上，在测量周期时，除上两项误差外，还有一项触发转换误差必须考虑。因为门控信号是由通过 B 通道的被测信号产生的，即通过施密特电路把被测信号变成方波，并触发门控电路产生控制主门开启的门控信号。当无噪声干扰时，主门开启时间刚好等于一个被测量

周期期 T_x。当被测信号受到干扰时，图 1.1.11（a）给出了一种简单的情况，即干扰为一尖峰脉冲 U_n，U_B 为施密特电路触发电平。可见，施密特电路将提前在 A_1' 触发，于是形成的方波周期为 T_1'，即产生 ΔT_1 的误差，称为转换误差（或触发误差）。例如，可利用图 1.1.11（b）来计算 ΔT_1，图中直线 ab 为 A_1 点的正弦波切线，即接通电平处正弦曲线的斜率为

$$\tan\alpha = \frac{\mathrm{d}u_x}{\mathrm{d}t}\bigg|_{u_x=U_B}$$

由图 1.1.11（b）可得

$$\Delta T_1 = \frac{U_n}{\tan\alpha} \tag{1.1.13}$$

式中，U_n 为干扰或噪声幅度。

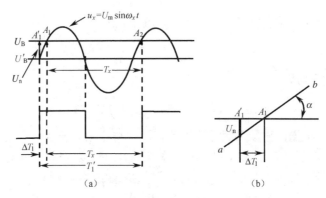

图 1.1.11　转换误差的产生与计算

设被测信号为正弦波 $u_x = U_m \sin\omega_x t$，

$$\tan\alpha = \frac{\mathrm{d}u_x}{\mathrm{d}t}\bigg|_{u_x=U_B} = \omega_x U_m \cos\omega_x t_B$$

$$= \frac{2\pi}{T_x} U_m \sqrt{1-\sin^2\omega_x t_B} = \frac{2\pi U_m}{T_x}\sqrt{1-\left(\frac{U_B}{U_m}\right)^2}$$

将上式代入（1.1.13），由于实际 $U_B \ll U_m$，可得

$$\Delta T_1 = \frac{T_x}{2\pi}\frac{U_n}{U_m} \tag{1.1.14}$$

式中，U_m 为信号振幅。

　　同样，在正弦信号下一个上升沿上（图中 A_2 点附近）也可能存在干扰，即也可能产生触发误差 ΔT_2，

$$\Delta T_2 = \frac{T_x U_n}{2\pi U_m}$$

　　由于干扰或噪声都是随机的，因此 ΔT_1 和 ΔT_2 都属于随机误差，可按下式来合成：

$$\Delta T_n = \sqrt{(\Delta T_1)^2 + (\Delta T_2)^2}$$

于是可得

$$\frac{\Delta T_n}{T_x} = \frac{\sqrt{(\Delta T_1)^2 + (\Delta T_2)^2}}{T_x} = \pm\frac{1}{\sqrt{2\pi}}\frac{U_n}{U_m} \tag{1.1.15}$$

3）多周期测量

进一步分析可知，多周期测量可以减小转换误差和±1 误差。我们可以利用图 1.1.12 来说明，图中取周期倍增系数 10，即测 10 个周期。从图可见，两相邻周期由于转换误差所产生的 ΔT 是互相抵消的。例如，第一个周期 T_{1x} 终了，干扰 U_n' 使 T_{1x} 减小 ΔT_2，则第二个周期由于 U_n' 使 T_{2x} 增加 ΔT_2。所以在测 10 个周期时，只有第一个周期开始产生的转换误差 ΔT_1 和第 10 个周期终了产生的转换误差 ΔT_2 才产生测量周期误差。这样，10 个周期引起的总误差与测一个周期产生的误差一样。除以 10 后，得到一个周期的误差为 $\sqrt{(\Delta T_1)^2 + (\Delta T_2)^2}/10$，可见减小为原来的 1/10。

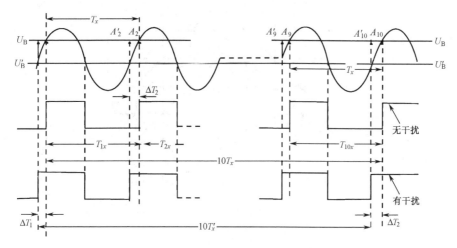

图 1.1.12　多周期测量可减小转换误差

此外，由于周期倍增后计数器计得的数也增加到 10^n 倍，因此由±1 误差引起的测量误差也可减小为原来的 $1/10^n$。图 1.1.10 中的 $10T_x$ 和 $100T_x$ 两条曲线说明了这个结果。

因此，在多周期测量模式下，测量周期误差表达式要进行修正。令周期倍增系数为 $k = 10^n$，则式（1.1.12）和式（1.1.15）可合并为

$$\frac{\Delta T_x}{T_x} = \pm\frac{1}{kT_xf_c} \pm \frac{\Delta f_c}{f_c} \pm \frac{1}{k\sqrt{2\pi}}\frac{U_n}{U_m} \tag{1.1.16}$$

4）结论

综上所述，可得出结论如下：

（1）用计数器直接测量周期的误差主要有量化误差、转换误差和标准频率误差，其合成误差可按下式计算［将式（1.1.16）中的 k 换成 10^n］：

$$\frac{\Delta T_x}{T_x} = \pm\left(\frac{1}{10^nT_xf_c} + \frac{1}{\sqrt{2}\times 10^n\pi}\frac{U_n}{U_m} + \left|\frac{\Delta f_c}{f_c}\right|\right) \tag{1.1.17}$$

（2）采用多周期测量可提高测量准确度。

（3）提高标准频率，可以提高测量周期分辨率。

（4）测量过程中尽可能提高信噪比 U_m/U_n。

3．中界频率

现在来研究量化误差（±1 误差）对测频和测量周期的影响。从图 1.1.7 可以看出，测

频误差是随着被测频率的增高而减小的；从图 1.1.10 可以看出，测量周期误差是随着被测频率的降低而减小的。因此，会在某个频率上出现测频、测量周期误差相等的情况，如图 1.1.13 所示。图中，两条曲线的交点的频率称为中界频率。

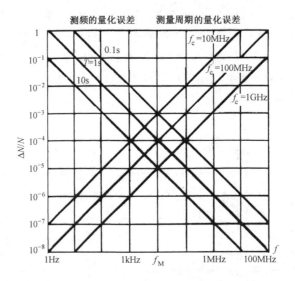

图 1.1.13 测频量化误差与测量周期量化误差

将式（1.1.9）和式（1.1.12）中的量化误差表达式联立，可得

$$\frac{\Delta f_x}{f_x} = \frac{\Delta T_x}{T_x}$$

故 $\frac{1}{f_x T} = \frac{1}{T_x f_c}$。令 $f_x = \frac{1}{T_x} = f_M$，则有

$$f_M = \sqrt{\frac{f_c}{T}} \tag{1.1.18}$$

式中，f_M 为中界频率；f_c 为标准频率；T 为闸门时间。

图 1.1.13 中给出了不同闸门时间（0.1s、1s、10s）及不同标准频率（10MHz、100MHz 和 1GHz）三种情况的交叉曲线。以 $T = 1s$，$f_c = 100MHz$ 为例，可查知 $f_M = 10kHz$。

因此，$f_x > f_M$ 时宜测频，$f_x < f_M$ 时宜测量周期。这个结果给使用带来了不便。对当前通用计数器而言，要查知所用状态下的中界频率很困难。后面将介绍采用双路计数器的方法对测频或测量周期能实现等精度测量。

4．时间间隔的测量

实际上，周期测量本质上是时间间隔的测量，即测量一个周期信号波形上的同相位两点之间的时间间隔。本节将把时间间隔的测量扩展到同一信号波形上两个不同点之间的时间间隔测量，如脉冲宽度的测量；或扩展到两个信号波形上两点之间的时间间隔测量，如相位差测量。

1）**基本原理**

时间间隔的基本测量模式如图 1.1.14（a）所示，两个独立的输入通道（B 和 C）可分别设置触发电平和触发极性（触发沿）。输入通道 B 为起始通道，用来开通主门，而来自输入通道 C 的信号为计数器的终止信号，工作波形如图 1.1.14（b）所示。图 1.1.14 所示的测量模式有两种工作方式：当跨接于两个输入端的选择开关 S 断开时，两个通道是完全独立的，来自两个信号源的信号控制计数器工作；当 S 闭合时，两个输入端并联，仅一个信号加到计数器，但可独立地选择触发电平和触发极性，以完成起始和终止功能。

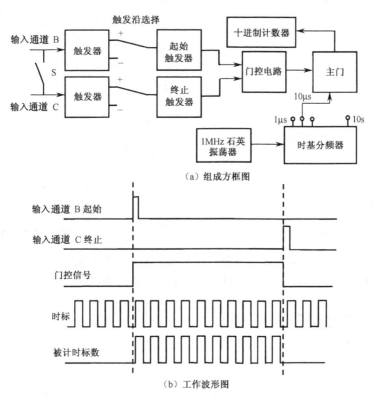

图 1.1.14　基本时间间隔测量模式

2）相位测量

基本时间间隔测量模式的一个应用例子是相位差的测量，如图 1.1.15 所示。这种测量实际上是测量两个正弦波形上两个相应点之间的时间间隔。在图 1.1.15 中是测量两个波形过零点之间的时间间隔（t_1 或 t_2）。当两个信号幅度有区别时，可使测量误差最小，方法是先将两个通道的触发电平调至零，然后让两个通道的触发沿选择开关第一次都置于"+"，测得 t_1；第二次都置于"−"，测得 t_2。取平均可得准确值

$$t_\varphi = \frac{t_1 + t_2}{2} \tag{1.1.19}$$

要知道 t_φ 对应的相位值，必须测量出这时信号的周期 T，因 1 周 T 对应的相位是 360°，则 t_φ 对应的相位为

$$\varphi = \frac{t_\varphi}{T} \times 360° \tag{1.1.20}$$

3）脉冲宽度测量

脉冲宽度测量模式仍可用图 1.1.14（a）来说明。由于脉冲宽度是以 50%脉冲幅度来定义的，因此为了获得高的测量准确度触发电平，必须准确设置在 50%的脉冲幅度位置。性

能优良的计数器具有一个校准好的电平调整或用于高精度电平调整的校准电平输出。测量时，将被测脉冲加至图 1.1.14（a）的 B 输入端，触发沿选择置于"+"，并将开关 S 合上，将 C 的触发电平也调至 50%的脉冲幅度，触发沿选择置于"–"，各点波形如图 1.1.16 所示。可见，主门的开通时间为 τ，即脉冲宽度。在 τ 时间内，时标通过主门计数。

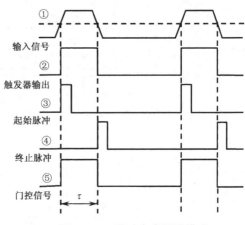

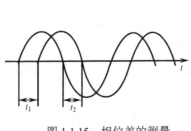

图 1.1.15　相位差的测量　　　　　图 1.1.16　脉冲宽度测量模式

同理，也可实现对脉冲上升时间和下降时间的测量。只要按照这些时间参数的定义设置好触发电平和极性就行，不过这时要求时标频率更高一些，以获得更好的准确度。

1.1.4　通用计数器

1. 概述

电子计数器于 20 世纪 50 年代初期问世，它是出现最早、发展最快的一类数字式仪器。今天的电子计数器与其初期相比，面貌已焕然一新。就其功能而言，早已冲破了初期只能测频或计数的范围，成为一机多能的仪器。就其所采用的元件而言，不但早已晶体管化，而且已经大量采用集成电路，特别是近年来采用了大规模集成电路，使仪器在小型化、低能耗、可靠性等方面都有了很大的改善。就其性能而言，它有测量精度高、速度快、自动化程度高、直接数字显示、操作简便等特点。目前，电子计数器几乎完全代替了模拟式频率测量仪器。

1）分类

电子计数器按照功能可划分为如下 4 类。

（1）通用计数器。

通用计数器是一种具有多种测量功能、多种用途的"万能"计数器，它可测量频率、周期、多周期平均、时间间隔、自检、频率比、累加计数、计时等，配上相应插件可测相位、电压、电流、功率、电阻等电量，配合传感器还可测长度、位移、重量、压力、温度、转速、速度与加速度等非电量。

（2）频率计数器。

频率计数器是指专门用来测量高频和微波频率的计数器，功能限于测频和计数，其测频范围往往很宽。

（3）时间计数器。

时间计数器是以时间测量为基础的计数器。这类计数器在不同程度上采用了计算技术，测时分辨率和准确度很高，已达皮秒（ps）量级。

（4）特种计数器。

特种计数器是具有特种功能的计数器，包括可逆计数器、预置计数器、序列计数器、差值计数器等。

此外，电子计数器还可按用途分为测量用计数器和控制用计数器。通用计数器、频率计数器和计算计数器均是测量用计数器；特种计数器则是控制用计数器，它在工业生产和自动控制技术中十分有用。

由于应用得最多的是通用计数器，故本节深入讨论通用计数器。

2）通用计数器的技术特性

根据我国电子计数器型谱系列，按部标规定通用计数器的主要技术特性见表 1.1.1。

表 1.1.1　通用计数器的主要技术特性

序号	品种	显示位数	主要工作特性										
			A 通道				有无高频探头	测时分辨率	B 通道				时基稳定度
			测频范围		输入特性				测量周期期范围		输入特性		
			低/Hz	高/MHz	灵敏度（有效值）/mV	阻抗/(mΩ/pF)			最小/μs	最大/μs	灵敏度（有效值）/mV	阻抗/(MΩ/pF)	
1	低速	4	1(DC)	0.05	500	1/50	/	20μs	200	10	1000	0.5/60	1×10^{-4}
2	低速	5	10(DC)	0.1	100	1/50	/	10μs	100	10	300	0.5/50	1×10^{-5}
3	低速	6	10(DC)	1	100	1/40	/	1μs	10	10	300	0.5/40	1×10^{-8}
4	低速	7	10(DC)	10	100	1/25	/	0.1μs	1	10	300	0.5/40	1×10^{-7}
5	中速	8	10(DC)	50	100(10)	0.5/15	/	20ns	1(0.2)	10	300	0.5/30	3×10^{-8}, 1×10^{-8}
6	中速	8	10(DC)	100	100(10)	50Ω	有	10 ns	1(0.1)	10	300	0.5/30	1×10^{-8}, 5×10^{-9}, 3×10^{-9}
7	高速	9	10(DC)	300	100(10)	50Ω	有	10 ns	1	10	300	0.5/30	3×10^{-9}, 1×10^{-9}, 5×10^{-10}
8	高速	9	10(DC)	500	100(10)	50Ω	有	2 ns	1	10	300	0.5/30	3×10^{-9}, 1×10^{-9}, 5×10^{-10}
9	高速	9	10(DC)	1000	100(10)	50Ω	有	1 ns	1	10	300	0.5/30	3×10^{-9}, 1×10^{-9}, 5×10^{-10}

2. 通用计数器的功能

通用计数器系列产品很多，大多具有测量频率、周期、多周期平均、时间间隔、自检、频率比、累加计数、计时等功能。这些功能在前面已介绍，这里仅对自检、频率比、累加计数等进行补充说明。

1）自检

自检（自校）是在时基单元提供的闸门时间内，对时标信号（频率较高的标准频率信号）进行计数的一种功能，用以检查计数器的整机逻辑功能是否正常。图 1.1.17 给出了自检时的原理框图。由于这时的闸门信号和时标信号都是同一个晶体振荡器的标准信号经过适当倍频或分频得到的，因此其计数结果是已知的，显示数字是完整的。若闸门时间为 T，时标为 f_c（即 $T_c = 1/f_c$），则根据式（1.1.1）可知计数结果为

$$N = \frac{T}{T_c} = f_c T \qquad (1.1.21)$$

例如，闸门时间 T 选 1s，时标选 $T_c = 10ns$（$f_c = 100MHz$），那么显示的数字应是 $N = 100000000$。若每次测量均稳定地显示这个数字，则说明仪器工作正常。

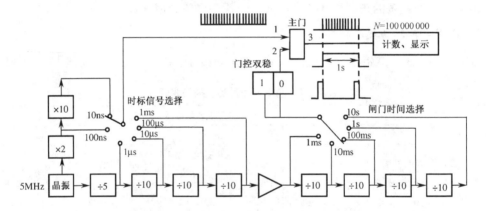

图 1.1.17　自检原理框图

应当指出的是，在自检状态下，由于闸门信号和时标信号均由同一晶振产生，具有确定的同步关系，因此计数器这时不存在量化误差（±1 误差）。

2）频率比（f_A/f_B）的测量

频率比是加于 A、B 两路信号源的频率比值。根据频率和周期的测量原理，可得测量频率比的工作原理框图如图 1.1.18 所示。

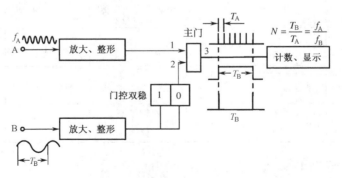

图 1.1.18　测量频率比的工作原理框图

与周期测量一样，为了提高频率比的测量精度，也可扩大被测信号 B 的周期数。若周期倍乘放在"×10^n"挡上，则计数结果为

$$N = 10^n \frac{f_A}{f_B} \qquad (1.1.22)$$

注意，按图 1.1.18 测量频率比时，要求 $f_A > f_B$。应用频率比测量的功能，可方便地测得电路的分频或倍频系数。

3）累加计数（计数 A 的测量）

累加计数是在一定的时间内（这一时间通常较长，如自动统计生产线上的产品数量）记录信号 A（如产品通过时传感器产生的光电信号）经整形后的脉冲个数。由于门开放的时间较长，因而对控制门的开、关速度要求不高，可用手动开关来控制门控双稳状态的转换，其原理框图如图 1.1.19 所示。

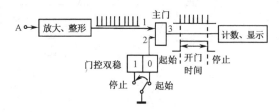

图 1.1.19　累加计数原理框图

4）计时

若计数器对内部的标准时钟信号——秒信号（或微秒信号、毫秒信号）进行计数，主门用手控或遥控，则显示的累计数即为总共经历的时间。此时，计数器的功能类似于电子秒表，它计时精确，常用于工业生产的时间控制。

3. 单片通用计数器

5G7226B 是采用 CMOS 大规模集成电路工艺制造的单片电子计数器芯片。它只需外加几个元件就可构成一台体积小、成本低的多功能通用计数器。其直接测频范围为 0～10MHz，测量周期范围为 0.5μs～10s；有 4 个内部闸门时间（0.01s、0.1s、1s 和 10s）可供选择；位和段的信号线均能直接驱动 LED 数码管（共阴方式），并有溢出指示；仅要求单一的 5V 直流电源供电，使用非常方便。

关于 5G7226B 的内部电路及引脚功能可参考有关手册，这里只给出典型应用的外围配置电路图，如图 1.1.20 所示。

通常需要配置的外围电路有如下 5 个。

1）输入通道电路

由于 5G7226B 的输入端 A 和输入端 B 是数字信号的输入端，要求由 TTL 电平的脉冲信号驱动，因此在实际应用时，常常需要外加输入通道电路（如放大器、衰减器），对被测信号放大整形之后，变成所需的脉冲信号。

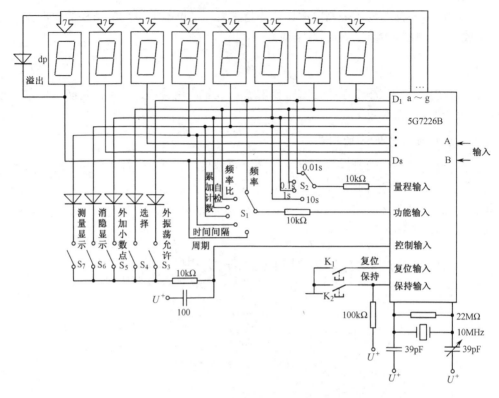

图 1.1.20　5G7226B 的外围配置电路图

2）频率扩展电路

5G7226B 的 A 端口的最大输入频率为 10MHz，B 端口的最大输入频率为 2MHz。若测频上限超过 10MHz，则需在输入端之前加一个预分频器，以便把输入频率降低到 10MHz 以下。

在某些情况下，虽然输入信号的重复频率未超过其允许的 10MHz 上限值，但输入信号的占空比很小（即脉冲宽度很窄）时，必须用单稳电路去展宽脉冲，使脉冲宽度不小于 50ns。

3）LED 显示器

需要外接 8 个共阴型发光二极管数字显示器，阴极分别与 5G7226B 的 $D_1 \sim D_8$ 端相连。8 个显示器的 a～g 段对应地与 5G7226B 的 a～g 端相连。

4）晶体振荡回路

需要外接 1 个 10MHz 晶体，2 个 39pF 电容，1 个 22MΩ 电阻。

5）控制开关与按键

需要外接下列控制开关与按键：S_1 为功能选择开关，S_2 为量程选择开关，$S_3 \sim S_7$ 为方式控制开关，K_1 为复位按键，K_2 为保持按键。

1.2 低频数字式相位测量仪设计

[2003年全国大学生电子设计竞赛（C题）]

1. 任务

设计并制作一个低频相位测量系统，包括相位测量仪、数字式移相信号发生器和移相网络三部分，示意图如图 1.2.1 所示。

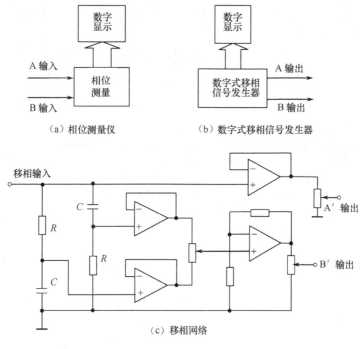

图 1.2.1 任务示意图

2. 要求

1）基本要求

（1）设计并制作一个相位测量仪［见图 1.2.1（a）］。

① 频率范围：20Hz～20kHz。

② 相位测量仪的输入阻抗≥100kΩ。

③ 允许两路输入正弦信号峰峰值分别在 1～5V 范围内变化。

④ 相位测量绝对误差≤2°。

⑤ 具有频率测量及数字显示功能。

⑥ 相位差数字显示：相位读数为 0°～359.9°，分辨率为 0.1°。

（2）参考图 1.2.1（c）制作一个移相网络。

① 输入信号频率：100Hz、1kHz、10kHz。

② 连续相移范围：−45°～+45°。

③ A′、B′输出的正弦信号峰峰值分别在 0.3～5V 范围内变化。

2）发挥部分

（1）参考图 1.2.1（b）设计并制作一个数字式移相信号发生器，用以产生相位测量仪所需的输入正弦信号，要求如下。

① 频率范围：20Hz～20kHz，频率步进为 20Hz，输出频率可预置。

② A、B 输出的正弦信号峰峰值分别在 0.3～5V 范围内变化。

③ 相位差范围为 0°～359°，相位差步进为 1°，相位差值可预置。

④ 数字显示预置的频率、相位差值。

（2）在保持相位测量仪测量误差和频率范围不变的条件下，扩展相位测量仪输入正弦电压峰峰值至 0.3～5V 范围。

（3）用数字移相信号发生器校验相位测量仪，自选几个频点、相位差值和不同幅度进行校验。

（4）其他。

3．评分标准

	项　　目	满　　分
基本要求	设计与总结报告：方案比较、设计与论证，理论分析与计算，电路图及有关设计文件，测试方法与仪器，测试数据及测试结果分析	50
	实际制作完成情况	50
发挥部分	完成第（1）项	22
	完成第（2）项	6
	完成第（3）项	12
	其他	10

4．说明

（1）移相网络的器件和元件参数自行选择，也可自行设计不同于图 1.2.1（c）的移相网络。

（2）基本要求第（2）项中，当输入信号频率不同时，允许切换移相网络中的元件。

（3）相位测量仪和数字移相信号发生器互相独立，不允许共用控制与显示电路。

1.2.1　题目分析

该题的任务与要求非常明确。该系统由相位测量仪、数字式移相信号发生器和移相网络三部分构成。相位测量仪属于时频测量仪范畴，数字式移相信号发生器属于数字式正弦振荡器范畴，而移相网络属于模拟网络范畴，这三部分的内容均比较熟悉。将它们组合成一个小系统，就变成了一道综合设计题。本题的重点就是相位测量仪、数字式移相信号发生器及移相网络，难点是数字式移相信号发生器。

1.2.2　方案论证

1．测频方案论证

方案一：采用分频段测频、测量周期法。

对于频率为 20～20000Hz 的正弦波信号，可以采用传统的测频方法。首先找出中界频率 f_M，$f_x > f_M$ 时采用测频法，$f_x < f_M$ 时采用测量周期法，然后根据关系式 $f_x = \dfrac{1}{T_x}$ 求得 f_x。

方案二：采用高精度恒误差测频法。

高精度恒误差原理框图如图 1.2.2 所示，时序图如图 1.2.3 所示。计数器 1 和计数器 2 均有使能端和清零端。控制电路产生的门控信号接到 D 触发器的数据端 D，触发器的 Q 端接两个计数器的使能端。输入信号经过迟滞比较器转换成同频率的方波，即被测信号。门控信号是宽度为 T_g 的脉冲。

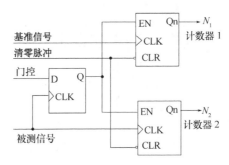

图 1.2.2　高精度恒误差测频原理框图

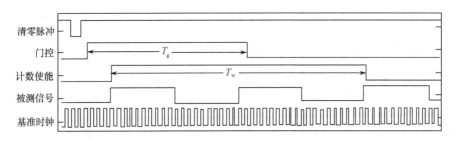

图 1.2.3　高精度恒误差测频时序图

当单片机发出"开始测量相位"命令后，控制电路先输出一个清零脉冲，将两个计数器清零，然后将门控信号置为高电平。这时 D 触发器的 Q 端为低电平，两个计数器尚未开始计数。被测信号的上升沿到来时 D 触发器翻转，其 Q 端变为高电平，同时启动两个计数器。计数器 1 和计数器 2 分别对标准频率方波信号（频率为 f_0）和被测信号（频率为 f_x）同时计数。自门控信号被置为高电平起，经过 T_g 时间，控制电路将门控信号置为低电平。被测信号的下一个上升沿到来时，两个计数器同时停止计数。这样一来，两个计数器的工作时间 T_w 恰好为被测信号周期的整数倍。工作时序如图 1.2.3 所示，由图中可以看出，实际闸门时间 T_w 与预置闸门时间 T_g 并不相等，但差值不超过被测信号的一个周期。设 T_w 时间内被测信号的计数值为 N_2，标准频率信号的计数值为 N_1，由 $f_0 = N_1/T_w$ 和 $f_x = N_2/T_w$ 可得

$$f_x = \frac{N_2}{N_1} f_0 \qquad (1.2.1)$$

这种方法又称等精度测频法，精度与待测信号的频率无关，无论是低频信号还是高频信号，其相对精度均为 $1/(T_g f_0)$。因此增加 T_g 可提高测量精度。本设计中 T_g 取 100ms，f_0 为 10MHz，可以精确测量频率大于 10Hz 的信号，误差不大于 10^{-5}。我们用 FPGA 来做高速计数器，单片机用软件实现高精度浮点运算并负责显示输出。

这两种测频方案均是可行的，本题采用第二种方案。

2. 相位测量方案论证

方案一：相位-电压转换法。

相位-电压转换式数字相位计的原理框图如图 1.2.4 所示。

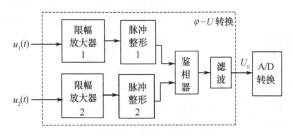

图 1.2.4　方案一之原理框图

设 $u_1(t)$ 和 $u_2(t)$ 是频率相同、相位差为 φ_x 的两个被测正弦信号，经限幅放大和脉冲整形后变成两个方波，再经鉴相电路（如异或鉴相），输出周期为 T、宽度为 T_x 的矩形波，若矩形波幅度为 U_g，则此矩形波的平均值即直流分量为 $U_0 = U_g \dfrac{2T_x}{T}$。因此，用低通滤波器对矩形波进行平滑滤波后，输出电压即为直流电压 U_0，式中 T 为被测信号的周期，T_x 由两个信号的相位差 φ_x 决定，即 $\dfrac{2T_x}{T} = \dfrac{2\varphi_x}{360°}$，所以 T_x 与 φ_x 的关系为 $T_x = \dfrac{\varphi_x}{360°} \times T$。代入式 $U_0 = U_g \dfrac{2T_x}{T}$，得 $U_0 = U_g \dfrac{2\varphi_x}{360°}$，若 A/D 转换的量化单位取 $U_g/180$，则 A/D 转换结果即为 φ_x 的度数。

方案分析：此方案原理简单，关键部分是硬件电路（包括整形、鉴相和 A/D 转换电路），软件部分相当简单，但低通滤波器的设计比较复杂，将矩形波整成直流时难免会有误差，A/D 转换时会引入量化误差。

方案二：数值取样法。

这种方法具有相当高的精度，它利用同步取样技术获得两个输入信号的取样值，经过对瞬间幅值的处理得到相位角，原理如下。设两个正弦信号为

$$u_1(t) = U_{1m}\sin(\omega t + \varphi_1)$$
$$u_2(t) = U_{2m}\sin(\omega t + \varphi_2) \qquad (1.2.2)$$

则
$$
\begin{aligned}
u_1(t) \cdot u_2(t) &= U_{1m}U_{2m}\sin(\omega t + \varphi_1)\sin(\omega t + \varphi_2) \\
&= U_m\cos(\varphi_1 - \varphi_2) - U_m\cos(2\omega t + \varphi_1 + \varphi_2) \qquad (1.2.3)
\end{aligned}
$$

式中，$U_m = \dfrac{1}{2}U_{1m}U_{2m}$。

式（1.2.3）中，第一项 $U_m\cos(\varphi_1 - \varphi_2)$ 在 φ_1、φ_2 确定时为常数，第二项 $U_m\cos(2\omega t + \varphi_1 + \varphi_2)$ 是以 2ω 为角频率的余弦信号，可见 $u_1(t)$ 与 $u_2(t)$ 的乘积为正弦信号和常数项的叠加，对

其求平均值有

$$\bar{U} = \frac{1}{T}\int_0^T u_1(t)\cdot u_2(t)\,\mathrm{d}t$$

$$= \frac{1}{T}\int_0^T \left[U_\mathrm{m}\cos(\varphi_1-\varphi_2)-U_\mathrm{m}\cos(2\omega t+\varphi_1+\varphi_2)\right]\mathrm{d}t$$

$$= U_\mathrm{m}\cos(\varphi_1-\varphi_2) = U_\mathrm{m}\cos\varphi_x$$

式中，$\varphi_x=(\varphi_1-\varphi_2)$为$u_1(t)$与$u_2(t)$之间的相位差。可见

$$\cos\varphi_x = \bar{U}/U_\mathrm{m}$$

这种方案随着取样点的增加，对于低频可得到相当精确的结果，而且软件部分简单，易于实现。但是，如果测量频率比较高时，那么就需要使用高速 A/D 数据采集器件作为外部电路，价格昂贵，且由于采样速率过高，加之两路采样严格同步，如果所用单片机的速度不够，那么将大大增加出错概率，并且由于本系统要实现的功能很多，用此方法会造成引脚资源紧张。

方案三：相位差-时间转换法。

（1）相位差-时间转换法的基本原理。

设有同频不同初相的两路信号 B 和 C，其中

$$U_\mathrm{B}(t)=U_\mathrm{mB}\sin(\omega t+\varphi_1),\quad U_\mathrm{C}(t)=U_\mathrm{mC}\sin(\omega t+\varphi_2)$$

则$u_\mathrm{B}(t)$与$u_\mathrm{C}(t)$之间的相位差φ_x为

$$\varphi_x = \varphi_1-\varphi_2 \tag{1.2.4}$$

B、C 两路的波形如图 1.2.5 所示。相位测量原理框图如图 1.2.6 所示。这种测量实际上是测量两个正弦波形上两个相应点之间的时间间隔，即测量两个波形过零点之间的时间间隔（t_1 或 t_2）。当两个信号幅度有区别时，为使测量误差最小，可将两个通道的触发电平调至零。为减小系统误差，可利用两个通道的触发沿选择开关，第一次将它们都置于"+"，测得 t_1；第二次将它们都置于"-"，则测得 t_2。取平均可得准确值

$$t_\varphi = \frac{t_1+t_2}{2} \tag{1.2.5}$$

要知道 t_φ 对应的相位值，必须测出这时信号的周期 T，T 对应的相位是 360°，则 t_φ 对应的相位为

$$\varphi_x = \frac{t_\varphi}{T}\times360° \tag{1.2.6}$$

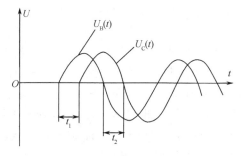

图 1.2.5 两路正弦波形

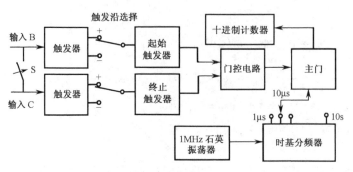

图 1.2.6　原理框图

（2）相差-时间转换法测相差具体方案。

将两路输入正弦信号 B 和 C 分别放大并整形成方波，然后经异或门鉴相。设经过整形后的两路信号分别为 IN_1 和 IN_2，鉴相器的输出信号为 PD_{out}。

我们用一个上升沿触发的 D 触发器判断 IN_1 是超前还是滞后 IN_2。电路如图 1.2.7 所示，图中 IN_1 接 D 触发器的时钟端，IN_2 接 D 触发器的数据端。当 IN_1 正跳变时，若 IN_2 为 1，则表明 IN_1 落后于 IN_2；若 IN_2 为 0，则表明 IN_1 超前于 IN_2。于是该 D 触发器的 Q 端就表明了两路信号的超前/滞后关系。

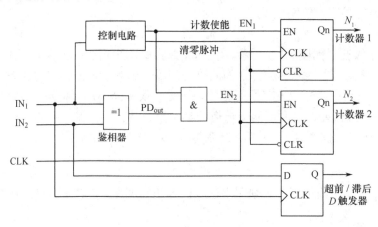

图 1.2.7　具体测相差原理图

计数器 1 的使能信号 EN_1 由控制电路（FPGA 的状态机）产生，EN_1 与鉴相器的输出信号 PD_{out} 相与后得到 EN_2，EN_2 接到计数器 2 的使能端。两个计数器的计数时钟 CLK 均为 36MHz。当单片机发出"开始测量相位"命令后，控制电路先输出一个清零脉冲，将两个计数器清零。随后，IN_1 的上升沿使得计数器 1 的使能信号 EN_1 有效（由"控制电路"实现），计数器 1 开始计数；IN_1 的下一个上升沿到来时，EN_1 翻转，计数器 1 停止计数；这样就完成了一次测量过程。各点时序如图 1.2.8 所示。"计数器 1 的计数值 N_1"乘以"计数时钟 CLK 的周期"等于 IN_1 的周期（也等于 IN_2 的周期），计数器 2 的计数值 N_2 乘以时钟周期等于 PD_{out} 在一个信号周期内的脉冲宽度。PD_{out} 的脉冲宽度与输入信号周期的比值等于 IN_1 与 IN_2 的相位差（以弧度计），按角度计算时，相位差 PD 为

$$PD = \frac{N_2}{N_1} \times 180° \qquad (1.2.7)$$

PD 的范围为 0°～180°。PD_{out} 等于 IN_1 与 IN_2 的异或，若 IN_1 与 IN_2 同相，则 PD_{out} 将一直为低电平，EN_2 也为低电平，导致 $N_2 = 0$，于是计算得到 PD = 0°。若 IN_1 与 IN_2 反相（相位相差 180°），则 PD_{out} 将一直为高电平，$N_2 = N_1$，于是计算得到 PD 为 180°。这就初步验证了以上公式的正确性。算出 PD 之后，再根据"超前/滞后"信号还原出 0°～360°的相位差。

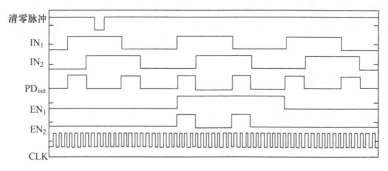

图 1.2.8　时序图

（3）相差-时间转换法测相差的改进方案。

事实上，只要能确保计数使能信号 EN_1 的持续时间是输入信号周期的整数倍，那么相位差 PD 就可利用式（1.2.7）计算（EN_1 的边沿无须与 IN_1 的上跳沿对齐）。图 1.2.6 对一个信号周期进行计数，这就要求每个信号周期中 IN_1 只能有一个上跳沿。若在一个信号周期中 IN_1 有多个上跳沿，则 EN_1 的持续时间便不足一个信号周期，测量结果无意义。这对波形整形电路提出了很高的要求，我们希望，IN_1 恰好在输入信号（一般为正弦信号）的每个过零点处翻转一次。如果直接采用过零比较器，那么电压比较器在零点电位附近极有可能振荡（因为输入电压位于电压比较器的线性区），这样得到的 IN_1 在跳变沿会有许多抖动，使得系统根本无法工作。

我们知道迟滞型电压比较器可以很好地消除抖动。然而由迟滞比较器获得的 IN_1 与原输入正弦信号存在相位差，即 IN_1 的上升沿滞后于输入信号的过零点，输入信号幅度越小，滞后越多。如果两路输入正弦信号的幅度基本相等，而两个迟滞比较器的门限又很接近，那么迟滞比较器引入的相位差不会对测量精度造成多大影响。但是，如果两路输入信号的幅度相差较大（如一路信号的峰峰值为 5V，另一路信号的峰峰值为 0.5V），那么两路迟滞比较器引入的相位差可能有较大差值（>10°），使得相位计的误差大得难以接受。另外，比较器的输入失调电压也会引入一定的误差。

减小电压比较器引入的相位误差的一种简单办法是对输入信号进行放大，将两路信号放大到幅度大致相等后再送入迟滞型电压比较器（可使用自动增益控制技术）。然而，进行信号放大可能引入难以预测的附加相移，使得相位计的精度下降。

为了达到较好的精度，我们想出了一种使用双电压比较器的波形整理及相位测量办法。简单地说，我们将两路输入信号经普通过零比较器整形得到的方波信号（边沿可能存在抖动）送入异或鉴相器，并将两路输入信号经过迟滞比较器得到的方波信号传给控制电路及"超前/滞后"判断电路。电路的工作时序与方案二的基本相同，相位差也用式（1.2.7）计算得出。这样做的好处是，控制电路得到的方波信号没有抖动，不会产生误动作。因为使用迟滞比较，计数使能信号 EN_1 的跳变沿略滞后于信号的过零点。由于 EN_1 的上跳沿和下跳沿的滞后时间相同，因此 EN_1 的持续时间恰好为一个信号周期，可保证测量精度不受影响。异或鉴相器的输出 PD_{out} 可能会有抖动，但由于抖动只在边沿处才有，对其脉冲宽度受的影响不大。实测表明，即使两路输入信号的幅度有较大差异，也不会影响测量精度。通过测量多个周期后取平均值，也可减小误差。

方案一在低频段中，积分电路的输出波动会很大，不能保证题目要求的相位精度。方案二的相位测量精度不够高。方案三的测量精度高，改进方案三采用双电压比较器进行波形整理，利用 FPGA 实现高速计数，单片机软件执行高精度浮点运算并显示，易于控制，便于实现，能达到题目要求的精度，因此选用方案三。

3．移相网络方案论证

移相分为数字移相和模拟移相两种方案。

方案一：数字移相。

单片机或 FPGA 控制高速 ADC，对一个周期内的信号进行多次采样，将数据保存在高速 RAM 中。然后根据需要移相的大小，对量化数据的地址加上一个相位偏移量后输出。该方案的优点是相移量可以很大（0°～360°都可），并且精度高，数字控制方便。但是一个周期内需要采样较多的点（如在 20kHz 下，为保证 1°的增量，必须采样 360 个点），对 ADC速度、RAM 的速度要求很高。

方案二：模拟移相。

由 R、C 组成移相网络进行移相。移相网络的基本单元电路及相频特性曲线如图 1.2.9所示。

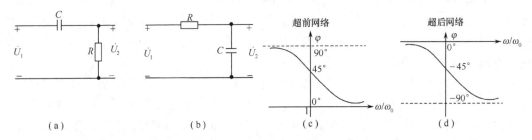

图 1.2.9　移相网络的基本电路及相频特性曲线

图 1.2.9（a）为超前移相网络的基本电路，图 1.2.9（b）为滞后移相网络的基本电路，通过运放隔离后用电位器合成，可以得到-90°～+90°的任意相移角度。

由于题目仅要求-45°～+45°可调，考虑到成本和实现难易程度，我们采用方案二，即RC 网络模拟移相。

4．数字式移相信号发生器方案论证

根据题目要求，数字式移相信号发生器的输出频率范围为 20Hz～20kHz，频率偏低而带宽很宽（3 个十倍频程）。显然采用间接频率合成器（锁相环路）和直接模拟频率合成器均难以实现，而采用直接数字频率合成器完全能满足要求。

直接数字频率合成器（Direct Digital Synthesizer，DDS）于 20 世纪 70 年代问世，近50 年得到高速发展，现有多种 DDS 芯片可供选用，如 AD9833、AD9850、AD9851、AD9852、AD9854、AD9954 等。

因可编程逻辑器件如 CPLD、FPGA 的功能强大、灵活，也可直接利用 CPLD、FPGA 来构成本系统。

方案一：采用 AD9833 为核心构成 DDS。

AD9833 是基于 DDS 原理的波形发生器专用芯片，内置正弦波形表（4096 项）和 10 位 DAC，可直接输出正弦波、三角波、方波。AD9833 的频率步进为 0.1Hz，相位预置精度为 0.1°，非常适合用在这里。DDS 的原理框图如图 1.2.10 所示。

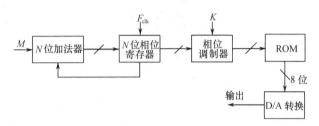

图 1.2.10 DDS 的原理框图

方案二：采用 FPGA 为核心构成 DDS。

利用 FPGA 来实现数字式移相信号发生器的原理框图如图 1.2.10 所示。

DDS 的工作原理是用高速 ROM 存储所需波形的量化数据，按照不同频率要求，用频率控制字 M 为步进对相量增量进行累加；按照不同相位的要求，用相位控制字 K 调节相位偏移量，将累加相位值加上相位偏移量后作为地址码读取存放在存储器内的波形数据。经过 D/A 转换和滤波即可得到所需的波形。DDS 具有相对带宽很宽、频率转换时间极短、相位误差小、合成波形失真度低的优点。我们通过控制频率控制字 M 和相位控制字 K，可以方便地实现频率 10Hz 步进和相位 1° 步进。

因为要用高速 ROM 存放正弦波形数据，占用资源较多，因此我们采用内部含 ROM 的 FPGA 实现。

本系统采用方案二。

1.2.3 硬件设计

1. 数字式相位测量仪

1）小信号处理部分

由于输入的两路信号幅度不确定、波形不确定、边沿不够陡峭，而 FPGA 测频测相是相对 TTL 电平（数字信号）进行的，因此我们必须对输入信号进行放大整形。

电路图及参数如图 1.2.11 所示。

设计任务要求输入阻抗≥100kΩ，我们采用同相放大器，在输入端并上一个 100kΩ 的电阻，这样就能满足输入阻抗的要求。

电路中的运放都采用 LF353，其带宽为 10MHz，很好地满足设计要求。实际测试中，在 30kHz 的情况下，输入信号仍然能很好地整形。

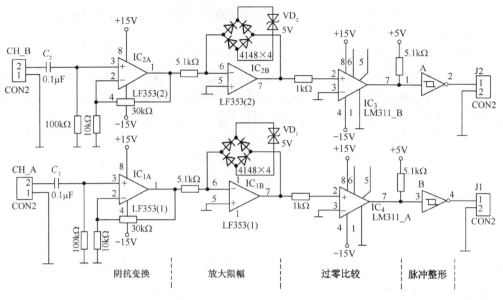

图 1.2.11　小信号处理电路

2）测相部分

对于两路输入信号，在整形得到方波信号后，于 FPGA 内先对其进行异或操作，再对异或后信号的脉冲 t 的宽度进行计数。测相部分的原理框图如图 1.2.12 所示。

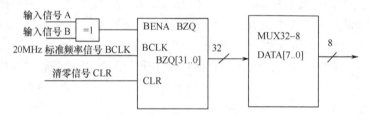

图 1.2.12　测相部分的原理框图

图中 BENA 为计数器的使能信号端，当 BENA 输入为高电平时，计数器开始计数；当 BENA 输入为低电平时，计数器停止计数。然而，BENA 受输入信号 A 和输入信号 B 控制，即两路信号异或后控制 BENA。从图 1.2.12 可知，测得的脉宽除以输入信号的周期恰好为两路输入信号的相位差。

已知一个被测信号的周期位 T，设相位差为 φ_x，可得

$$\varphi_x = (t/T) \times 360° \qquad (1.2.8)$$

因此 CPLD 将脉宽和周期数据传给单片机，即可换算求得相位差。这里所需的是 t/T，可以实现与相位无关的相位等精度测量，具体理论请参考测频部分。

3）测频部分

传统的测量方法中，测量精度受被测频率的影响。由于待测信号的频率范围很宽，所以我们设计了一种测量精度与频率无关的硬件等精度测量方法，其原理如图 1.2.13 所示。

由图可知，预置门信号是脉宽为 T_{pr} 的脉冲，计数器 BZQ 和 TSQ 都是可控计数器，标准频率信号从计数器 BZQ 的时钟输入端输入，其频率为 F_s，经整形后的信号从计数器 TSQ 的时钟输入端输入，其频率为 F_{XE}，测得为 F_x。当预置门控信号为高电平时，经整形后的

被测信号的上升沿通过 D 触发器的 Q 端同时启动计数器 BZQ 和 TSQ。计数器 BZQ 和 TSQ 分别对标准频率信号和整形后的待测信号进行计数；当预置门信号为低电平时，经整形后的被测信号的一个上升沿将这两个计数器同时关闭。设在一次预置门时间 T_{pr} 内，被测信号的计数值为 N_x，对标准频率信号的计数值为 N_S，则有

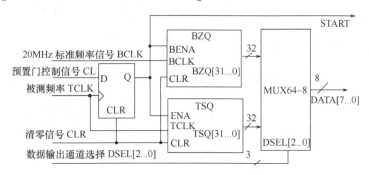

图 1.2.13　测频部分的原理图

$$F_x/N_x = F_S/N_S \tag{1.2.9}$$

推导有
$$F_x = \frac{N_x}{N_S} F_S \tag{1.2.10}$$

相对误差公式为
$$\delta = \pm(2/N_S + \Delta F_S/F_S) \tag{1.2.11}$$

从上述公式我们可以看到，测量精度与 N_S 和标准频率精度有关，而与被测信号无关。这就保证了在低频和高频部分频率计的等精度。

4）时序控制

在测频、测相部分，我们采用 20MHz 高精度有源晶振，可编程器件采用最高工作频率为 70MHz 的 Lattice 公司的 ispLSI 1032E70LJ 芯片。

在可编程器件内集成了三个模块：标准频率信号产生模块、频率测量模块、测相模块。

时序仿真图如图 1.2.14 所示，SPUL 为高电平测试频率，当 CL 为高电平时，在下一个脉冲上升沿来时开始计数，当 CL 为低电平时，在下一个脉冲上升沿来时停止计数。BZQ 中的是标准信号的计数脉冲个数，TSQ 中的是待测信号的标准信号的计数脉冲个数，通过 DSEL 地址选择（即 DSEL 控制），发送给单片机。

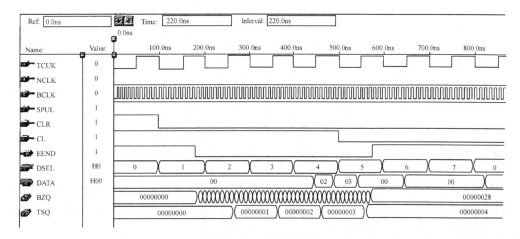

图 1.2.14　时序仿真图

而测相位时除进行测频的前两步外，接着将 A 路信号与 B 路信号进行异或操作，当所得脉冲为高电平时，将计数器打开；当脉冲为低电平时，关闭计数器，同时将 EEND 置高电平，通过单片机读取数据。

在 DSEL 的控制下，将计数器中的 32 位计数值通过数据通道 DATA 传送给单片机。时序仿真图如图 1.2.15 所示。

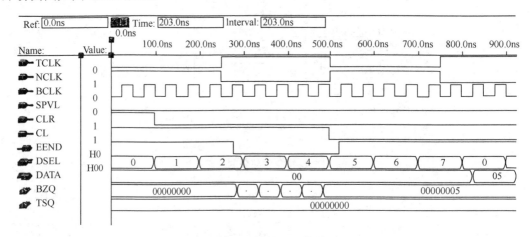

图 1.2.15 时序仿真图

5）电路图

图 1.2.16 给出了 TCLK 和 NCLK 分别接两路经整形后的待测输入信号的电路原理图。

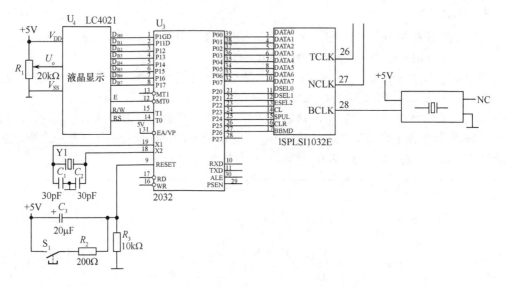

图 1.2.16 数字式相位测量仪电路原理图

2. 移相网络

前面讨论了 RC 移相网络的相频特性。从图 1.2.9 可以看到，当 $\omega = \omega_0$ 时，超前和滞后网络分别移相 $\pm 45°$，如果将两个信号叠加，设 A 信号为 $A\sin(\omega t + 45°)$，B 信号为 $B\sin(\omega t - 45°)$，叠加后的信号为 C，则有

$$C = A\sin(\omega t + 45°) + B\sin(\omega t - 45°)$$
$$= \sqrt{(A^2 + B^2)}\sin(\omega t + \varphi)$$

（1.2.12）

其中 $\tan\varphi = (A - B)/(A + B)$，改变 A 和 B 的值就可以改变叠加后信号的相位。

电路图如图 1.2.17 所示。

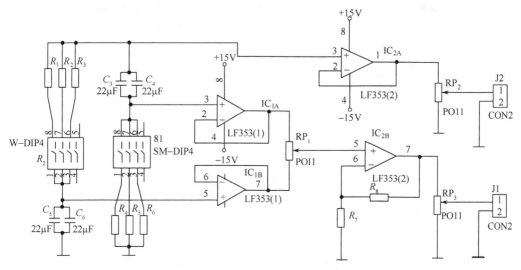

图 1.2.17　模拟移相网络电路图

只有输入信号的频率与 RC 网络的谐振频率相同时，才有 45°的相移，所以当输入信号频率变化时，RC 网络也应有不同的转折频率。根据公式

$$f = \frac{1}{2\pi RC}$$

（1.2.13）

推导可得

$$R = \frac{1}{2\pi Cf}$$

（1.2.14）

取电容为 44μF（由两个 22μF 电容并联），输入信号频率为 100Hz 时，由式（1.2.13）得

$$R = \frac{1}{2 \times 3.14 \times 44 \times 10^{-9} \times 100} = 36.189\,\text{k}\Omega$$

取 $R = 36\text{k}\Omega$。当输入信号频率为 1kHz 时，同理可得 $R = 3.6189\text{k}\Omega$，取 $R = 3.6\text{k}\Omega$。当输入信号频率为 10kHz 时，同理可得 $R = 361.89\Omega$，取 $R = 360\Omega$。根据计算，此时移相网络的输出幅度衰减了一半，所以在输出后采用同相放大器，放大倍数为 2。实际测试时相位只有-43°～+45°，误差主要由电阻、电容误差产生。调整滞后移相部分的电容为 54μF，超前移相部分的电容为 30μF，实际测量移相范围为-51°～+50°，较好地满足了题目要求，因为要求最后的输出信号峰峰值在 0.3～5V 变换，因此最后接电位器进行幅度衰减调节。

3．移相信号发生器

FPGA 内部原理框图如图 1.2.18 所示。

使用寄存器是为了避免改变控制字时对输出的影响。

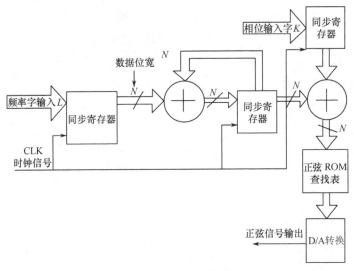

图 1.2.18　FPGA 内部原理框图

（1）频率部分。

一个 N 位字长的二进制加法器的一端和一个固定时钟脉冲取样的 N 位相位寄存器相连，另一个输入端是外部输入的控制字 M。这样，在每个时钟脉冲到来时，前一次相位寄存器中的值和当前的 M 值相加，作为当前相位寄存器的输出。控制字 M 决定了相位增量，加法器不断地对相位增量进行线性累加。当产生一次溢出后，完成一个周期性动作，即 DDS 合成信号的一个频率周期。

设基准时钟信号为 f_{CLK}，分频值为 N，累加器位数为 m，相位累加器步进值为 L，根据公式有

$$f_0 = \frac{32.768\times10^6}{(N\times2^m)}\times L(\text{Hz}) \tag{1.2.15}$$

因为最高频率为 20kHz，而步进为 20Hz，因此累加器位数至少为 10 位（$2^{10} = 1024 > (20000/20)$）。为保证最高频率下的波形在一个周期内至少有 32 个点，累加器至少有 $10+5 = 15$ 位。考虑单片机为 8 位，因此选择 $2\times8 = 16$ 位累加器。

取晶振频率 32.768MHz，可得

$$f_0 = \frac{32.768\times10^6}{(N\times2^{16})}\times L(\text{Hz}) \tag{1.2.16}$$

考虑到整除及步进为 20Hz，取 $N = 50$，即 50 分频，最后得

$$f_0 = \frac{32.768\times10^6}{(50\times2^{16})}\times L = 10L(\text{Hz}) \tag{1.2.17}$$

通过改变 L 的值就能精确实现 10Hz 步进。同样，满足题目中 20Hz 步进的要求。

（2）相位部分。

相位寄存器的输出通过相位调制器与相位控制字 K 相加，使最终输出产生一定的相位偏移 θ，θ 的值与控制字 K 和 ROM 中的数据有关。通过设置两路信号的 K 值，使两路信号有不同的相位偏移量，从而产生相位差 $\Delta\theta$。

设 A 路信号的控制字为 K，B 路信号的控制字为 K'，考虑到 FPGA 的内部资源，取 512 个采样点，可得

$$\Delta\theta = (K - K') \times \frac{360°}{512} \approx 0.7 \times (K - K') \qquad (1.2.18)$$

通常我们固定一路信号，即取 $K' = 0$，得

$$\Delta\theta = 0.7 \times K \qquad (1.2.19)$$

我们只要改变控制字 K 就可以实现步进调整。

（3）掉电保护部分。

为了使系统更具有实用性，我们加入了掉电数据保存功能。在单片机对 FPGA 发送数据的同时，将该数据写到 E^2PROM（24C02）中。每次上电初始化时，先从 E^2PROM 中读取数据，发送给 FPGA 后，再进行其他操作。如果用户意外断电，重新开启时，可以恢复原来设置的信息。

（4）信号发生电路图。

我们采用 ALTERA 公司的 EPF10K20TC144-4 FPGA 芯片，32.768MHz 有源晶振。DAC 采用 TI 公司的 TLC7528，它的带宽为 10MHz，基准源可正可负，满足任务要求。运放采用 NE5532，其 10MHz 的带宽能很好地满足设计要求。

4．按键与显示

因为要同时显示较多的数据，所以我们采用字符型液晶显示。

按键采用红外遥控方式。其中发射部分采用红外发射器，接收部分采用一体化接收头，通过单片机直接软件解码处理。

我们在接收到键码值的同时接通一个蜂鸣器，使其短促发声，以便直观判断是否能可靠接收。电路图如图 1.2.19 所示。

1.2.4　软件设计

单片机程序采用 C 语言，在 Keil C 4.01 环境下编译，用 WAVE2000L 仿真器调试。FPGA 在 MAXPLUS Ⅱ 10.1 下调试，采用 VHDL 语言编程，CPLD 在 Lattice 的 ispLEVER3.0 下调试，采用 VHDL 语言编程。

1．EDA 部分

相位测量仪部分采用 Lattice 公司的 ispLSI 1032E 70LJ CPLD 芯片。

数字式移相信号发生器采用 ALTERA 公司的 EPF10K20TC144-4FPGA 芯片，其内部 RTL 级原理图如图 1.2.20 所示。

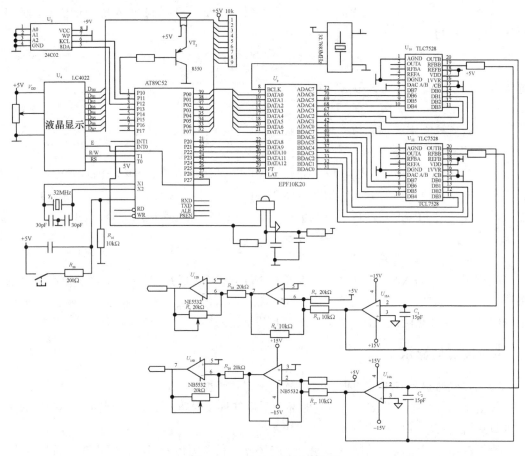

图 1.2.19　按键与显示电路图

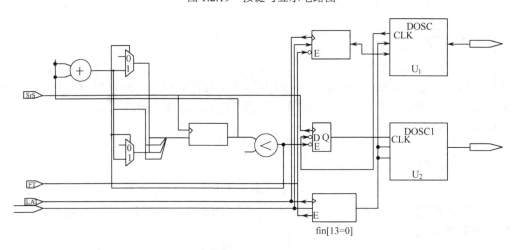

图 1.2.20　内部 RTL 级原理图

2. 单片机部分

因为测量仪既要测相位又要测频率，所以决定先测频率再测相位差。为了提高测量精度，而设计任务中对测量的时间并无要求，我们采用浮点数进行运算，避免了精度损失。

单片机软件流程图如图 1.2.21 所示。

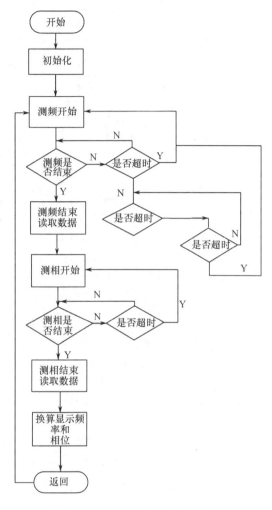

图 1.2.21 单片机软件流程图

3．数字式移相发生器

在移相发生器中，单片机的主要任务是根据按键操作给 FPGA 关于频率和相位相应的控制字。

红外遥控键盘占用外部 0 中断。当中断到来时，读取一位数据。专用 IC 芯片 SL50462 编码时，以脉宽为 0.25ms、间歇时间为 1.75ms 和周期为 2ms 的脉冲表示"1"，以脉宽为 0.25ms、间歇时间为 0.75ms 和周期为 1ms 的脉冲表示"0"。它的波形如图 1.2.22 所示。因此，我们在第 1.5ms 时进行检测，如果为低电平，那么数据为"0"；反之数据为"1"。

接收前 8 位信号后，判断是否为引导码 0xE2，若不是则认为是干扰码，不进行操作；若是则继续接收后 8 位数据，并转换成相应的码值，进行相应的操作。

数字式移相信号发生器的流程图如图 1.2.23 所示。

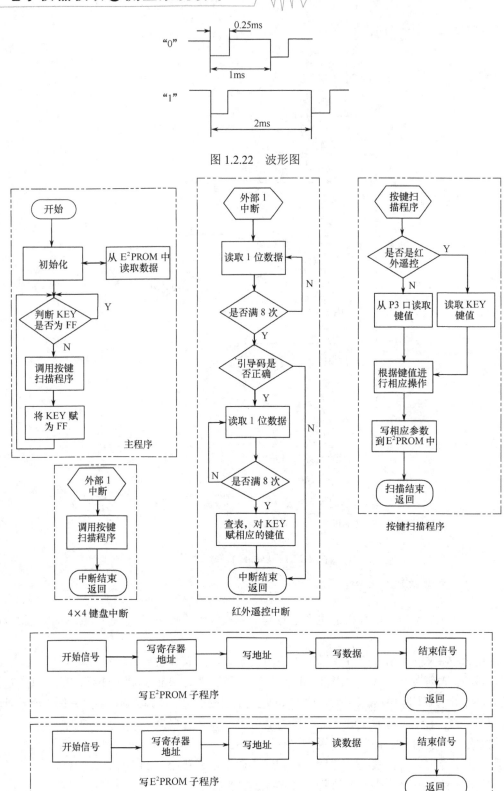

图 1.2.22　波形图

图 1.2.23　数字式移相信号发生器的流程图

1.2.5 性能测试

1. 测量仪器

80MHz 函数/任意信号发生器：Agilent 33250A。

直流稳压电源：DF1731SD3A。

EDA 系统开发试验板：GW48-CK。

2. 相位测量仪

采用高精度函数/任意信号发生器 Agilent 33250A 对测量仪进行测量。因为没有数字相位计，所以只测两个相位差为 0° 的情况（为排除数据的偶然性，用信号发生器产生方波，经反相器后与原信号同时送入相位计，在题目频率范围内，即显示在 180°±1° 内）。零相位差信号由函数信号发生器 Agilent 33250A 产生一个正弦波信号，同时加到两路输入端。数据如表 1.2.1 所示。

表 1.2.1 相位测量数据

幅度/$V_{(p\text{-}p)}$	输入频率	20.000000Hz	100.000000Hz	1.000000kHz
5	频率	20.000000Hz	100.000000Hz	1.000000kHz
	相位	0.3°	0.1°	0.1°
1	频率	20.000000Hz	100.000000Hz	1.000000kHz
	相位	0.4°	0.2°	0.1°
0.3	频率	20.000000Hz	100.000100Hz	1.000001kHz
	相位	0.7°	0.6°	0.6°
5	频率	10.000000kHz	20.000010kHz	30.000010kHz
	相位	0.4°	1.1°	3.6°
1	频率	10.000000kHz	20.000010kHz	30.000010kHz
	相位	0.2°	0.7°	1.4°
0.3	频率	10.000000kHz	20.000010kHz	30.000010kHz
	相位	0.2°	0.4°	0.9°

对于零相位差的信号，由于输入的信号本质上是同一路，因此相位差严格为 0°。信号处理部分的运放 NE5532 在不同频率时，会产生不同的附加相移，测试数据会有一定的误差。低频时，小信号时误差大，因为信号处理电路中的运放存在耦合电容，会附加相移；高频时，耦合电容的影响减弱，但受运放摆率、带宽的限制。因此，高频时信号越大，误差也越大。直接加频率为 70MHz 的方波信号给 CPLD，可以测到频率为 70.000000MHz。可见，测量仪的测频范围可以达到 70MHz。

通过比较可以看出，本设计的相位测量仪折测频精度与高精度函数/任意信号发生器 Agilent 33250A 处在同一等级精度上，成本低廉，外围电路少，具有很高的性价比。

3. 数字式移相发生器

因为已经校准测量仪，因此我们用测量仪测试发生器的性能指标。

因为两路信号幅度一致时，幅度对相位差的影响降到最低，所以令两路信号的输出幅度为 1V，测试数据如表 1.2.2 所示。

表 1.2.2　发生器测试数据

相位/频率		10Hz	50Hz	100Hz	500Hz	1kHz	5kHz	20kHz
1°	相位	1.6°	0.7°	1.3°	1.1°	1.2°	1.3°	0.7°
	频率	9.99985	49.99989	99.99889	499.99899	999.998999	4.998995kHz	19.99899kHz
10°	相位	11.1°	9.8°	10.2°	10.4°	10.1°	10.4°	10.1°
	频率	9.99987	49.99989	99.99895	499.99880	999.998989	4.998989kHz	19.99895kHz
45°	相位	45.7°	45.3°	45.5°	45.7°	45.4°	44.5°	44.3°
	频率	9.99985	49.99989	99.99895	499.99890	999.998985	4.998989kHz	19.99898kHz
120°	相位	120.3°	120.1°	120.4°	120.7°	120.6°	120.4°	119.6°
	频率	9.99985	49.99989	99.99899	499.99899	999.998990	4.998989kHz	19.99899kHz
180°	相位	179.3°	179.5°	179.5°	179.4°	179.6°	179.6°	179.6°
	频率	9.99889	49.99989	99.99899	499.99890	999.998985	4.998989kHz	19.99899kHz

由表 1.2.2 可见，相位对频率的影响很小，而频率对相位的影响较大，这是由设计决定的，但频率和相位的精度都在测量精度要求范围内。

表中测得的频率均比设定频率小，且相差基本上为负万分之零点一，因此怀疑 32.768MHz 的晶振频率不够精确。直接将晶振接到测量仪上测频，结果实测为 32.764MHz。所以产生频率的误差主要由晶振误差引入。因为理论设计上的数字式相移信号发生器的频率精度达不到误差精度，所以无法通过软件修正，只能通过更换频率误差更小的晶振来降低。

4．校验功能

系统部分加入了校验功能，进入校验功能后，移相信号发生器产生 9 种不同频率、不同相位差的正弦波，通过按确定键循环选择波形，按清零键退出校验。校验数据如表 1.2.3 所示。

表 1.2.3　校验数据

频率 相位	100Hz		1000Hz		10kHz	
90°	90.4°	99.999120Hz	90.2°	999.991700Hz	89.5°	9.999919kHz
180°	180.4°	99.999140Hz	180.2°	999.991800Hz	179.5°	9.999918kHz
270°	270.4°	99.999130Hz	270.3°	999.991800Hz	269.5°	9.999985kHz

测量仪测得的频率和相位差与发生器产生的频率和相位差基本相等，误差在允许范围内，表明系统工作正常。

手动调节电位器，输出信号幅度（峰峰值）在 0～5V 内可调。

5．移相网络

移相网络共有 3 挡，测试数据如表 1.2.4 所示。

表 1.2.4　移相网络测试数据

输入频率	移相范围（移相电位器）	
	顺时针到底	逆时针到底
100Hz	51.3°	−51.2°

续表

输入频率	移相范围（移相电位器）	
	顺时针到底	逆时针到底
1kHz	51.0°	−51.4°
10kHz	50.4°	−51.7°

由表 1.2.4 可见，移相范围为−51°～+50°，比设计任务中的±45°更大。

6．结论

（1）相位测量仪测量相位的误差小于 2°，频率测量误差小于万分之一，测量信号的峰峰值在 0.3～5V 范围内变化时仍能精确测量。

（2）RC 相移网络能实现−51°～+50°移相。

（3）数字式相移发生器能实现预置频率和相位差，能实现频率 20Hz、相位差 1°的步进调整。输出信号峰峰值在 20kHz 下仍能保持 0～5V 手动可调。

（4）数字式相移发生器具有按键伴音、掉电保护功能。

1.2.6　设计改进

测量仪部分的误差主要出现在信号前级处理电路，主要由隔直电容和运放等集成芯片产生。可以选择更小相位延时的运放和高速比较器来降低误差。而移相信号发生器设计上的误差，可以采用资源更多的 FPGA 芯片，在内部 ROM 中存储更多的点来降低。对于晶振引起的误差，可以采用与标称频率误差更小的晶振来降低。

对于数字式相移信号发生器的信号输出幅度，还可以采用程控放大的方法进行控制。电路原理图如图 1.2.24 所示。图中，将要放大的信号接到 DAC 的反馈电阻处，通过改变放大倍数，就可方便地实现程控放大；也可将衰减电阻换成数控电位器，通过改变阻值来改变衰减倍数，达到数字控制幅度输出的目的；最好的方法是通过独立的 D/A 转换产生直流电压，直接控制两路输出波形 D/A 转换的参考电压，附加相移和附加失真最小，性价比最高。

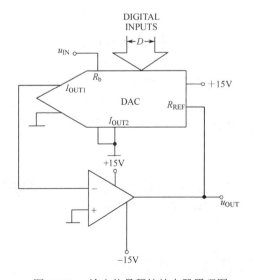

图 1.2.24　输出信号程控放大器原理图

1.3　数字频率计

［2015 年全国大学生电子设计竞赛（F 题）（本科组）］

1．任务

设计并制作一台闸门时间为 1s 的数字频率计。

2．要求

1）基本要求

（1）频率和周期测量功能。

① 被测信号为正弦波，频率范围为 1Hz～10MHz。

② 被测信号有效值电压范围为 50mV～1V。

③ 测量相对误差的绝对值不大于 10^{-4}。

（2）时间间隔测量功能。

① 被测信号为方波，频率范围为 100Hz～1MHz。

② 被测信号峰峰值电压范围为 50mV～1V。

③ 被测时间间隔的范围为 0.1μs～100ms。

④ 测量相对误差的绝对值不大于 10^{-2}。

（3）测量数据刷新时间不大于 2s，测量结果稳定，并能自动显示单位。

2）发挥部分

（1）频率和周期测量的正弦信号频率范围为 1Hz～100MHz，其他要求同基本要求（1）和（3）。

（2）频率和周期测量时被测正弦信号的最小有效值电压为 10mV，其他要求同基本要求（1）和（3）。

（3）增加脉冲信号占空比的测量功能，要求：

① 被测信号为矩形波，频率范围为 1Hz～5MHz。

② 被测信号峰峰值电压范围为 50mV～1V。

③ 被测脉冲信号占空比的范围为 10%～90%。

④ 显示分辨率为 0.1%，测量相对误差的绝对值不大于 10^{-2}。

（4）其他（如进一步降低被测信号电压的幅度等）。

3．说明

本题的时间间隔测量是指 A、B 两路同频周期信号之间的时间间隔 T_{A-B}。测量时可以使用双通道 DDS 函数信号发生器，提供 A、B 两路信号。

4．评分标准

	项　目	应包括的主要内容	满　分
设计报告	系统方案	比较与选择、方案描述	3
	理论分析与计算	宽带通道放大器分析、各项被测参数测量方法的分析	8
	电路与程序设计	电路设计 程序设计	4
	测试方案与测试结果	测试方案及测试条件 测试结果完整性 测试结果分析	3
	设计报告结构及规范性	摘要 设计报告正文的结构 图表的规范性	2
	小计		20
基本要求	完成第（1）项		32
	完成第（2）项		14
	完成第（3）项		4
	小计		50
发挥部分	完成第（1）项		21
	完成第（2）项		8
	完成第（3）项		16
	其他		5
	小计		50
总分			120

1.3.1　题目分析

频率计是一种基本的电子仪器。本题是 1997 年"简易数字频率计"赛题的升级版，2015年全国测评的成绩远高于 1997 年的成绩，体现了电子技术的进步和学生知识水平的提高。主要技术指标升级如下：

➤　频率上限：10～100MHz。

➤　灵敏度：500～10mV。

➤　测量精度（闸门时间为 1s 时）：$10^{-3} \sim 10^{-4}$。

➤　单通道→双通道。

可见，赛题的难点主要有两个：一是小信号的宽带放大及其整形，这对放大器和信号调理电路要求较高，必须有设计放大器的丰富经验才能攻克该难关。发挥部分的频率到达射频段，对放大器的增益带宽积和压摆率要求较高，同时要考虑增益的自动控制，优选方法是采用压控运算放大器。放大器要求频率范围足够宽，但对带内波动和失真度要求不高，注意要低噪放大，但放大倍数不宜过大（因为噪声会随之放大），放大倍数大于"频率计最小输入电压幅度"与"后级比较器触发所需最小输入电压幅度"之比。整形电路一般用迟滞比较器，必须用响应时间为纳秒级的高速比较器，注意门限宽度对抗干扰能力的影响。另外，大部分作品在被测信号的低频段（如 1Hz）时测量误差大幅增加，这是因为高速比较器具有高增益和宽频带的特点，这意味着信号在接近比较值附近时，微小的噪声和抖动可能被放大并引起正反馈，从而出现"振荡"现象，此时可以对频率分段处理，但会大大增加电路的复杂度。二是频率、周期、时间间隔、占空比的高精度测量方法。频率计的总测量误差由标准频率误差、触发误差和计数误差（±1 误差）三种类型的误差组合而成。当设计中采用晶体振荡器时，标准频率误差的影响可以忽略。减小触发误差的措施有：提高信号的信噪比，在整形电路中采用具有滞后特性的施密特电路来降低噪声的影响，由于触发误差发生在闸门的开启与关闭时刻，所以采用"多周期平均测量方法"，这是减少触发误差非常有效的方法。采用多周期同步测量方法从根本上消除了计数误差，实现了等精度测量。在测量频率较高且占空比较小（5MHz，10%）的矩形波时，测量精度很难把握，这时可以考虑间接测量占空比的方法。利用 FPGA 器件作为系统控制的核心，其灵活的现场可更改性、可再配置能力，对系统的各种改进非常方便，在不更改硬件电路的基础上还可进一步提高系统的性能，具有高速、精确、可靠、抗干扰性强和现场可编程等优点。建议的总体设计方案如图 1.3.1 所示。

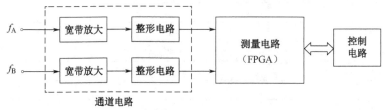

图 1.3.1　总体设计方案

1.3.2　方案论证

1．前置放大器比较与选择

方案一：采用分立元件构成的放大电路，可采用 BFP640，其噪声小，常用做射频放大，频率可达吉赫兹数量级。但其带内波动较大，级联容易造成自激，调试困难，易受环境影响，不够稳定。

方案二：采用超低噪声集成运放 OPA847 进行前级放大，其增益带宽积达 3.9GHz，根据芯片手册说明，OPA847 增益设置成 12 倍时，带宽仍然有 600MHz，满足题目的高带宽要求，但 OPA847 的输入电压不能过大，否则易造成自激，且前级放大倍数过大会对后级放大造成影响。

方案三：采用集成宽带运算放大器 OPA843。增益设置为 5 时，带宽为 260MHz，且对输入电压要求较 OPA847 而言宽泛，能同时满足高低频信号的放大，且能满足输入电压的有效值范围要求。

综上，要同时满足放大宽带信号及输入信号有效值在范围 10mV～1V 内的要求，采用方案三更合适。

2．幅值调理电路比较与选择

方案一：选择固定增益的两级放大电路，电路搭建简单，好调试，但级联放大倍数不好设置，容易造成输出饱和，不适用于对输入信号幅度跨度大的要求。

方案二： 用增益可控放大器 VCA821 作为 AGC（自动增益控制）电路，合理放大输入小信号，使输入的大幅值信号能有效地稳定控制在某个幅值。该方案经测试，高频特性不佳，带宽有所降低。

方案三： 利用 VCA821 进行增益可控放大，控制电压为 0～2V，在增益 $G = 40$dB 时带宽可达 170MHz，在放大 10 倍小信号的情况下，带宽达 420MHz，完全满足题目发挥部分的要求，对大信号和小信号都能进行调理。

综上所述，由于本题的输入信号范围较宽，带宽要求为 1Hz～100MHz，为了同时满足高低频特性及输入幅值要求，最终选择方案三。

3．整形电路的比较与选择

方案一： 由施密特触发器 74F14 对信号进行调理，可以直接输出 TTL 电平，波形无失真，低频性能好，但频率达不到 100MHz。

方案二： 由比较器整形后的信号再由施密特触发器整形，输出 TTL 电平。从性能上讲此方案较好，但由于时间问题，找不到合适的高速比较器和施密特触发器组合。

方案三： 由高速比较器 TLV3501 直接对幅值调理后的信号进行迟滞比较得到方波。采用 3.3 V 单电源供电，可以输出 3.3V 和 0V 的高低电平，高频特性好。

综上所述，选择方案三。

4．微处理器的比较与选择

方案一： 采用 STM32 对调理后的信号测频。但输入信号的频率达到 100MHz 时，STM32 的速度不够快，导致无法完成指标内的频率测量。

方案二： 采用 FPGA 测频，速度快，精度高。但由于时间的要求，用 FPGA 做控制显示太过麻烦。

方案三： 采用 STM32 和 FPGA 双控制器，由 FPGA 进行数据的采集和分析，通过 SPI 通信把采集到的数据传给 STM32，由 STM32 进行数据的计算并显示。该方法测频精度高，速度快。

为了更好地实现题目要求，选择方案三。STM32 的型号为 STM32F103ZET6，FPGA 的型号为 Altera Cyclone II EP2C8Q208C8N。

5．测频方法的选择与比较

方案一： 测频法累积单位时间内的周波数，在频率较高时采用。频率较高时精度高，但不适合低频的测量。

方案二： 测量周期法测一个周期的时间，通过周期转换成频率，在频率较低时采用。频率较低时精度高但不适合高频。

方案三： 等精度测频法和测量周期法相结合，在低频段使用测量周期法，在高频段使用等精度测频法。

由于输入信号的要求为 1Hz～100MHz，所以选择方案三。

6. 系统总体方案

系统由前级放大电路、增益可调电路、高速比较整形电路、数据采集和数据处理及显示等组成，如图 1.3.2 所示。宽带高速运放 OPA843 和增益可控放大器 VCA821 完成对输入信号幅值的调理，然后通过高速比较器 TLV3501 对放大后的波形进行整形，输出标准的方波。A 路比较器分两路，一路直接输出给 FPGA 完成频率测量与低频脉冲信号的占空比测量，另一路经过二阶低通滤波后送入 STM32 实现高频矩形波占空比的测量。B 路主要完成题目中要求的对两路信号时间间隔测量的要求。FPGA 主要对两路信号进行采集，完成频率、脉宽和时间间隔测量，FPGA 通过 SPI 通信把数据传给 STM32，STM32 选择合适的挡位进行数据处理，并自动选择合适的挡位显示。

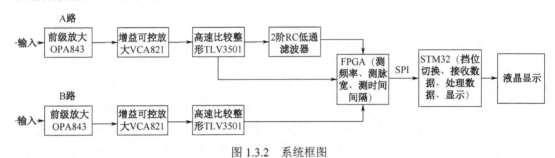

图 1.3.2 系统框图

1.3.3 理论分析与计算

1. 宽带通道放大器分析

考虑到被测信号的带宽达 100MHz，要求运算放大器有足够的带宽；为了使输出信号的质量不受频率影响，要求运算放大器有足够高的压摆率。题目要求输入信号的有效值为 10mV～1V，1V/10mV = 100，所以单级放大很难满足题目要求，同时也要考虑放大倍数的关系，大信号进行限幅，小信号进行放大。所以，可控增益放大器能够很好地满足要求。

2. 系统频率特性的分析

由于输入信号的频率要求为 1Hz～100MHz，要求整个系统的低、中、高频率特性都比较稳定，所以系统要采用直流耦合模式，不能阻容耦合，以防对低频信号造成影响。因此，电源的去耦及对电路板地的处理就显得尤为重要，可将信号线做到短而直，并采用整面铺地等方法来减少高频干扰。

3. 系统幅值调理的分析

由于是对被测信号的频率进行测量，故对信号失真度的考虑相对没有那么重要。因为输入信号的幅度跨越达 100 倍，所以为了更好地测量输入信号的频率，在输入端通过二极管对输入电压进行钳位，再通过固定增益加可调增益的两级宽带放大把电压调理到合适的幅值。

4. 脉冲占空比的测量分析

脉冲波中包括直流分量、一次谐波分量和高次谐波分量。经过分析，脉冲波的直流分量的大小与其占空比呈线性关系，即 $V_{dc} = V_p/D$（其中 D 为占空比）。因此，通过低通滤波器把脉冲波中的一次谐波和高次谐波滤掉，就可根据其直流电平的大小计算出占空比，滤波器的截止频率 $f_c = 1/2\pi RC$。当频率较高时，计数法测量占空比的误差较大，所以采用间接测量的方法。

5. 测频精度和灵敏度分析

由于输入信号的频率范围为 1Hz～100MHz，FPGA 采用等精度测频和测量周期法相结合的方法，对低频采用测量周期法，对高频采用等精度测频法。频率等参数的测量采用闸门时间为 1s 的等精度测量法。闸门时间与待测信号同步，相比于传统方案，避免了对被测信号计数产生 ±1 个字的误差，有效提高了系统精度。测量频率时，在闸门时间内同时对待测信号和标准信号（时钟信号）计数，标准信号计数值除以待测信号计数值，再乘以时钟周期即为待测量周期；测量两个信号的时间间隔时，通过异或门将时间间隔转化为周期脉冲信号，通过对脉冲信号等精度测量得到时间间隔。STM32 强大的数据处理能力和 FPGA 对高速数据的采集能力相结合，大大提高了频率计的精度。

1.3.4 电路与程序设计

1. 电路设计

1）前级放大电路

前级放大电路图如图 1.3.3 所示。放大倍数设置为 5，R_5 作为阻抗匹配，R_4 限流，二极管对输入大信号钳压到 ±600mV 左右，再经过放大，对输入信号进行第一级处理。C_1、C_3、C_4 预留，电路中并未焊接。

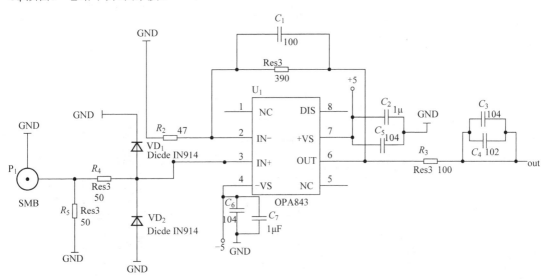

图 1.3.3　前级放大电路图

2）增益调节电路

增益调节电路图如图 1.3.4 所示。增益可控放大器 VCA821 对前级放大电路的输出电压进行进一步的调理，调节滑阻改变控制电压 V_G，即可改变增益大小。

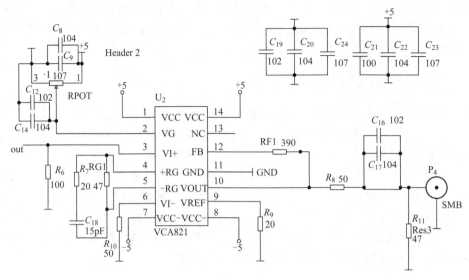

图 1.3.4　增益调节电路图

3）比较整形电路

使用高速比较器 TLV3501 对输入的正弦波和方波整形，TLV3501 的动作时间为 4.5ns，轨对轨输出，可对高频信号进行整形。其内部有 6mV 的迟滞电压，可以通过加正反馈来改变迟滞电压的大小，降低噪声对信号的影响。迟滞电压大小的计算公式如下：

$$V_{HYST} = \frac{V_{CC}R_5}{R_5 + R_6} + 6mV \tag{1.3.1}$$

比较整形电路如图 1.3.5 所示。比较器的输出分为两路，一路直接输出测频，另一路加二阶低通滤波器后提取方波的直流分量，为后续测占空比做准备。二阶低通滤波器的截止频率 $f_c = 1/2\pi RC = 65.7\text{kHz}$。

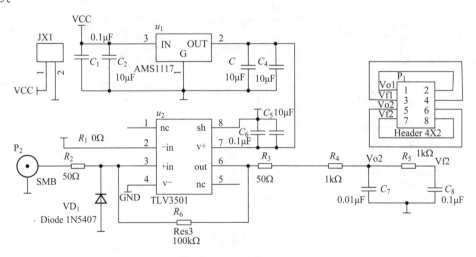

图 1.3.5　比较整形电路

2. 程序设计

本系统软件设计部分基于 ARM 和 FPGA 平台，主要完成频率的测量和显示，以及时间间隔的测量和脉冲占空比的测量，充分利用了 FPGA 高速处理高频信号的能力。程序主流程图如图 1.3.6 所示。

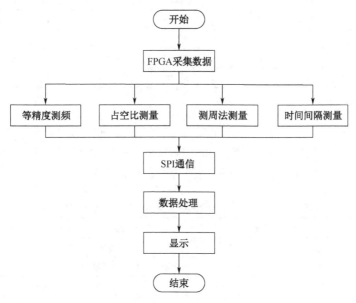

图 1.3.6　程序主流程图

1.3.5　测试方案与测试结果

1. 测试仪器

测试仪器如表 1.3.1 所示。

表 1.3.1　测试仪器

序　号	名　　称	型号规格
1	数字示波器	Tektronix MDO3054
2	DDS 函数信号发生器	RIGOL DG4102
3	秒表	某品牌手表

2. 测试方案及数据

1）频率测试

测试方法：选取 1Hz、100Hz、1kHz、1MHz、10MHz 五个频率点，分别测量输入信号在 3mVrms、10mVrms、50mVrms、100mVrms、1Vrms 的结果，并计算误差。

测量结果：频率测量数据如表 1.3.2 所示。

表 1.3.2　频率测量数据表

频率/Hz	幅度 10mVrms		幅度 50mVrms		幅度 100mVrms		幅度 1Vrms	
	测量值/Hz	误差	测量值/Hz	误差	测量值/Hz	误差	测量值/Hz	误差
1	0.999169	8.31E−04	0.999988	1.19E−05	0.999885	1.15E−04	0.999992	8.00E−06
100	99.998248	1.75E−05	100	1.75E−05	100.0003	2.65E−06	100.00036	3.60E−06
1k	1000	0.00E+00	1000.003	3.00E−06	1000.003	3.00E−06	1000.047	4.70E−05
100k	1000003	3.00E−06	1000003	3.00E−06	1000003	3.00E−06	1000003	3.00E−04
10M	10000035	3.50E−06	10000037	3.70E−06	10000039	3.90E−06	10000039	3.90E−04
100M	100000368	3.68E−06	10000037	3.68E−06	100000000	0.00E+00	100000390	3.90E−04

2）时间间隔测量

测试方法：选取 0.1μs、1ms 和 100ms 三时间间隔，分别测量输入信号在 100Hz、200Hz、500Hz 和 1000Hz 四频率点，峰峰值在 20mV、50mV 和 1V 时的结果，并计算误差。

测量结果：不同峰值时方波时间间隔的测量数据如表 1.3.3、表 1.3.4、表 1.3.5 所示。

表 1.3.3　方波时间间隔测量数据表（$V_{pp} = 20mV$）

频率/Hz	时间间隔 0.1μs		时间间隔 1ms		时间间隔 100ms	
	测量	误差	测量	误差	测量	误差
100	0.0978	0.022	0.998	0.002	99.9988	1E−05
200	0.1002	0.002	1.0001	1E−04	100.0011	1E−05
500	0.0998	0.002	1.032	0.032	100.0021	2E−05
1000	0.0996	0.004	1.0001	1E−04	100.0021	2E−05

表 1.3.4　方波时间间隔测量数据表（$V_{pp} = 50mV$）

频率/Hz	时间间隔 0.1μs		时间间隔 1ms		时间间隔 100ms	
	测量	误差	测量	误差	测量	误差
100	0.0998	0.002	0.997	0.003	99.9998	2E−06
200	0.1001	0.001	1.0002	2E−04	100.0010	1E−05
500	0.0998	0.002	1.003	0.003	100.002	2E−05
1000	0.0999	0.001	1.000	0	100.002	2E−05

表 1.3.5　方波时间间隔测量数据表（$V_{pp} = 1V$）

频率/Hz	时间间隔 0.1μs		时间间隔 1ms		时间间隔 100ms	
	测量	误差	测量	误差	测量	误差
100	0.0999	0.001	0.9998	2E−04	99.9998	2E−06
200	0.1	0	1.0001	1E−04	100.002	2E−05
500	0.1001	0.001	1.0003	3E−04	100.0021	2E−05
1000	0.0999	0.001	1.0010	1E−03	100.0023	2E−05

3）占空比测量

测试方法：选取 10%、30%、50%、70% 和 90% 五个占空比，分别测量输入信号在 1Hz、100Hz、10kHz、1MHz 和 5MHz 时的结果，并计算误差。

测量结果：不同输入信号时占空比的测量结果如表 1.3.6 所示。

表 1.3.6 占空比测量数据表

频率/Hz	占空比 10%		占空比 30%		占空比 50%		占空比 70%		占空比 90%	
	测量值/%	误差/%	测量值/%	误差/%	测量值/%	误差/%	测量值/%	误差/%	测量值/%	误差/%
1	10.0041	0.041	29.99877	0.0041	50	0	69.9995	0.000714	89.9987	0.001444
100	9.9951	0.049	29.9987	0.004333	50	0	69.995	0.007143	89.9987	0.001444
10k	9.9963	0.037	30.0001	0.00032	49.99998	4E-05	69.99437	0.008043	90.0004	0.000444
1M	9.996274	0.03726	29.9734	0.088667	49.98902	0.02196	70.00331	0.004731	89.9987	0.001444
5M	10.0041	0.041	30.026	0.086667	50.0829	0.1658	70.23478	0.335404	90.0235	0.026111

4）刷新时间的测量

经秒表测试，测量数据的刷新时间均小于 2s。

3．测试结果与分析

由各项测试结果可知，该作品很好地完成了基本要求和发挥部分的要求，且大部分误差远远低于题目要求。此外，系统对题目部分指标进行了拓展，如增大了输入电压幅值的范围，拓宽了输入信号的频率等。

1.3.6　结论

本频率计采用双控制器的方案，硬件电路部分采用宽带高速运放和高速比较器对输入信号进行调理，为软件测频提供了强大的支持。采用等精度测频和测量周期法两种测频方法，低频和高频的精确度都较高，较好地完成了题目所有的基本要求和发挥要求。

1.4　简易数字信号传输性能分析仪

［2011 年全国大学生电子设计竞赛（E 题）］

1．任务

设计一个简易数字信号传输性能分析仪，实现数字信号传输性能测试；同时，设计三个低通滤波器和一个伪随机信号发生器来模拟传输信道噪声。

简易数字信号传输性能分析仪的框图如图 1.4.1 所示。图中，u_1 和 $u_{1-clock}$ 是数字信号发生器产生的数字信号和相应的时钟信号；u_2 是经过滤波器滤波后的输出信号；u_3 是伪随机信号发生器产生的伪随机信号；u_{2a} 是 u_2 信号与经过电容 C 的 u_3 信号之和，作为数字信号分析电路的输入信号；u_4 和 u_{4-syn} 是数字信号分析电路输出的信号和提取的同步信号。

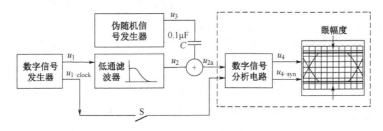

图 1.4.1　简易数字信号传输性能分析仪框图

2．要求

1）基本要求

（1）设计并制作一个数字信号发生器，要求如下。

① 数字信号 u_1 为 $f_1(x) = 1 + x^2 + x^3 + x^4 + x^8$ 的 m 序列，其时钟信号为 $u_{1\text{-clock}}$。

② 数据率为 10～100Kb/s，按 10Kb/s 步进可调，数据率误差绝对值不大于 1%。

③ 输出信号为 TTL 电平。

（2）设计三个低通滤波器，用来模拟传输信号的幅频特性。

① 每个滤波器的带外衰减不少于 40dB/十倍频程。

② 三个滤波器的截止频率分别为 100kHz、200kHz 和 500kHz，截止频率误差的绝对值不大于 10%。

③ 滤波器的通带增益 AF 在 0.2～4.0 范围内可调。

（3）设计一个伪随机信号发生器来模拟信道噪声：

① 伪随机信号 u_3 为 $f_2(x) = 1 + x + x^4 + x^5 + x^{12}$ 的 m 序列。

② 数据率为 10Mb/s，误差绝对值不大于 1%。

③ 输出信号峰峰值为 100mV，误差绝对值不大于 10%。

（4）利用数字信号发生器产生的时钟信号 $u_{1\text{-clock}}$ 进行同步，显示数字信号 u_2 的信号眼图，并测试眼幅度。

2）发挥部分

（1）要求数字信号发生器输出的 u_1 采用曼彻斯特编码。

（2）要求数字信号分析电路能从 u_{2a} 中提取同步信号 $u_{4\text{-syn}}$ 并输出；同时，利用提取的同步信号 $u_{4\text{-syn}}$ 进行同步，正确显示数字信号 u_{2a} 的信号眼图。

（3）要求伪随机信号发生器输出信号 u_3 幅度可调，u_3 的峰峰值范围为 100mV，TTL 电平。

（4）改进数字信号分析电路，在尽量低的信噪比下能从 u_{2a} 中提取同步信号 $u_{4\text{-syn}}$，并正确显示 u_{2a} 的信号眼图。

（5）其他。

3．说明

（1）在完成基本要求时，数字信号发生器的时钟信号 $u_{1\text{-clock}}$ 送给数字信号分析电路（图 1.4.1 中的开关 S 闭合）；而在完成发挥部分时，$u_{1\text{-clock}}$ 不允许送给数字信号分析电路（开关 S 断开）。

（2）要求数字信号发生器和数字信号分析电路各自制作一块电路板。

（3）要求为 u_1、$u_{1\text{-clock}}$、u_2、u_{2a}、u_3 和 $u_{4\text{-syn}}$ 信号预留测试端口。

（4）基本要求（1）和基本要求（3）中的两个 m 序列信号，根据所给定的特征多项式 $f_1(x)$ 和 $f_2(x)$，采用线性移位寄存器发生器来产生。

（5）基本要求（2）的低通滤波器要求使用模拟电路实现。

（6）眼图显示可以使用示波器，也可以使用自制的显示装置。

4．评分标准

	项　　目	主　要　内　容	满　　分
设计报告	方案论证	比较与选择 方案描述	2
	理论分析与计算	低通滤波器设计 m 序列数字信号 同步信号提取 眼图显示方法	6
	电路与程序设计	系统组成 原理框图与各部分的电路图 系统软件与流程图	6
	测试方案与测试结果	测试结果完整性 测试结果分析	4
	设计报告结构与规范性	摘要 正文结构规范 图表的完整与准确性	2
	总分		20
基本要求	实际制作完成情况		50
发挥部分	完成第（1）项		8
	完成第（2）项		15
	完成第（3）项		6
	完成第（4）项		16
	其他		5
	总分		50

1.4.1　题目分析

待设计系统是一个典型的数字基带传输系统（模拟）及传输性能评估仪（抗噪声性能）。数字信号发生器用来产生速率可调的数字基带信号，速率在 10～100Kb/s 范围内可按 10Kb/s 步进，输出标准为 TTL 电平。

通过对题目的分析，待设计系统的作用是分析不同速率数字基带信号在不同带宽低通型信道中传输后，信道特性与噪声对信号恢复的影响，其影响最终体现在误码率上，本质上是实现同步信号的提取并用眼图来评估。需要注意的是，该题中给定的噪声带宽远大于信号带宽，所以可认为是白噪声，因此接收端在抽样判决之前要加信道滤波器来滤除带外噪声。

通过上述分析可以将待设计系统分成数字信号发生器、传输信道及信道噪声、信号分析电路等三个主要模块。具体的硬件电路组成包括数字信号发生器（包括 10～100Kb/s 数字基带信号发生器模块和基带信号调理电路）、传输信道和信道噪声（包括三个不同截止频率的低通滤波器和信号衰减及放大电路、10MHz 信道噪声发生模块、噪声调理电路和双输入加法器）、接收前端预处理电路（包括噪声抑制电路和电平转化电路）及信号分析电路，硬件电路组成框图如图 1.4.2 所示。

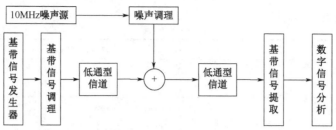

图 1.4.2　数字基带信号传输性能分析仪硬件电路组成框图

1.4.2　方案论证

1．数字基带信号及噪声发生器

方案一： 数字信号源（包括数字信源和噪声源）可以采用中规模集成芯片来设计。采用有限数量的位移寄存器产生 8 阶和 12 阶的 m 序列信号，分别构成基带序列发生器和伪随机噪声序列发生器。该方案的优点是成本低、流程清晰，但存在硬件复杂、体积大、精度低、不可编程等缺点，因此无法满足设计要求。

方案二： 数字信源采用单片机产生 8 阶和 12 阶的 m 序列信号，分别作为数字基带信号和伪随机噪声。由于发挥部分要求对 m 序列信号进行曼彻斯特编码，这将需要不断检测 m 序列信号的跳变沿，并实现数字"0"逻辑到"01"的编码过程。如果对速度要求较高，那么在单片机中较难实现。同时，10Mb/s 速率的 m 序列信号噪声由于速率过高而无法用一般的单片机实现。

方案三： 使用 FPGA 作为数字信源产生 m 序列信号并实现其曼彻斯特编码的过程。由于 FPGA 对数字信号跳变沿检测方便、逻辑设计灵活，因而非常适合作为数字信号发生器。在 FPGA 中采用数字频率合成技术，可产生精确的 10～100kHz 及 10MHz 的方波信号，频率精度可高于 1%；同时，采用数字频率合成技术可通过调整采样间隔非常方便地实现输出方波 10kHz 频率步进，可满足基本要求第（1）项中第①点和第②点的要求。

通过比较，本设计决定采用第三种方案。

2．基带信号和噪声调理电路

基带信号调理电路：由于 FPGA 输出的 I/O 标准为 3.3V 的 LVTTL 标准，满足题目中基本要求第（1）项中第②点要求的 m 序列输出电平为 TTL 电平。因此，只需在 FPGA 输出后加一级跟随器作为与低通型信道滤波器的隔离缓冲级。

噪声信号调理电路：基本要求第（2）项中第②点及发挥部分第（3）、第（4）项中要求伪随机噪声序列电平在 100mV，TTL 电平范围内可调。此时，需要对伪随机噪声信号发生器的输出电压进行适当的衰减。因此，只需在一个分压衰减后加一级跟随即可。经测试，该方法简单可行。

3．低通型数字信道

方案一： 采用模拟无源滤波器。无源滤波器由电阻、电感、电容构成，成本低廉，设计方便，但存在电路指标较差、调试难度较高、带负载能力较差等问题，因此不采用此方案。

方案二：采用开关电容集成程控滤波芯片来设计。较为常用的有 MAXIM 公司的 MAX264、MAX297，LT 公司的 LTC1068 等系列芯片。此类芯片虽然使用方便、功能强大、指标较高，但需要额外的同步时钟，也不符合题意。

方案三：采用模拟有源低通滤波器。有源低通滤波器有巴特沃斯、切比雪夫、贝塞尔等多种不同类型的低通滤波器设计方案可供选择，这种类型的滤波器性能稳定、电路简单，且不需要外加控制电路。由于本系统要求的仅是三个固定截止频率的低通滤波器，而且指标要求不高，仿真和实验结果表明，采用运放构成的 4 阶有源巴特沃斯低通滤波器可达到题目要求。

需要说明的是，题目中对低通滤波器信道有增益可调的要求，单独用有源低通滤波器来实现有难度。在此，采用滤波器的前级加一级电阻分压衰减，后级再加一级跟随放大的办法能达到基本要求第（2）项中第③点要求的指标。

4．信号加法器和噪声抑制电路

信号加法器用于将 12 阶 m 序列伪随机噪声叠加到基带信号上，实现对信道叠加高斯白噪声的模拟。本系统采用运放搭建的同相求和电路来完成噪声对基带信号的叠加。实践证明，该方案可行。

噪声抑制电路中，因为伪随机噪声码元率为 10～100Kb/s，相比之下噪声宽带远大于信号宽带，因此最为简单有效的接收端噪声抑制方案是，采用低通滤波器来滤除带外噪声，其截止频率可设计为 500kHz。截止频率取为最高码元速率的 5 倍，可在很大程度下匹配低通信道滤波器而满足本系统的要求。

5．数字信号分析部分

数字信号分析部分主要完成位同步信号提取和基带信号的判决恢复。位同步的目的是使码元得到最佳的判决和恢复。位同步可以分为外同步法和自同步法两大类。一般而言，自同步法应用较多。外同步法需要另外的专门传输同步信息，在信息中加入码元定时信息的导频或数据序列，占用了信道的带宽。自同步法则从信号码元中提取其包含的位同步信息。本设计采用自同步法。自同步法可以分为两种，即开环同步法和闭环同步法。开环同步法采用对输入码元做某种变换的方法来提取位同步信息；闭环同步法采用比较本地时钟和输入信号的方法，将本地时钟锁定在输入信号上。闭环同步法更为准确，但也更为复杂。

方案一：开环码元同步法又称滤波法。这种同步法中，将基带码元先通过某种非线性变换，送入一个窄带滤波器，从而滤除码元速率的离散频率分量。图 1.4.3 是开环码元同步法的框图。

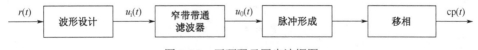

图 1.4.3 开环码元同步法框图

方案二：闭环法又称锁相环法。这种方法将接收信号与本地产生的码元定时信号相比较，使本地产生的定时信号与接收码元波形的转变点保持同步。使用数字锁相环的同步法原理框图如图 1.4.4 所示。

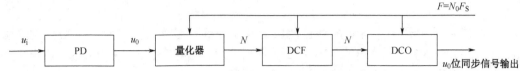

图 1.4.4　数字锁相环的同步原理框图

图 1.4.4 中，PD 和量化器组成数字器（DPD），DCF 为数字环路滤波器，DCO 为数控振荡器。

方案三：改进的开环同步法。通过码元宽度的测量，测出曼彻斯特编码速率，进而得出信源的编码速率，称之为粗同步；根据基带的边沿信号不断地对同步信号的相位进行调整，称之为细同步。为提高同步时钟精度，同步时钟采用了 DDS 技术。

由于前面两种方案都要在 FPGA 中实现滤波器，技术难度大。在此，选用方案三。

通过上述对硬件电路模型框图中各个模块的方案论证，可以得到如图 1.4.5 所示的系统电路组成框图。

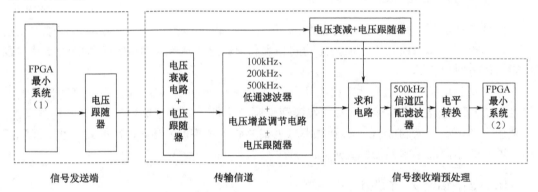

图 1.4.5　方案论证后的系统电路组成框图

1.4.3　系统设计与实现

1. 信号发生子系统设计

1）m 序列产生

m 序列是最长线性移位寄存器序列的简称，它是由带线性反馈的移位寄存器产生的周期最长序列。m 序列产生的原理非常简单，可以按如图 1.4.6 所示框图实现。

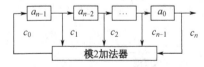

图 1.4.6　线性移位寄存器原理框图

m 序列产生的数学表达式为

$$f(x) = c_0 + c_1 x + c_2 x^2 + \cdots + c_n x^n$$

m 序列结构上又分为两种：一种是简单线性码元序列发生器（SSRG），另一种是模块式码序列发生器（MSRG）。第二种结构图如图 1.4.7 所示，多级输出都可能与反馈信号模 2

加后送入下一级，因为 n 级码的产生是由几个相同的模块构成的，因而称为模块结构，每个模块中包括一级触发器和一级模 2 加法器。可以证明，这两种结构是等价的，即可产生同一个 m 序列。不同的是前一种结构因多一个模 2 加法器是串联的，所以延时大，工作速率较低，后一种模 2 加法器在各级触发器之间，模 2 加法器的动作是并行的，所以延时小，工作速度高。

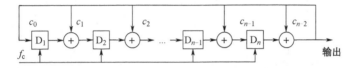

图 1.4.7　模块式码序列发生器原理框图

2）曼彻斯特编码

曼彻斯特编码（Manchester Encode）又称裂相码、双向码，是一种用电平跳变来表示 1 或 0 的编码。其编码规则很简单：从高到低跳变表示 1；从低到高跳变表示 0。即每个码元均由两个不同相位的电平信号表示，也就是一个周期的方波，但 0 码和 1 码的相位正好相反。曼彻斯特编码是一种自同步的编码方式，即时钟同步信号隐藏在数据波形中。在曼彻斯特编码中，每位的中间有一个跳变，位中间的跳变既作为时钟信号，又作为数据信号。还有一种是差分曼彻斯特编码，每位中间的跳变仅提供时钟定时，而用每位开始时有无跳变表示 0 或 1，有跳变表示 0，无跳变表示 1。

用 FPGA 实现曼彻斯特编码时，可以采用原理图或硬件描述语言的方式。本设计使用 Verilog 硬件描述语言描述曼彻斯特编码电路。图 1.4.8 为曼彻斯特编码仿真图。

图 1.4.8　曼彻斯特编码仿真图

图中的信号 m_xulie 为 8 阶伪随机序列，信号 man 为 m_xulie 的曼彻斯特编码。

2. 信号传输子系统设计

1）基带信号调理电路

信号从 FPGA 端口输出后接到如图 1.4.9 所示的信号调理电路。跟随器输入阻抗高，输出阻抗低，对后级电路相当于一个恒压源，起隔离和阻抗匹配的作用。

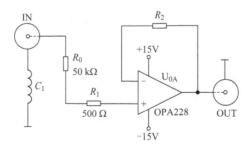

图 1.4.9　基带信号调理电路

2）噪声调理电路

为信道提供一个模拟噪声源，并按照要求对噪声的幅度进行调节。图 1.4.10 所示为两级运放构成的噪声调理电路。

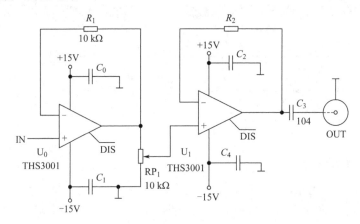

图 1.4.10　噪声调理电路

3）发送滤波器设计

从 FPGA 输出的基带信号为矩形脉冲，而矩形脉冲不适合信道传输，所以在信号发送端加入发送滤波器。根据题目要求，设计了三个低通发送滤波器，图 1.4.11 所示为一个 4 阶低通巴特沃斯滤波器。

4）接收滤波器设计

基带信道通过信道引入了噪声信号，为了能有效地滤除信道噪声，在基带信号分析电路前端加入接收滤波器。由于 10Mb/s 的噪声速率远大于信号带宽，所以可以将接收滤波器设计成 500kHz 的低通巴特沃斯滤波器。

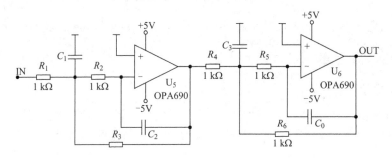

图 1.4.11　4 阶有源巴特沃斯低通滤波器电路模型

5）整形电路设计

经过接收滤波器后的基带信号本来要经过 AD 采样量化成数字信号，但为了减少软件负担，同时考虑到 500kHz 的整形电路较容易实现，所以放弃使用 AD 采样，改为在接收滤波器后端加入整形电路。整形输出的基带信号为 FPGA 可以识别的高低电平。整形电路如图 1.4.12 所示。

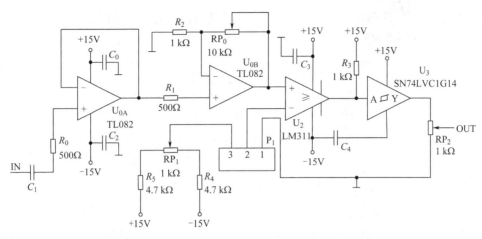

图 1.4.12 整形电路

3. 信号分析子系统设计

图 1.4.13 所示为信号分析电路 FPGA 硬件建模框图,主要分为粗同步、细同步和 DDS 三个模块。粗同步主要根据输入的基带信号码型,从基带信号中提取同步信号的频率,然后将频率控制字给 DDS 模块。同时,细同步模块根据输入信号的码型不断地对基带信号的相位进行跟踪,并输出相位控制字给 DDS 模块,然后 DDS 模块根据粗同步模块的频率控制字和细同步模块的相位控制字输出基带信号的同步信号。

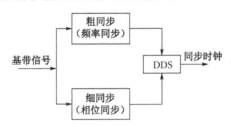

图 1.4.13 数字信号分析子系统框图

1) DDS 技术

DDS 为直接数字频率合成器的英文缩写。与传统的频率合成器相比,DDS 具有低成本、低功耗、高分辨率和快速转换等优点,并能产生任意波形。DDS 广泛使用在电信与电子仪器领域,是实现设备全数字化的一种关键技术。DDS 的 FPGA 硬件建模包括相位控制字、相位累加器、相位查找表和 D/A 转换几个模块,DDS 的硬件实现框图如图 1.4.14 所示。

图 1.4.14 DDS 的硬件实现框图

相位累加器由 N 位加法器与 N 位累加寄存器级联构成。每来一个标准时钟脉冲 f_c,加法器就将频率控制字 K 与累加寄存器输出的累加相位数据相加,再把相加后的结果送至累加寄存器的数据输入端。累加寄存器将加法器在上一个时钟脉冲作用后产生的新相位数据反馈到加法器的输入端,以使加法器在下一个时钟脉冲的作用下继续与频率控制字相加。

这样，相位累加器就在时钟作用下，不断地对频率控制字进行线性相位累加。图 1.4.15 为 DDS 的 FPGA 实现原理图。

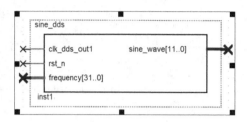

图 1.4.15　DDS 的 FPGA 实现原理图

设计中提取的同步信号只有高低电平的变化，所以 ROM 输出直接通过 FPGA 引脚输出，而相位查找表也只需量化成 0 和 1，大大节省了 FPGA 硬件资源。图 1.4.16 为 DDS 的仿真方波输出波形。

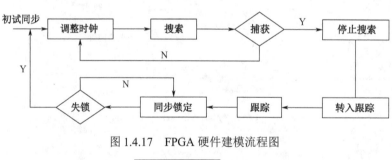

图 1.4.16　DDS 的仿真方波输出波形

2）同步信号提取

同步信号提取由码元速率周期测量、同步时钟提取、同步时钟相位跟踪和解码几部分组成。FPGA 硬件建模流程图如图 1.4.17 所示，同步信号提取各部分的连接图如图 1.4.18 所示。

图 1.4.17　FPGA 硬件建模流程图

图 1.4.18　同步信号提取各部分的连接图

码元速率周期测量模块是本电路的主要模块，其精度决定了整个系统的解码性能。曼彻斯特码的码速率为码元速率的 2 倍，所以只需测出曼彻斯特码的编码时钟，即可得到信号的编码时钟。

由于信号发生器子系统与信号分析子系统的时钟是异步的，所以设计了同步时钟相位跟踪模块，对提取的同步信号的相位不断地进行调整和跟踪。

同步时钟提取模块通过对同步时间进行多次采样，提取对同步时间采样的计数的平均值，可提高系统的抗干扰能力。同步时钟提取模块的功能是产生与发送端相同的频率和相位的时钟。为了提高精度，我们采用 DDS 技术产生同步时钟。经测试，在整个频带内其精度都能达到万分之一以上，能有效降低之后解码模块的误码率。

解码模块是曼彻斯特编码的反过程，即将原来的 01 解成 0，将原来的 10 解成 1，从而恢复编码前的 m 序列。

（1）粗同步。

粗同步过程是同步信号的频率同步过程。设计中通过测曼彻斯特码的码元宽度算出同步信号时钟频率。为了提高同步信号提取子系统的抗干扰性能，将曼彻斯特码输入信号当作异步控制信号进行同步。这样既可避免亚稳态出现，又可对曼彻斯特码输入信号进行简单的延时滤波，进而有效地滤除信号中的毛刺。

下面一段 Verilog 代码描述了曼彻斯特码的同步过程。

```verilog
always@( posedge clk or negedge reset)begin
  if(! reset)begin
    datain_r1 <=1'b0;
    datain_r2 <=1'b0;
    datain_r3 <=1'b0;
    datain_r4 <=1'b0;
    datain_r5 <=1'b0;
    datain_r6 <=1'b0;
    datain_r7 <=1'b0;
  end
  else begin
    datain_r1 <= datain;
    datain_r2 <= datain_r1;
    datain_r3 <= datain_r2;
    datain_r4 <= datain_r3;
    datain_r5 <= datain_r4;
    datain_r6<= datain_r5;
    datain_r7<= datain_r6;
  end
end
```

码元宽度测量可以通过码元的上升沿或下降沿来使能一个计数器，在码元下降沿或上升沿到来时停止计数，计数器的值就为码元的宽度。其中用到的一个技术是边沿检测技术。边沿检测是指检测输入信号或 FPGA 内部逻辑信号的跳变，即上升沿或下降沿的检测。在本设计中，这种边沿检测方式在检测到信号突变的同时，能有效地消除毛刺对电路的影响。图 1.4.19 所示为 FPGA 实现的边沿检测电路。

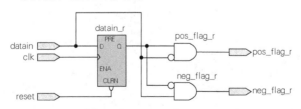

图 1.4.19　FPGA 实现的边沿检测电路

图 1.4.20 是曼彻斯特码的边沿检测仿真图，datain_r7 为曼彻斯特码号，neg_flag_r 为曼

彻斯特码的下降沿标志信号，pos_flag_r 为曼彻斯特码的上升沿标志信号。

图 1.4.20 边沿检测电路仿真图

为了防止码间串扰造成的码元变形，进而导致接收码元宽度与实际发送码元宽度不符，设计中对每种码速率的码元宽度设定了上下阈值，只要测得的码宽在这个阈值内，就判定码元宽度为阈值内对应的码元宽度。事实证明，这种方法的效果非常不错，在噪声很大的情况下，提取的同步信号依然非常稳定，抖动很小，而且误码率也极低。图 1.4.21 为粗同步的模块图。图中的 clk 为 50MHz 的系统主时钟信号，reset 为系统复位信号，datain 为基带输入信号，dataout 为解码输出信号，clk_out 为测试信号，dds_addr[31..0]为 DDS 模块频率控制字，dds_addr1 为测试信号，clear 为相位跟踪信号。图 1.4.22 为该模块仿真图。

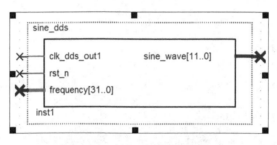

图 1.4.21 粗同步的模块图

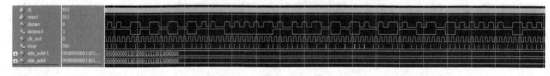

图 1.4.22 粗同步模块仿真图

（2）细同步。

粗同步只能算出同步信号的频率，而同步信号的相位还未确定。细同步的主要工作是相位跟踪。传统的细同步方法先将码元信号微分，然后将微分器输出的信号通过滤波器，滤波器输出的信号即为细同步的相位同步信号。设计中为了减轻软件负担，只通过码元的边沿信号来不断地对同步信号的相位进行跟踪和调整。产生的相位调整信号接到 DDS 相位控制累加器的清零端。相位调整信号产生的 Verilog 硬件描述代码如下。

```
always@(posedge clk or negedge reset)begin
  if(!reset) begin
    count_nag <=1'b0
    com_nag <=1'b0;
  end
  else if(neg_flag_r) begin
    count_flag <= 1'b1;
    com_flag <= 1'b0;
    comp_p <= 1'b1;
    clear <= 1b1;              //基带边沿信号到来置相位跟踪信号有效
  end
```

```
    else if(pos_flag_r)begin
      count_flag <= 1'b0;
      com_flag <= 1'b1;
      comp_n <= 1'b1;
      clear <= 1'b1;                //基带边沿信号到来置相位跟踪信号有效
    end
    else begin
      comp_p<= 1'b0;
      comp_n<= 1'b0;
      clear<= 1'b0;                 //否则失能相位跟踪信号
    end
  end
```

（3）仿真。

为检测 Verilog 描述的硬件电路的正确性，搭建了测试平台，编写测试激励在 Modelsim 环境下对设计电路进行了软件仿真。图 1.4.23 为曼彻斯特译码电路仿真图，图中 reset 为系统复位信号，clk 为 50MHz 系统时钟，m_xulie 为 8 阶伪随机序列，man 伪随机曼彻斯特编码，dataout 为解码输出信号，clk_ds_out 为信号分析子系统提取的同步时钟，clk_v2 为曼彻斯特编码时钟。从仿真图中可以看出提取的同步时钟和编码时钟的相位与频率相同，实现了同步信号的提取。

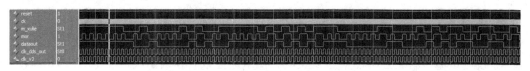

图 1.4.23　曼彻斯特译码电路仿真图

1.4.4　测试方案及结果

1. 眼图及其测量

1）眼图基本概念

眼图采用余辉方式累积叠加显示采集到的串行信号的比特位，叠加后的图形形状看起来与眼睛很像，故名眼图。眼图上通常显示的是 1.25UI 的时间窗口。眼睛的形状各种各样，眼图的形状也各种各样。通过眼图的形状特点可以快速地判断信号的质量。"眼"大表示系统传输特性好，"眼"小表示系统中存在符号间干扰。

2）眼图测量方法

眼图是一系列数字信号在示波器上累积显示的图形，它包含了丰富的信息，从眼图上可以观测到码间串扰和噪声的影响，体现了数字信号整体的特征，从而估计系统优劣程度。因此，眼图分析是高速互连系统信号完整性分析的核心。另外，也可用眼形对接收滤波器的特性加以调整，减小码间串扰，改善系统的传输性能。分析实际眼图，再结合理论，一个完整的眼图应该包含 000～111 的所有状态组，且每个状态组发生的次数要尽量一致，否则有些信息将无法呈现在屏幕上。8 种状态形成的眼图如图 1.4.24（a）所示。

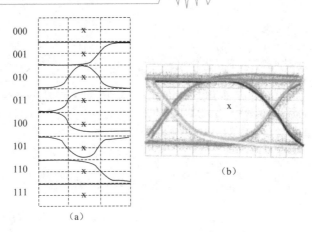

图 1.4.24　8 种状态形成的眼图

由上述理论分析，结合示波器实际眼图的生成原理，可知一般在示波器上观测到的眼图与理论分析得到的眼图大致接近（无串扰等影响），故采用示波器来对眼图进行显示。数据流接入通道 CH1，同步时钟接入 CH2 通道，由同步时钟触发，即将 CH2 通道设置为触发源，设置触发方式为边缘触发，斜率为上升沿或下降沿，耦合方式为直流耦合，调节扫描周期即可看到完整的眼图，测试中扫描周期可以设置为 1s、2s、5s、持续和关闭共 5 种模式。

2．测试方案

系统测试选用泰克公司带宽为 200MHz 的双通道数字存储示波器 TDS2022B，该示波器能满足设计基本部分和发挥部分的测试需求。眼图测试将提取的同步信号接至示波器通道 CH1 作为触发源，将接收到的基带信号接到示波器通道 CH2，此时 CH2 通道上的信号即为观测到的信号眼图。图 1.4.24（b）所示为本设计示波器观测到的眼图。

3．基本部分测试

数字信号发生器 m 序列测试参数及数据结果见表 1.4.1。

表 1.4.1　数字信号发生器 m 序列测试参数及数据结果

参数 码率	序列长度/ms	码片宽度/μs	输出电平/V
10KB	25.60	100.00	3.28
20KB	12.80	50.00	3.28
30KB	8.63	33.20	3.28
40KB	6.45	25.20	3.28
50KB	5.12	20.00	3.28
60KB	4.25	16.60	3.28
70KB	3.64	14.20	3.28
80KB	3.17	12.40	3.28
90KB	2.84	11.10	3.28
100KB	2.56	10.00	3.28

低通信道滤波器测试参数及结果如表 1.4.2 所示。

表 1.4.2 500kHz 滤波器测试参数及结果

（输入幅值 $U_{pp} = 1V$ 的正弦波）

输出频率/Hz	100k	200k	300k	400k	500k	550k	600k	5M
输出幅值/V	1	1	0.96	0.84	0.76	0.72	0.66	0.08

4．发挥部分测试

（1）数字信号发生器的输出符合曼彻斯特编码规则。

（2）12 阶伪随机信号 m 序列模拟噪声信号 U_{pp} 输出幅值测试数据如表 1.4.3 所示。

表 1.4.3 12 阶伪随机信号 m 序列模拟噪声信号输出幅值测试

理论输出幅值/V	0.1	0.2	1	1.5	2	3.3
实际输出幅值/V	0.101	0.2	1	1.5	2	3.29

（3）100mV 小噪声条件下同步信号测试见表 1.4.4。

表 1.4.4 曼彻斯特码片宽度测试

参数 码率	码片宽度/μs	输出电平/V
20KB	50.00	3.28
40KB	25.00	3.28
60KB	16.80	3.28
80KB	12.40	3.28
100KB	10.00	3.28
120KB	8.30	3.28
140KB	7.10	3.28
160KB	6.20	3.28
180KB	5.56	3.28
200KB	5.00	3.28

（4）同步信号提取：图 1.4.25 所示为编码速率在 100kHz 时提取的曼彻斯特编码同步信号。将提取的同步信号和信号发生器的编码时钟分别接入示波器的 CH1 和 CH2 通道，设置触发源为 CH2，如果两个信号都没有较大的抖动，那么说明同步信号提取成功。

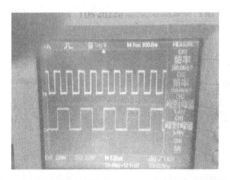

图 1.4.25 编码速率为 100kHz 时的同步信号提取

（5）眼图：图 1.4.26、图 1.4.27 分别为噪声较小和较大时用示波器观测到的眼图，可以发现噪声较大时"眼睛"较小，噪声较小时"眼睛"较大。

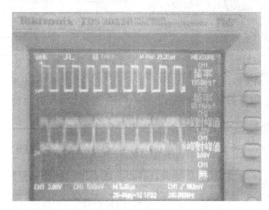 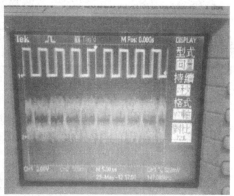

图 1.4.26　噪声较小时的眼图　　　　　　　　图 1.4.27　噪声较大时的眼图

（6）曼彻斯特解码：曼彻斯特解码输出正确。

（7）准确提取同步信号所需的最低信噪比测试结果如表 1.4.5 所示。

表 1.4.5　不同信噪比同步信号提取测试

噪声 码率	100mV	400mV	800mV	1V	2V	2.2V	2.82V
10KB	√	√	√	√	√	√	√
20KB	√	√	√	√	√	√	√
30KB	√	√	√	√	√	√	√
40KB	√	√	√	√	√	√	√
50KB	√	√	√	√	√	√	√
60KB	√	√	√	√	√	√	√
70KB	√	√	√	√	√	√	√
80KB	√	√	√	√	√	√	√
90KB	√	√	√	√	√	√	√
100KB	√	√	√	√	√	√	√

第②章
电气参数测量仪设计

2.1 电气参数测量仪设计基础

2.1.1 概述

1．电压测量的重要性

电压是电子测量的一个主要参数。在集总参数电路中，表征电信号能量的三个基本参量为电压、电流和功率。但是，从测量的观点来看，测量的主要参量是电压，因为如果在标准电阻的两端测出电压值，那么就可通过计算求得电流或功率。此外，包括测量仪器在内的电子设备，它们的许多工作特性均可视为电压的派生量。例如，调幅度、波形的非线性失真系数等。在非电量测量中，大多数物理量（如温度、压力、振动、速度等）的传感器也都是以电压作为输出的。因此，电压测量是其他许多电参量、非电参数测量的基础。

2．对电压测量的基本要求

由于在电子电路测量中遇到的待测电压具有频率范围宽、幅度差别悬殊、波形的形式多等特点，所以对电压测量提出了一系列的要求，主要概括如下。

1）应有足够宽的电压测量范围

通常，待测电压的下限为十分之几微伏至几毫伏，而上限可达几十千伏。随着科学技术的发展，要求测量非常小的电压值，即要求电压测量仪器具有非常高的灵敏度。目前，已出现灵敏度高达 1nV 的数字电压表。

2）应有足够宽的频率范围

在集总参数电路中，交流电压的频率范围一般从几赫兹到几百兆赫兹，甚至达吉赫兹量级。目前，模拟电压表可测量的频率范围要比数字电压表高得多。例如，92C 型模拟射频电压表的频率上限达 1.2GHz，而 DP100 型数字多用表的频率上限只能达到 25MHz。

3）应有足够高的测量准确度

电压测量仪器的测量准确度一般用如下三种方式之一来表示：①$\beta\%U_m$，即满度值的百分数；②$\alpha\%U_x$，即读数值的百分数；③$\alpha\%U_x + \beta\%U_m$。第一种方式可能是最通用的，一般具有线性刻度的模拟电压表中都采用这种方式；第二种方式在具有对数刻度的电压表中用得最多；第三种方式是目前用于有线性刻度电压表的一种较严格的准确度表征，数字电压表都用这种方式。

由于电压测量的基准是直流标准电池，同时在直流测量中，各种分布性参量的影响极小，因此直流电压的测量可获得很高的准确度。例如，目前数字电压表测量直流电压的准确度可达 $\pm(0.0005\%U_x + 0.0001\%U_m)$，即可达 10^{-6} 量级；而模拟电压表一般只能达到 10^{-2} 量级。至于交流测量，一般需要通过交流-直流变换（检波）电路，而且在测量高频电压时，分布性参量的影响不容忽视，再加上波形误差，即使采用数字电压表，交流电压的测量准确度目前也只能达到 $10^{-2} \sim 10^{-4}$ 量级。

4）应有足够高的输入阻抗

电压测量仪器的输入阻抗就是被测电路的额外负载，为了在仪器接入电路时尽量降低其影响，要求仪器具有高的输入阻抗。目前，直流数字电压表的输入电阻在小于 10V 量程时可高达 10GΩ，甚至更高（达 1000GΩ）；高量程时，由于分压器的接入，一般可达 10MΩ。至于交流电压的测量，由于需要通过 AC-DC 变换电路，因此即使是数字电压表，其输入阻抗也做不高，典型数值为 1MΩ∥15pF（∥表示并联）。

5）应具有高的抗干扰能力

实际测量一般都是在充满各种干扰的条件下进行的。当电压测量仪器工作在高灵敏度时，干扰会引入测量误差。显然，对数字电压表来说，抗干扰能力的这个要求更为突出。

3. 电压测量仪器的分类

电压测量仪器通常有以下几种分类方法。

① 按频率范围分类，有直流电压测量和交流电压测量两种。交流电压测量按频段范围又分为低频、高频和超高频三类。

② 按被测信号的特点分类，分为脉冲电压测量、有效值电压测量等。

③ 按测量技术分类，可分为模拟式电压测量和数字式电压测量。

模拟式电压表是指针式的，用磁电式电流表作为指示器，并在电流表表盘上以电压（或 dB）作为刻度。

数字式电压表首先让模拟量通过模数（A/D）转换器变成数字量，然后用电子计数器计数，并以十进制数字显示被测电压值。

模拟式电压表由于电路简单、价格低廉，特别是在测量高频电压时，其测量准确度不亚于数字电压表，因此目前以至于今后在电压测量中仍将占有重要地位。

本节主要讨论两个问题。首先讨论交流电压的测量方法，其次讨论电压测量的数字化方法。在讨论第一个问题时，虽然是从模拟式电压表出发的，但实际上具有共性。交流电压测量方法的核心是 A/D 变换。显然，在交流数字电压表中，必须首先完成这一变换过程。

2.1.2 模拟式直流电压的测量

1. 三用表中的直流电流、电压测量

1）表头

在三用表中，直流电流、电压通常由磁电式高灵敏度直流电流表作为指示。直流电流

表俗称表头，图 2.1.1 给出了动圈式表头结构的双视图。其工作原理是利用载流导体与磁场之间的作用来产生转动力矩，使导体框架转动进而带动指针偏转，其偏转角度正比于通过线圈的被测电流，即

$$I = K\theta$$

式中，K 是由设计决定的恒量，它与线圈匝数、线圈面积、磁场强度及游丝扭转力矩有关。K 值表示电流表偏转单位角度时所需通过的电流，K 值越小，电流表越灵敏。这样就能从指针所指角度位置来测量电流。

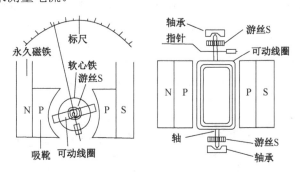

图 2.1.1　动圈式表头结构的双视图

2）电流表量程扩展

表头的等效电路如图 2.1.2 所示。它允许通过的最大电流值（I_m）称为量程，如 50μA、100μA、1mA 等。由于电流线圈匝数很多，因此其内阻较大。

设有一表头，其 $I_m = 50μA$，$r = 3kΩ$，问如何测量 500μA 电流？

如图 2.1.3 所示，需要并联分流电阻 R_s 以扩展量程。因为两路 A、B 端电压相等，即

$$I_m r = (I - I_m)R_s$$

$$R_s = \frac{I_m}{I - I_m}r = \frac{1}{I/I_m - 1}r = \frac{1}{n-1}r \tag{2.1.1}$$

式中，n 称电流量程扩大倍数，也称分流系数。代入数值得

$$R_s = \frac{3 \times 10^3}{10 - 1} = 333.33Ω$$

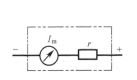

图 2.1.2　表头等效电路

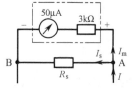

图 2.1.3　电流量程扩展

3）直流电压测量

用电流表头能否直接测量电压？由于表头的内阻是一定的，当在表头两端加上不同的电压时，表针偏转角也不同，因此经过校准，在表盘上按电压数值刻度后，就可用来测量电压。不过由于表头内阻较小，允许通过的电流又很小，所以它能测量的电压范围也很小。现以 $I_m = 50μA$、$r = 3kΩ$ 的表头为例进行说明。如图 2.1.4 所示，在指针指示满刻度时，其两端的电压为

$$U_m = I_m r = 50 \times 10^{-6} \times 3 \times 10^3 = 0.15V$$

即它所能测量的最大电压为 0.15V。为了能测量较高的电压，需串联倍压电阻 R_P 来扩展量程：

$$U = I_m(r + R_P), \quad R_P = \frac{U}{I_m} - r \tag{2.1.2}$$

这时，电压表的内阻为

$$R_V = r + R_P = \frac{U_m}{I_m} \tag{2.1.3}$$

图 2.1.5 给出了三用表直流电压挡量程扩展的原理电路图。图中，除最小量程 $U_0 = I_m R_0$ 外，又增加了 U_1、U_2、U_3 三个量程。根据所需扩展的量程，不难算出三个倍压电阻值分别为

$$R_1 = (U_1 / I_m) - R_0$$
$$R_2 = (U_2 - U_1) / I_m$$
$$R_3 = (U_3 - U_2) / I_m$$

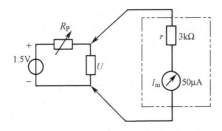 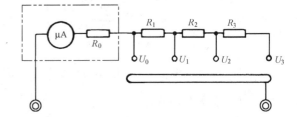

图 2.1.4　用表头直接测电压　　　　图 2.1.5　直流电压挡量程扩展原理电路图

通常，把电压表内阻 R_V 与量程 U_m 之比定义为电压表的电压灵敏度（Ω/V），即

$$K_V = \frac{R_V}{U_m} = \frac{1}{I_m} \tag{2.1.4}$$

"Ω/V" 数值越大，表明为使指针偏转同样的角度所需的驱动电流越小。"Ω/V" 数一般标在磁电式电压表的表盘上，可依据它推算出不同量程时的电压表内阻，即

$$R_V = K_V U_m \tag{2.1.5}$$

磁电式直流电压表的结构简单，使用方便，其误差除来自读数误差外，主要取决于表头本身和扩展电阻的准确度，一般在 ±1% 左右，精密电压表可达 ±0.1%。其主要缺点是灵敏度不高和输入电阻低。在量程较低时，输入电阻更小，其负载效应对被测电路工作状态及测量结果的影响不可忽略。

2．直流电子电压表

直流电子电压表通常是由磁电式表头加装跟随器（以提高输入阻抗）和直流放大器（以提高测量灵敏度）构成的。需要测量高直流电压时，在输入端接入由高阻值电阻构成的分压电路。电子电压表组成框图如图 2.1.6 所示。

图 2.1.7 是集成运放型电子电压表（MF-65）的原理图。在理想运放情况下，$U_F \approx U_i$，$I_F \approx I_0$，所以

$$I_0 = \frac{U_i}{R_F} = \frac{KU_x}{R_F}$$

即流过电流表的电流 I_0 与被测电压 U_x 成正比，式中 K 为分压器和跟随器的电压传输系数。

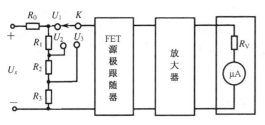

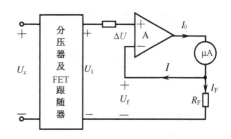

图 2.1.6　电子电压表组成框图　　　图 2.1.7　集成运放型电子电压表的原理图

为保证该电压表的准确度，各分压电阻和反馈电阻 R_F 都要使用精密电阻。

在上述使用直流放大器的电子电压表中，直流放大器的零点漂移限制了电压灵敏度的提高。为此，电子电压表中常采用斩波式放大器或称调制式放大器来抑制零点漂移，可使电子电压表能测量微伏级的电压。

2.1.3　交流电压的测量

1．交流电压的表征

交流电压可以用峰值、平均值、有效值、波形系数及波峰系数来表征。

1）峰值

某一周期性交流电压 $u(t)$ 在一个周期内所能达到的最大值称为该交流电压的峰值，用符号 U_P 表示，如图 2.1.8 所示。不加注明时，$u(t)$ 包括直流分量 U_0 在内。根据待测系统中直流分量 U_0 的不同数值，峰值又可分为峰峰值 U_{PP}、正峰值 U_{P+}、负峰值 U_{P-} 和谷值 $\hat{U}$。应注意区分峰值 U_P 和振幅值 U_m。峰值是从零电平开始计算的，而振幅值则是以直流分量的电平作为参考的，它仅反映交变部分振动的幅度。同样，振幅值也可分为正振幅值 U_{m+} 和负振幅值 U_{m-}。当 $U_0 = 0$ 时，振幅值即为峰值。习惯上，常笼统地用峰值而不用振幅值这一名称。

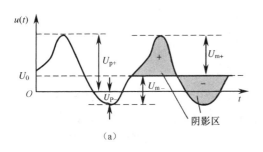

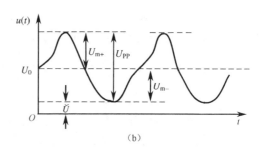

图 2.1.8　交流电压的峰值

2）平均值

平均值的定义有如下几种。

（1）电压平均值 $\overline{U}$。

$$\overline{U} = \frac{1}{T}\int_0^T u(t)\,\mathrm{d}t \tag{2.1.6}$$

式中，T 为交流电压的周期。

（2）全波平均值。

交流电压绝对值在一个周期内的平均值称为全波平均值，即

$$\overline{U} = \frac{1}{T}\int_0^T |u(t)|\mathrm{d}t \tag{2.1.7}$$

全波平均值的意义可由图 2.1.9（a）来说明。

（3）半波平均值。

交流电压正半周或负半周在一个周期内的平均值称为半波平均值，用符号 $U_{+1/2}$ 或 $U_{-1/2}$ 表示，如图 2.1.9（b）和（c）所示。

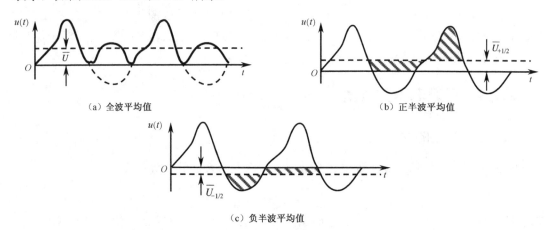

（a）全波平均值　　　　　　　　　　　　　　（b）正半波平均值

（c）负半波平均值

图 2.1.9　全波及半波平均值

对于纯粹（正负半周对称）的交流电压，全波平均值为

$$\overline{U} = 2\overline{U}_{+1/2} = 2\overline{U}_{-1/2}$$

通常，在未特别注明时，平均值即指式（2.1.7），也就是全波平均值。

3）有效值

若某一交流电压 $u(t)$ 在一个周期内通过纯阻负载所产生的热量，与一个直流电压 U 在同样情况下产生的热量相等，则 U 的数值即为 $u(t)$ 的有效值，U 和 $u(t)$ 的数学关系为

$$U = \sqrt{\frac{1}{T}\int_0^T u^2(t)\mathrm{d}t} \tag{2.1.8}$$

在实际中，有效值是应用最广泛的参数。例如，电压表的读数除特殊情况外，几乎都是按正弦波有效值进行定度的。有效值获得广泛应用的原因，一方面是它直接反映了交流信号能量的大小，对研究功率、噪声、失真度、频谱纯度、能量转换等十分重要；另一方面是它具有十分简单的叠加性质，计算起来极为方便。

4）波形系数

交流电压的波形系数定义为该电压的有效值与平均值之比，即

$$K_{\mathrm{F}} = U / \overline{U} \tag{2.1.9}$$

5）波峰系数

交流电压的波峰系数定义为该电压的峰值与其有效值之比，即

$$K_P = U_P / U \qquad\qquad (2.1.10)$$

2. 交流电压的测量

在实际应用中，交流电压大多采用电子电压表来测量，它通过 A/D 变换器将交流电压转换成直流电压。这里，变换器实际上就是检波器。按响应特性，检波器可分为均值、峰值和有效值三种。

电子电压表按电路的组成形式又可分为三种类型：放大-检波式、检波-放大式和外差式。下面分别进行讨论。

1）均值电压表

（1）均值电压表的组成。

均值电压表是放大-检波式电子电压表，简称均值表。均值表一般可以做到毫伏量级，频率范围为 20Hz～10MHz，故又称视频毫伏表。它由阻抗变换器、可变量程衰减器、宽带放大器、平均值检波器和微安表等组成，如图 2.1.10 所示。

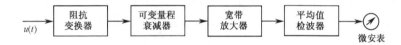

图 2.1.10　均值电压表的一般组成

图 2.1.10 中，阻抗变换器是均值表的输入级。通常，采用射极跟随器或源极跟随器来提高均值表的输入阻抗。它的低输出阻抗还便于与其后的衰减器匹配。可变量程衰减器通常为阻容分压电路，用来改变均值表的量程，以适应不同幅度的被测电压。宽带放大器通常采用多级负反馈电路，其性能的好坏往往是决定整个电压表质量的关键。平均值检波器通过整流和滤波（即检波）提取宽带放大器输出电压的平均值，并输出与它成正比的直流电流，最后驱动微安表指示电压的大小。

（2）均值检波器。

图 2.1.11 是平均值检波的常见电路，其中图（a）和图（c）分别为常见的半波整流式电路和全波整流式电路，图（b）和图（d）则分别是图（a）与图（c）的简化形式。由于用电阻 R 代替二极管，因此必然使检波器的损耗增加，并使流经微安表的电流减小。其中，图（b）中的 R 应选择适当，以保证充放电的时间常数相等。微安表两端并联的电容，用来滤掉整流后的交流成分，并可避免它在电表动圈上的损耗。

下面以图 2.1.11（c）为例，讨论均值检波器的工作特性。

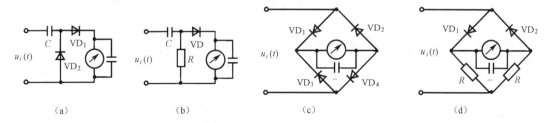

| (a) | (b) | (c) | (d) |

图 2.1.11　平均值检波的常用电路

设被测电压为 $u_i(t)$，电表内阻为 r_m，$VD_1～VD_4$ 的正、反向电阻分别为 R_d 和 R_r。一般

R_d 为 100～500Ω，r_m 为 1～3kΩ（个别专用电表的 r_m 可小到几十欧）。由于 $R_r \gg R_d$，忽略反向电流的作用，则流过电表的平均电流为

$$\bar{I} = \frac{1}{T} \int_0^T \frac{|u_i(t)|}{2R_d + r_m} dt = \frac{\overline{u_i(t)}}{2R_d + r_m} = \frac{\bar{U}}{2R_d + r_m} \qquad (2.1.11)$$

式（2.1.11）表明，流过表头电流的平均值只与被测电压的平均值有关，而与波形无关，且与平均值成正比。可见，全波均值检波器响应为被测电压的均值。

灵敏度是平均值检波器的一个重要参数，其定义为

$$S_d = \frac{\bar{I}}{U_m} \qquad (2.1.12)$$

对于全波均值检波器，$\bar{U} = \dfrac{2}{\pi} U_m$，可推导出

$$S_d = \frac{\bar{I}}{U_m} = \frac{2}{\pi} \frac{1}{2R_d + r_m} \qquad (2.1.13)$$

因此，欲提高灵敏度，就应减小 R_d 和 r_m 的值。

可以证明，全波均值检波器的输入阻抗为

$$R_i = 2R_d + \frac{8}{\pi^2} r_m \qquad (2.1.14)$$

式中，取 $R_d = 500Ω$，$r_m = 2kΩ$ 时，可得 $R_i \approx 2.6kΩ$。可见，均值检波器的输入阻抗很低，用它做成的电子电压表，应在检波前加高输入阻抗的放大器。因此，均值表一般都是放大-检波式电子电压表。

（3）刻度特性。

根据正弦波及有效值的实际意义，均值电压表的读数 α 都用正弦有效值进行定度，即

$$\alpha = U_\sim = K\bar{U}_\sim = K\bar{U}_x \qquad (2.1.15)$$

式中，α 为平均值电压表的指示值；K 为定度系数，或称刻度系数；$\bar{U}_x$ 为被测电压的均值。

比较式（2.1.15）和式（2.1.9）可得 $K = K_{F\sim} = 1.1$，其中下脚标"～"表示正弦波。取 $1/K_F = 1/1.11 \approx 0.9$，有

$$\bar{U} = 0.9\alpha \qquad (2.1.16)$$

由于均值电压表中还有阻抗变换器、衰减器和放大器等电路，它们的传输系数直接反映在各量程的刻度中，因此均值电压表的读数间接反映了被测量（均值）的大小。式（2.1.16）反映了这种关系，即均值表的读数乘以 0.9 等于被测电压的均值。

同理，对于半波均值电压表有

$$\bar{U} = 0.45\alpha \qquad (2.1.17)$$

式（2.1.17）表明，半波均值电压表的读数乘以 0.45 等于被测电压的均值。

（4）波形误差。

用均值电压表测量非正弦波电压时，其读数应进行修正：

$$U_x = K_F \bar{U}_x = 0.9K_F \qquad (2.1.18)$$

式中，K_F 为被测电压的波形因数。

如果不进行修正，把读数当成有效值，那么将产生波形误差

$$\gamma_W = \frac{\alpha - U_x}{\alpha} \times 100\% \qquad (2.1.19)$$

式中，γ_W 为波形误差。

将式（2.1.18）代入式（2.1.19），有

$$\gamma_W = \frac{\alpha - 0.9K_F}{\alpha} = (1 - 0.9K_F) \times 100\% \qquad (2.1.20)$$

显然，测正弦波时，$\gamma_W = 0$。由于各波形的波形因数与正弦波的相差不大，因此均值电压表的波形失真小。但是，在用均值电压表测量失真正弦电压的有效值时，其测量误差不仅取决于各次谐波的幅度，而且取决于它们的相位。这是因为一个失真的正弦电压的波形，不仅决定于各谐波成分的幅度，而且也与它们的相位有关。

均值检波器电路简单，灵敏度高，波形失真小，得到了广泛应用。DA16 型、DA12 型、GB-9 型、GB-10 型毫伏表均属于此类。

常用的 DA16 型的频率范围为 20Hz～2MHz，测量范围为 100μV～300V，最小量程为 1mV，误差为±3%，输入电阻为 1.5MΩ。DA12 型的频率范围为 30Hz～10MHz，最小量程为 1mV。

指针式万用表属于电工仪器，其交流电压测量挡采用半波均值检波器，并以正弦有效值刻度，也可用于测量交流电压。由于指针式万用表依据直接测量原理工作，且灵敏度低，因此主要用于工频（50Hz）及要求不高的低频（一般为几到几十千赫兹以下）电压的测量中。

2）峰值电压表

峰值电压表的工作频率范围宽，输入阻抗较高，灵敏度较高，但存在非线性失真。

（1）峰值电压表的组成。

峰值电压表，简称峰值表，属于检波-放大式电子电压表，又称超高频毫伏表。它由峰值检波器（置于机箱外探头中）、分压器、直流放大器和微安表等组成（置于电压表机箱中），如图 2.1.12 所示。

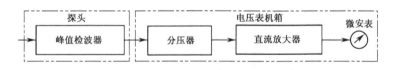

图 2.1.12　峰值电压表

（2）峰值检波器。

峰值检波器是指检波输出的直流电压与输入交流信号峰值成比例的检波器。常见的峰值检波器有串联式和并联式两种，如图 2.1.13 所示。其中，串联式峰值检波器无隔直能力；并联式峰值检波器具有隔直能力，且用得多。

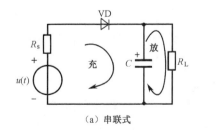

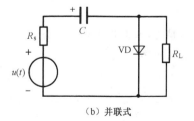

（a）串联式　　　　　　　　　　　　（b）并联式

图 2.1.13　峰值检波器

在图 2.1.13 中，检波元件 R_L、C 的值选得不同时，可以适应不同频率的电压测量。但对其的基本要求是，检波器的充电时间常数要远小于放电时间常数，放电时间常数要远大于输入信号中最大的周期 $T_{\max}$，即

$$\tau_1 \ll \tau_2, \qquad \tau_2 \gg T_{\max} \tag{2.1.21}$$

式中，τ_1 为充电时间常数，τ_2 为放电时间常数。而且，被测回路的内阻 R_s 应较小，负载电阻 R_L 要大（R_L 常取 $10^7 \sim 10^8 \Omega$），以保证式（2.1.21）成立。这样，输出的直流电压就（R_L 两端的电压）正比于被测电压的峰值。图 2.1.13（a）和（b）中的输入电阻分别为

$$R_i = \frac{1}{2} R_L \qquad \text{（串联式）} \tag{2.1.22}$$

$$R_i = \frac{1}{3} R_L \qquad \text{（并联式）} \tag{2.1.23}$$

由于 R_L 取值很大，峰值检波器作为输入级也可使电压表具有很高的输入电阻，它常被安置在仪器的探头内，以减小引线的长度，输入电容可小到 $1 \sim 3\text{pF}$。因此，峰值表适合于高频电压的测量。

在实际应用中，为了提高检波效率，常采用双峰值检波电路，如图 2.1.14 所示。为了保证峰值检波，C_1、C_2 及 R_L 应选得足够大。双峰值检波器在 R_L 上的直流电压 $U_L = 2U_P$，但输入电阻较图 2.1.13 中的要低。

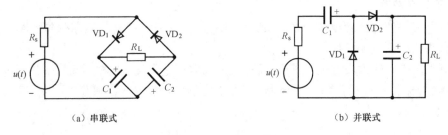

（a）串联式 （b）并联式

图 2.1.14 双峰值检波电路

在峰值检波器中，流经负载电阻 R_L 的电流非常小，无法推动磁电式电流表。因此，直流放大器是检波-放大式电压表中必不可少的部分。

峰值电压表中的直流放大器多做成斩波式（调制式）放大器，即将直流转换成交流，放大后，再转换成直流。其特点是增益高、噪声低、漂移小，灵敏度可达几十微伏。因此，常称峰值电压表为超高频毫伏表。

（3）刻度特性。

峰值电压表响应被测电压的峰值已按正弦有效值定度，读数 α 为

$$\alpha = K U_{Px} = U_\sim = \frac{U_{P\sim}}{K_{P\sim}} = \frac{U_{Px}}{\sqrt{2}} \tag{2.1.24}$$

式中，α 为峰值表的指示值；K 为定度系数，$K = \sqrt{2}/2$；U_{Px} 为被测电压的峰值。

由式（2.1.24）有

$$U_{Px} = \sqrt{2}\,\alpha \tag{2.1.25}$$

式（2.1.25）表明峰值电压表的读数乘以 $\sqrt{2}$ 后所得的结果就是输入电压的峰值。

（4）波形误差。

由于峰值电压表的读数没有直接的物理意义，测量非正弦波时，如果不进行换算，那

么将产生波形误差。波形误差定义为

$$\gamma_{\mathrm{W}} = \frac{\alpha - U}{\alpha} \times 100\% \qquad (2.1.26)$$

即

$$\gamma_{\mathrm{W}} = \left(1 - \frac{K_{\mathrm{p}\sim}}{K_{\mathrm{p}}}\right) = \left(1 - \frac{\sqrt{2}}{K_{\mathrm{p}}}\right) \times 100\% \qquad (2.1.27)$$

式中，K_{p} 为输入电压的波峰系数。

DA-1 型、DA-4 型、HFJ-8 型、HFJ-8A 型、DYC-5 型等超高频毫伏表都是峰值电压表。其中，DA-1 型的频率范围为 10kHz～1000MHz，测量范围为 0.3mV～3V，误差优于±1%（3mV 挡）；HFJ-8 型的频率范围为 5kHz～300MHz，测量范围为 1mV～3V；HFJ-8A 型的频率范围为 5Hz～1GHz，测量范围为 1mV～3V，可扩展到 300V。

3）有效值电压表

实际测量中遇到的往往是失真的正弦波，且难以知道其波形系数（K_{F} 和 K_{p}）。因此，电压表若能响应有效值，则测量其有效值就变得比较容易，而且不必像均值电压表或峰值电压表那样进行换算。

有效值电压表属于放大-检波式电子电压表，其交流-直流变换电路主要有热电偶式和计算式两种。

热电偶式是依据有效值的物理定义来实现测量的。热电偶在非电测量或传感器课程中已介绍过，图 2.1.15 给出了热电偶的结构图。若将被测电压变成热能加在热电偶上，则热电偶将产生相应的电势 $E = kU^2$。但由于热电偶具有非线性的转换关系，利用热电偶进行 AC-DC 变换时，应进行线性化处理，如图 2.1.16 所示。它由宽带放大器、测量热电偶 T_1、平衡热电偶 T_2 和高增益的直流放大器 A 等部分组成，其测量及线性化过程如下。

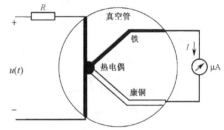

图 2.1.15　热电偶结构图

输入信号 $u(t)$ 经宽带放大器放大后送测量热电偶 T_1，产生电势 $E_1 = k_1 U_i^2$。E_1 经直流放大器 A 放大后加热平衡热电偶 T_2，T_2 产生电势 $E_f = k_2 U_0^2$ 作为负反馈电压与 E_1 一起加到放大器 A 的输入端。这个过程直至 E_1 与 E_f 之差 $\Delta E = (E_1 - E_f) \rightarrow 0$，直流放大器 A 输出稳定的直流电压为止。此时，$E_f = E_1$，直流放大器 A 的输出电压 U_0 保持恒定，电路平衡。这个平衡一旦被破坏，T_2 的负反馈将再次作用，直到电路再次平衡。

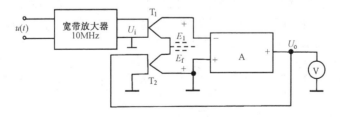

图 2.1.16　热电偶式有效值电压表

若 T_1 与 T_2 的特性完全相同，在电路平衡时必有 $E_1 = E_f$，则 $k_2 U_0^2 = k_1 U_i^2$，故 $U_0 = U_i$，

实现了有效值的测量及转换关系的线性化。

显然，在这个过程中，并不涉及是否知道 U_i 的波形，以及热电偶 T_1 和 T_2 有何种转换特性。但是，应考虑宽带放大器电路的带宽和动态范围。由于放大器频带宽度的限制，电压中的高次谐波将被抑制；动态范围的限制则使信号产生波形失真。由于频带宽度和动态范围不够宽等原因，造成信号有效成分丢失，进而带来波形误差。

一般认为，有效值表的读数就是被测电压的有效值，即有效值表是响应输入信号有效值的。因此，在有效值表中，$\alpha = U_i$，并称这种表为真有效值表。

用有效值电压表测量失真正弦波的有效值时，波形误差就是信号的失真度。用它测量非正弦信号时，波形误差的大小主要取决于宽带放大器的特性。

DA-24 型热电偶式有效值电压表的最小量程为 1mV，最大量程为 300V，频率范围为 10Hz～10MHz，准确度为 1.5 级，刻度线性，波形误差小。主要缺点是有热惯性，易过载，使用时应注意。

至此，介绍了均值、峰值和有效值三种电子电压表，现将这三种电压表的主要特性比较与归纳于表 2.1.1 中。

表 2.1.1　三种电子电压表的主要特性比较

电压表	组成原理	主要适用场合	实测	读数 α	读数 α 的物理意义	
					对正弦波	对非正弦波
均值	放大-均检	低频信号 视频信号	均值 $\overline{U}$	$1.11\overline{U}$	有效值 U	$U = K_F \overline{U}$
峰值	峰检-放大	高频信号	峰值 U_P	$0.707U_P$	有效值 U	$U = U_P/K_P$
有效值	热电偶式，计算式	非正弦信号	有效值 U	U	真有效值 U	

3．高频电压的测量

上面介绍的峰值电压表是实际应用最多的高频电压测量仪器，但这种检波-放大式电压表仅能测量高频（1000MHz 以下）的高电压（约 0.1V 以上）情况，虽然经过改进后其灵敏度可到毫伏、微伏量级，但由于非线性等原因，测量的准确度不高，有噪声干扰时更难以测量微小电压。下面介绍两种用于高频低电压测量的电压表。

1）选频电压表（测试接收机）

在电压测量中，往往要求测量更低的电压，还要求从干扰中选出所需的信号。选频测量技术可以实现这个要求。

选频测量以超外差接收原理为基础。图 2.1.17 为选频电压表的简化框图。由于外差式结构具有良好的选择性，解决了放大器增益与带宽的矛盾，因此选频表具有较高的灵敏度，它的另一个特点是可以从干扰中选取有用的信号。

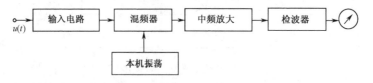

图 2.1.17　选频电压表的简化框图

选频电压表也称外差式电压表或测量接收机，由于其能够测量微伏级电压，也常称微伏表。例如，DW-2 型宽频选频电压表的频率范围为 0.1～300MHz，电压范围为 0～15mV，误差不大于 ±3.5dB。除可用于中、高频低电压的测量外，它还可用于接收机、发射机、频率、频谱分析、衰减等的测试调整。

又如，RS-3 型高频测试接收机的频率范围为 25～450MHz，测量范围为-5～130dB（0dB = 1μV），频率误差不大于 ±2%。它可用于开路电压的测量、衰减器的校准等，还可以作为一级计量标准。

2）标准高频电压源的测量

电压的高精度测量也是以比较测量法为基础的，与标准频率源的测量一样，需要建立各级标准电压源。标准电池可作为直流电压标准，所以直流电压的测量可达到最高的测量准确度。

为建立一个标准的高频电压作为标准源，以便用来校准其他高频电压表，一般都采用与标准直流电压比较的方法来获得高准确度。目前，多利用测热电阻来进行高精度的高频电压测量。所谓测热电阻，实质上是一个非线性电阻，即它的阻值随着通过其的电流（损耗的功率）变化而变化。利用测热电阻的这一特性，把被测高频电压加到测热电阻两端，由于测热电阻损耗功率而发热，其阻值将产生变化。再将一个直流电压加到测热电阻两端，若检测的阻值变化与第一次测高频电压时相同，则说明高频损耗功率与直流损耗功率相等。由于直流电压可以精确测量，从而根据电压与功率的基本关系就可间接求出被测高频电压。

用测热电阻测量高频电压的原理如下。

由于利用电桥来检测测热电阻阻值的变化最为灵敏和精确，因此把测热电阻接入电桥电路。目前，双测热电阻电桥应用比较广泛，图 2.1.18 所示为一个由双测热电阻电桥组成的高频电压测量装置。电桥的测热电阻臂由两个串联的测热电阻 R_T 构成，高频电压 U_{RF} 一端接至其中点，另一端通过隔直流电容器 C 分别馈送至串联的测热电阻的两端。这样，对于直流电桥来说两个 R_T 是串联的，而对高频被测电压 U_{RF} 来说两个 R_T 是并联的。

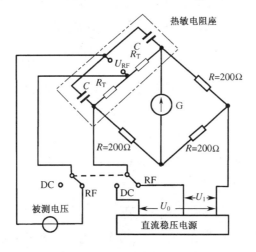

图 2.1.18 双测热电阻电桥

测量分两次进行，即所谓的二次电压法。

第一次为电桥初平衡，这时将开关扳向"DC"位置，即高频电压不馈至电桥，由高稳

定的直流电压 U_0 加到电桥的一对对角。调节 U_0，当两个测热电阻损耗的直流功率刚好使两个串联电阻 R_T 的总阻值等于 200Ω 时，电桥平衡，这时的电压 U_0 可以精确测得。

第二次为电桥再平衡，这时将开关扳向"RF"，即被测高频电压 U_{RF} 加到两个 R_T 的两端。这时由于两个测热电阻要吸取高频功率，而其阻值产生变化，电桥失去平衡。为了使电桥再平衡，势必要减小直流功率，即将直流电压减小到 U_1。

从两次平衡的功率关系

$$\frac{(U_0/2)^2}{2R_T} - \frac{(U_1/2)^2}{2R_T} = \frac{U_{RF}^2}{R_T/2}$$

不难求得被测高频电压的有效值

$$U_{RF} = \sqrt{\frac{U_0^2 - U_1^2}{4}} \qquad (2.1.28)$$

这就是二次电压法的全部测量过程。

式（2.1.28）是在两个假设条件下得到的，即认为两个测热电阻完全对称（阻值和温度特性相同），以及 $R = 2R_T$。当这两个条件不满足时，就会产生测量误差。二次电压法的主要误差来源是测量直流电压 U_0 和 U_1 产生的误差。尤其是测量低的高频电压时，U_0 与 U_1 的差值很小，这时 U_0 和 U_1 的测量误差对 U_{RF} 测量结果影响很大。当 $U_{RF} = 0.2V$ 时，直流电压的测量准确度为 10^{-5} 量级（用 DVM 可达到），利用二次电压法测 U_{RF} 的准确度可达 10^{-3} 量级。

目前，双测热电阻电桥被广泛应用在各种高频电压标准源中，如国产 DO2 型高频电压标准源，其频率范围为 10kHz～2GHz，输出电压范围为 0.2～2V，准确度为 ±1%。

顺便指出，直流电压标准通常采用标准电池、齐纳管（稳压二极管）和约瑟夫量子电压基准，约瑟夫结阵电压已成为当前电压的最高自然基准。

4. 电平（分贝）的测量

在通信系统传输中，通常不直接计算或测量电路某测试点的电压或功率，而关心传输过程中各部位幅度的相对变化情况。这里，幅度统称"电平"，它可以是功率、电压或电流，但大多指电压电平。计算电平与某一电压或功率基准量之比，通常取其对数值并需要引出一个新的度量名称——分贝。

测量中，常用分贝值表示放大器的增益、衰减等，以及音频设备的有关参数，还用于表示信号和噪声的电平。

1）分贝的概念

分贝值是被测量与同类某一基准量的比值的对数。常用的被测量是功率和电压。对于功率比，当 $P_x = 10P_0$ 时，取对数有

$$\lg \frac{P_x}{P_0}$$

这是个无量纲的数 1，称为 1 贝尔（B）。在实际应用中，由于贝尔太大，因此常用其分数单位分贝（dB）来度量，即 $1B = 10dB$，所以以 dB 表示的功率比为

$$10\lg \frac{P_x}{P_0}$$

当 $P_x > P_0$ 时，dB 值为正；当 $P_x < P_0$ 时，dB 值为负；当 $P_x = P_0$ 时，为 0dB。

由关系式 $P = UI = U^2/R$ 可得电压比的对数为

$$10\lg\frac{P_x}{P_0} = 10\lg\frac{U_x^2/R}{U_0^2/R} = 20\lg\frac{U_x}{U_0} \qquad (2.1.29)$$

在实际应用中，按通信传输中的惯例，如图 2.1.19 所示，设功率基准量 $P_0 = 1\mathrm{mW}$（送话器典型输出功率），称绝对功率电平为

$$P_\mathrm{w} = 10\lg\frac{P_x}{1\mathrm{mW}}\ \mathrm{dB} \qquad (2.1.30)$$

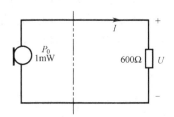

图 2.1.19 绝对功率电平示意图

此时，若负载电阻为通信中的标准负载 $R = 600\Omega$，则基准电压 $U_0 = \sqrt{P_0 R} = 0.775\mathrm{V}$，绝对电压电平为

$$P_\mathrm{u} = 20\lg\frac{U_x}{0.775\mathrm{V}} \qquad (2.1.31)$$

因此，当被测点负载（电平表的输入电阻）为 600Ω 时，电压电平等于功率电平 $P_\mathrm{u} = P_\mathrm{w} = P$。若负载电阻 Z 不是标准电阻 600Ω 时，要加修正项：

$$P_\mathrm{w} = 10\lg\frac{\dfrac{U_x^2}{Z}}{\dfrac{0.775^2}{600}} = 20\lg\frac{U_x}{0.775} + 10\lg\frac{600}{Z} = P_\mathrm{u} + 10\lg\frac{600}{Z} \qquad (2.1.32)$$

2）分贝值的测量

实质上，分贝值测量就是交流电压的测量，只是表盘以 dB 分度。通常，它是以基准电压（0.775V）为零电平刻度的，并称为电压电平 P_u（dB）。当被测点负载为 600Ω 时，功率电平 P_w（dB）和电压电平 P_u（dB）相等，故通常电平在表头上共用一个刻度。

一般来说，零电平刻度总是选在表头满刻度的 2/3 处，如图 2.1.20 所示。电压值小于 0.775V 为负值，大于 0.775V 为正值，如-10dB 刻度相当于 0.245V，以此类推。很明显，表头零点应刻-∞。

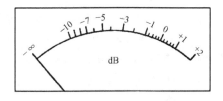

图 2.1.20 电平表的表头刻度

从表头刻度可以看出，分贝值范围很小，那么怎样满足大分贝值测量呢？实际电平表

的输入端可串入步进衰耗器，其步进范围较大。例如，步进衰耗器置于+10dB 挡，表头上的读数为-3dB，则被测电平为+7dB。

应当指出，分贝值的测量必须在额定的频率范围内，而且这里的电压是指正弦有效值。能够测量分贝值的电压表常称电平表、选频电平表、宽频电平表等。

在实际应用中，若电平表输入电阻不是标准的 600Ω，则可按式（2.1.32）进行修正。

5．噪声的测量

噪声是随机信号，其振幅、相位、频率均是随机的，其概率分布属于正态高斯分布，故又称高斯噪声。高斯噪声电压的测量，最好用上述真有效值电压表。但由于均值表的价格优势，人们常用它来测量噪声，这时要求解决读数的修正、仪器的带宽、满度波峰系数等问题。

1）读数的修正

高斯噪声的有效值就是它的瞬时值 u 的均方根，即标准差。瞬时值$|u|$的平均值为

$$\overline{U} = \frac{1}{\sigma\sqrt{2\pi}} \int_{-\infty}^{\infty} |u| \exp\left(-\frac{u^2}{2\sigma^2}\right) du = \sqrt{\frac{2}{\pi}}\sigma$$

则高斯噪声的波形系数为

$$K_{Fn} = \frac{\sigma}{U} = \sqrt{\frac{\pi}{2}} \approx 1.25 \tag{2.1.33}$$

式中，K_{Fn} 为高斯噪声的波形系数。

因此，用均值表测量噪声有效值 U_n 时，有

$$U_n = K_{Fn}\overline{U} = 1.13\alpha \tag{2.1.34}$$

即将读数乘以修正因数 1.13 就得到噪声电压的有效值，或在分贝指示时将示值加上 $20\lg1.13 \approx 1.1$dB 即可。

2）仪器的带宽

由于噪声的频带宽度 BW_n 很宽，在噪声测量时要求仪器响应它的功率。因此，测量仪器的带宽 BW_{-3dB} 应以损耗噪声功率最小为原则，如 3%～5%。此时，要求仪器的带宽为噪声频带的 8～10 倍，即

$$BW_{-3dB} \geq (8\sim10)BW_n \tag{2.1.35}$$

3）满度波峰系数

在电压表中，常用满度波峰系数间接反映放大器的动态范围。所谓满度波峰系数，是指电压表所承受输入信号的最大允许波峰系数。三角波、正弦波对电压满度波峰系数的要求分别为 $\sqrt{3}$ 和 $\sqrt{2}$。据统计，高斯噪声波峰系数超过 2.6 的峰值出现的概率为 1%，即电压表的满度波峰系数为 2.6 时，电压表因放大器削波所产生的误差不超过 1%。

一般来说，若电压表的满度波峰因数大于 4.4，则对高斯噪声的测量就已足够。有效值电压的满度波峰系数通常为 10，而均值电压表一般为 1.4～2。使用均值电压表测量时，可使表头指针指向 1/2 满度附近，以提高它的测量精度。

由带宽及满度波峰系数造成的误差，总是使读数偏低。此外，在测量时还应有足够的测量时间，但对宽带噪声的测量不必考虑测量时间。

6. 脉冲电压的测量

对于脉冲电压，常用示波器测量。使用示波器还可以方便、直观地测量脉冲的其他参数，如 t_r，t_f，t_w，τ/T 等。只有在个别情况下才使用脉冲电压表测量脉冲的峰值。一般不使用前面所述的峰值电压表测量脉冲电压的幅度，因为其波形误差过大。

1）脉冲电压表的原理

脉冲电压表响应脉冲电压的峰值，并以峰值定度。在脉冲电压表中，将峰值检波器的负载电阻尽量增大，或用跟随器代替它。这个任务可通过脉冲保持电路来实现，如图 2.1.21 所示。VT_1 为射极跟随器，可以减小对信号源的影响。被测脉冲经 VD_1 对 C_2 充电；VT_2、VT_3 接成源极输出电路，VT_2 源极电位跟随 C_2 上的电压，经 VD_2 对 C_3 充电。C_3 可比 C_2 大，这样 C_3 上的电压在整个脉冲周期内维持被测脉冲的峰值，然后经直流放大并驱动微安表，从而实现脉冲电压的测量。

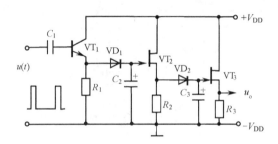

图 2.1.21 脉冲保持电路

2）高压脉冲幅度的测量

测量高压脉冲时往往用电容分压，通过示波器测量。但分压比不稳定，容易引起振荡，因此可采用如图 2.1.22 所示的分压电路。

图 2.1.22 中，VD 是高压硅堆，R_1 是限流电阻，与 C_1、R_2 等构成峰值检波器。微安表直接指示脉冲幅度。R_3 是标准电阻，C_2 是旁路电容。当正向脉冲输入时，VD 导通，C_1 充电；脉冲休止期，VD 截止，C_1 放电，可由 DVM 测得脉冲幅度。

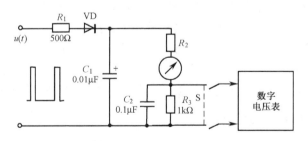

图 2.1.22 充放电法测高压脉冲

在图 2.1.22 中，R_2 的取值决定于脉冲的幅度，可取几十到几百兆欧。R_3 上的电压为毫伏级，用微安表指示时可忽略。开关 S 用于保护数字电压表，测量时合上。该电路用于测量高压脉冲的幅度。

2.1.4 数字电压表简介

1. 数字电压表的组成原理

数字电压表（Digital Voltmeter Meter，DVM）是利用 A/D 转换原理，将被测电压（模拟量）转换为数字量，并以数字形式显示测量结果的一种电子测量仪器。典型的直流数字电压表主要由输入电路、A/D 转换器、控制逻辑电路、计数器（或寄存器）、显示器及电源电路等几部分组成，如图 2.1.23 所示。输入电路和 A/D 转换器统称为模拟电路部分，而计数器（寄存器）、显示器和控制逻辑电路统称为数字电路部分。因此，一台数字电压表除供电电源外，主要由模拟和数字两大部分构成。

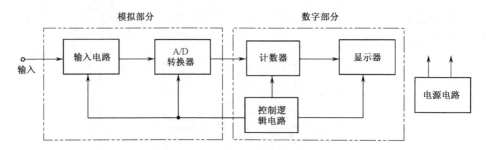

图 2.1.23　直流数字电压表的基本框图

A/D 转换器是数字电压表的核心。由于在数字电压表中使用的 A/D 转换器的功能是把被测电压转换成与之成比例的数字量，因而是一个电压-数字转换器。由于电压是一个最基本的电量，且其他许多物理量都能方便地转换成电压，因此电压-数字转换是一种最基本、最常用的 A/D 转换方式。由于实现电压-数字转换的原理和方案有多种，因而相应地也有各种不同类型的数字电压表。

数字电压表与指针式电压表相比，具有精度高、速度快、输入阻抗大、数字显示、读数准确方便、抗干扰能力强、测量自动化程度高等优点。它的数字输出可由打印机记录，也可送入计算机进行数据处理。它与计算机及其他数字测量仪器、外围设备（扫描仪、计时器、绘图仪等）配合，可构成各种快速自动测试系统。目前，数字电压表广泛用于电压的测量和校准。数字电压表中最通用、最常见的是直流数字电压表，在此基础上，配合各种适当的输入转换装置（如交流-直流转换器、电流-电压转换器、欧姆-电压转换器、相位-电压转换器、温度-电压转换器等），可以构成能测交流电压的交流数字电压表，能测电压、电流、电阻的数字多用表，以及能测相位、温度、压力等多种物理量的多功能数字仪器。

2. 数字电压表的主要工作特性

1）测量范围

测量范围包括量程的划分、各量程的测量范围（从零到满度的显示位数）及超量程能力。此外，还应写明量程的选择方式（如手动、自动和遥控等）。

（1）量程。

量程的扩大借助于分压器和输入放大器来实现，不经衰减和放大的量程称为基本量程。

基本量程也是测量误差最小的量程。例如，DS-14 的量程分为 500V、50V、5V、0.5V 共 4 挡，其中 5V 挡为基本量程（不经放大/衰减，直接加到 A/D 转换器）。

（2）位数。

位数是表征数字电压表性能的一个最基本的参量。数字电压表的位数是以完整显示位（能够显示 0～9 共 10 个数码的显示位）的多少来决定的，因此最大显示为 9999、11999 和 19999 的数字电压表均有 4 位完整显示位。

（3）超量程能力。

超量程能力是数字电压表的一个重要性能指标。最大显示为 9999 的 4 位表是没有超量程能力的，而最大显示为 19999 的 4 位表则有超量程能力，允许有 100%的超量程。

有了超量程能力，当被测量超过正规的满度量程时，读取的测量结果就不会降低精度和分辨率。例如，当满量程为 10V 的 4 位数字电压表的输入电压从 9.999V 变成 10.001V 时，若数字电压表没有超量程能力，则必须换用 100V 量程挡，从而得到"10.00V"的显示结果，这样就丢失了 0.001V 的信息。

通常，把最大显示为 9999 的称为 4 位数字电压表，最大显示为 19999 的称为 4 位半数字电压表，最大显示为 39999 或 59999 的称为 $4\frac{3}{4}$ 位数字电压表。此外，也常用百分数来表示超量程能力，例如 3 位半（≈2000）比 3 位（≈1000）有 100%的超量程能力。

2）分辨率

分辨率是数字电压表能够显示的被测电压的最小变化值，即使显示器末位跳一个字所需的输入电压值。显然，在不同的量程上，数字电压表的分辨率是不同的。在最小量程上，数字电压表具有最高的分辨率，常把最高分辨率作为数字电压表的分辨率指标。例如，DS-14 型电压表的最小量程挡为 0.5V，末位跳一个字所需的平均电压为 10μV，故称 DS-14 型电压表的分辨率为 10μV。有时也用百分比表示，如 3 位半 DVM 的分辨率为 0.05%。

由于分辨率与数字电压表中 A/D 转换的位数有关，位数越多，分辨率越高，故有时称具有多少位的分辨率。例如，称 12 位 A/D 转换具有 12 位分辨率，有时也用最低有效位（LSB）的步长表示，把分辨率说成分辨率 $1/2^{12}$ 或 1/4096。同时，分辨率越高，被测电压越小，电压表越灵敏，故有时把分辨率称为灵敏度。

3）测量误差

数字电压表的固有误差用绝对误差 Δ 表示，其表示方式为

$$\Delta U = \pm(a\%U_x + b\%U_m) \tag{2.1.36}$$

式中，U_x 为被测电压的指示值（读数），U_m 为该量程的满度值，a 为误差的相对项系数，b 为误差的固定项系数。

式（2.1.36）右边第一项与读数 U_x 成正比，称为读数误差；第二项为不随读数变化而变化的固定误差项，称为满度误差。读数误差包括转换系数（刻度系数）、非线性等产生的误差。满度误差包括量化、偏移等产生的误差。由于满度误差不随读数而变，因此可用 n 个字（d）的误差表示，即

$$\Delta U = \pm(a\%U_x + d) \tag{2.1.37}$$

任一读数下的相对误差为

$$\gamma = \frac{\Delta U}{U_x} = \pm\left(a\% + b\%\frac{U_m}{U_x}\right) \tag{2.1.38}$$

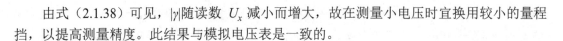

由式（2.1.38）可见，$|\gamma|$随读数 U_x 减小而增大，故在测量小电压时宜换用较小的量程挡，以提高测量精度。此结果与模拟电压表是一致的。

4）测量速率

测量速率是每秒对被测电压的测量次数或测量一次所需的时间，它主要取决于 DVM 中所用 A/D 转换器的转换速率。A/D 转换器可在内部或外部的启动信号触发下工作。DVM 内部有一个触发振荡器（称为取样速率发生器），以提供内触发信号，改变该信号的重复频率则可改变测量速率。

5）输入阻抗与输入电流

目前，多数数字电压表的输入级由场效应管组成。在小量程时，输入阻抗可高达 $10^4 M\Omega$ 以上；在大量程时（如 100V、1000V 等），由于使用了分压器，输入阻抗一般为 10MΩ。

6）响应时间

响应时间是 DVM 跟踪输入电压突变所需的时间。响应时间与量程有关，故可按量程分别确定或规定最长响应时间。响应时间可分为如下三种。

（1）阶跃响应时间：用以衡量对阶跃输入电压的响应速度。

（2）极性响应时间：对极性自动变换的响应时间。

（3）量程响应时间：对量程自动变换的响应时间。

7）抗干扰能力——串模抑制比和共模抑制比

数字电压表的内部干扰有漂移及噪声，外部干扰有串模干扰及共模干扰。

上述工作特性是相互关联的，如在固有误差中，由于存在量化误差，因此满度误差 $b\%U_m$ 不可能优于分辨率。又如，抗干扰能力与测试速度是互相矛盾的，积分型数字电压表的抗串模干扰能力强，但很难达到每秒 100 次的测量速率。相反，逐次比较式电压表具有较高的测量速率，每秒可达 10^5 次以上，但其抗干扰能力很差。

3. 数字电压表的分类

1）按结构形式分

（1）台式。

通常为 $5\frac{1}{2}$ 位以上的数字电压表，由于精度高，工艺结构较复杂，体积重量较大，售价也较高，故一般做成机箱形式，置于工作台上使用，简称台式。

（2）便携式。

通常 $3\frac{1}{2}$ 及 $4\frac{1}{2}$ 位数字电压表都融合在数字多用表中，由于精度，一般为可携带的袖珍式结构。

（3）面板表。

面板表也称数字表头，多为 $3\frac{1}{2}\sim4\frac{1}{2}$ 位直流电压表，只有一个基本量程，如 0～5V，用于机器面板上，取代原来的模拟指针式表头。

2）按 A/D 转换器原理分

自 20 世纪 50 年代初数字电压表问世以来，已经发展了多种实现 A/D 变换的不同方法。

一般来说，这些方法可分为两大类：比较式和积分式。实现这两大类的 A/D 转换方法也是逐步发展的，图 2.1.24 所示的方法虽然不包括所有方法，但也可看出数字电压表发展的概况，这些方法基本上是按提出的时间排列的。

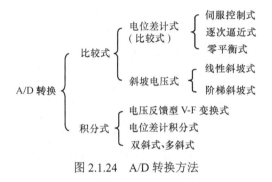

图 2.1.24　A/D 转换方法

2.1.5　数字多用表

数字多用表（Digital Multi Meter, DMM）是具有测量直流电压、直流电流、交流电压、交流电流及电阻等多种功能的数字测量仪器。

数字多用表以测量直流电压的直流数字电压表为基础，通过交流-直流（AC-DC）电压转换器、电流-电压（I-U）转换器、电阻-电压（R-U）转换器，把交流电压、电流和电阻转换成直流电压。数字多用表的组成框图如图 2.1.25 所示。

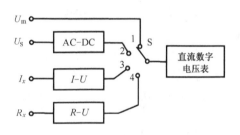

图 2.1.25　数字多用表组成框图

1. 交流-直流（AC-DC）转换器

直流数字电压表是线性化刻度的仪器，因此与数字电压表配接的各种转换器一道，应能把被测量交流电压线性地转换成直流电压。也就是说，要对交流电压进行高精度的数字测量，AC-DC 转换器必须是线性的。在 2.1.2 节介绍的模拟式电压表中，常用二极管检波器构成简单的 AC-DC 转换器，但这种 AC-DC 转换器的转换特性是非线性的。这种非线性在模拟式电压表中可以用非线性的刻度来校正。可是，直流数字电压表本身无法做这样的校正，因此这种简单的 AC-DC 转换器不适于用交流电压的数字测量。

交流电压的幅度可用平均值、有效值、峰值三个量来表示。相应地，AC-DC 转换器也有平均值转换器、有效值转换器和峰值转换器之分。目前，以前两者最为常见。

在 DMM 中，AC-DC 变换主要按真有效值的数学定义用集成电路实现。因为

$$U = \sqrt{\frac{1}{T}\int_0^T u_i^2 \mathrm{d}t} \tag{2.1.39}$$

所以直接用集成电路的乘、除法器能进行均方根运算，从而构成均方根式的有效值。AC-DC 转换器的原理可用图 2.1.26 来说明。乘、除法器对 X、Y、Z 三个输入端进行 XY/Z 运算。被测信号 u_i 送入 X、Y 输入端，从 XY/Z 端输出的电压经平均值电路（有源低通滤波器）再送回 Z 输入端，故直流输出电压为

$$U_o = \frac{\overline{u_i^2}}{U_o}$$

$$U_o = \sqrt{\overline{u_i^2}} \tag{2.1.40}$$

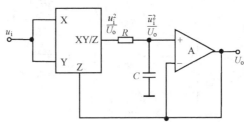

图 2.1.26　均方根法的 AC-DC 转换器

现在已有多种型号真有效值转换器 RMS-DC 变换的专用集成芯片，如表 2.1.2 所示。

表 2.1.2　RMS-DC 变换的专用集成芯片

型　　号	带宽/kHz	V_{SS}/V	输入电压幅度	转换精度
AD536A	450	±15	7V	±2mV±0.2%
AD636	900	±5	200mV	±0.5mV±1.0%
AD737	460	±16.5	200mV	±0.2mV±0.3%

2．电流-电压（*I-U*）转换器

将电流转换成电压的一种最简单的方法是让被测电流 i_x 流过标准电阻 R_s，此时标准电阻两端的电压为 $u_x = i_x R_s$。测出这个电压，便能确定被测电流的大小。

为了减小转换器的内阻，R_s 一般选得很小，常在几欧姆以下。因此，u_x 一般不太大。为了测量小电流，需要对 u_x 进行放大，变换电路如图 2.1.27 所示。这里采用高输入阻抗的同相放大器，以减小转换器对 R_s 的旁路作用而带来的附加误差。

在测量几毫安以下的小电流时，更常采用图 2.1.28 所示的 *I-U* 转换电路。由于运算放大器的输入阻抗非常高，因此可以认为被测电流 i_x 全部流入反馈电阻 R_s。同时，又由于运算放大器的增益非常大，具有"虚短"特性，因此运算放大器的输出电压为

$$u_o = i_x R_s \tag{2.1.41}$$

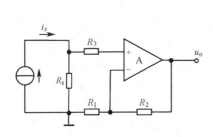

图 2.1.27　大信号 *I-U* 转换电路

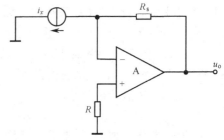

图 2.1.28　基本 *I-U* 转换电路

因为这种电路是一种带有强负反馈的并联电压反馈放大器，所以这种转换器的内阻接近于零。但由于运算放大器的输出电流等于输入电流 I_x，因此这种 *I-U* 转换器不适用于测

量大电流，否则可能超过放大器的容许功耗。由式（2.1.41）可知，改换电阻 R_s，可改换 $I\text{-}U$ 转换器的量程。

当被测电流非常小时，对运算放大器的输入端必须采取防护措施以减小漏电流。

3. 电阻-电压（$R\text{-}U$）转换器

1）恒流法

在被测未知电阻 R_x 中流过已知的恒定电流 I_s 时，在 R_x 上产生的电压降为 $U = R_x I_s$，故通过恒定电流可实现 $R\text{-}U$ 转换。

图 2.1.29（a）所示为利用运算放大器实现 $R\text{-}U$ 转换的基本电路。被测电阻 R_x 和标准电阻 R_s 分别置于反馈电路的两个支路中，当输入一个基准电压 E_r 时，由于 Σ 点为虚地点，则流过运算放大器的电流为

$$I_s = \frac{E_r}{R_s} \tag{2.1.42}$$

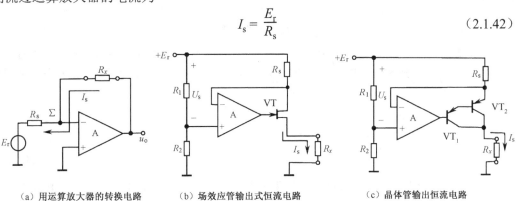

（a）用运算放大器的转换电路　（b）场效应管输出式恒流电路　（c）晶体管输出恒流电路

图 2.1.29　恒流法 $R\text{-}U$ 转换电路

即 I_s 是由 E_r、R_s 形成的恒定电流。此电流流经 R_x 产生的电压为

$$U_o = I_s R_x = \frac{E_r}{R_s} R_x \tag{2.1.43}$$

由此可见，运算放大器的输出电压 U_o 与 R_x 成正比，改变 R_s 则可改变 R_x 的量程。因为 I_s 要流过运算放大器，所以这种电路不适合于测量几欧姆以下的小电阻。

DMM 常用的恒流电路如图 2.1.29（b）和（c）所示。它们由运算放大器 A 构成的跟随器和恒流输出管 VT（或 VT_1、VT_2）组成，其输出电流为

$$I_s = \frac{U_s}{R_s} = \frac{R_1 I_{R_1}}{R_s} = \frac{R_1}{R_3 R_s} E_r \tag{2.1.44}$$

式中，$R_3 = R_1 + R_2$。采用恒流法的 $R\text{-}U$ 转换器的误差取决于 I_s 的准确度，即取决于 E_r、R_s、R_1、R_2、R_3 等的精度。运算放大器的偏移和漂移也会引起 I_s 变化。

2）电阻比例法

图 2.1.30 中画出了用电阻比例法构成的 $R\text{-}U$ 转换器电路，它与双斜积分式 A/D 转换器配合，可实现电阻-数字转换。由图可知

$$U_x = -IR_x, \quad U_s = IR_s$$

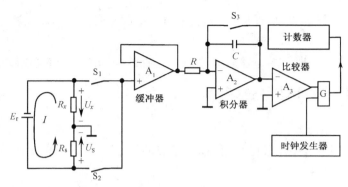

图 2.1.30　电阻比例法电路

故

$$U_x = -\frac{U_s}{R_s}R_x \propto R_x$$

为了测出 R_x 上的电压 U_x，可让双斜积分式 A/D 转换器先在 T_1 内对 U_x 积分，然后再对 U_s 反向积分。当积分器的输出电压回到 0 时，第二次积分结束，因此第二次积分的时间为

$$T_2 = \frac{U_x}{U_s}T_1 = \frac{R_x}{R_s}T_1$$

故

$$R_x = \frac{R_s}{T_1}T_2 \propto T_2 \qquad\qquad (2.1.45)$$

用 T_2 打开与门 G，计数器对时钟计得的数字即代表 R_x 的数字量。由于在电阻 R_x、R_s 中流过同样的电流，因此电阻比例法不需要精密的基准电流。

4．数字多用表的发展近况

近年来，数字多用表迅速得到普及，性能也有很大的提高，特别是大规模集成电路 LSI 的发展使得数字多用表在小型化、低功耗、低成本方面进步很快。数字多用表大致分为如下两类。

（1）便携式。

便携式 DMM 的位数不多，通常是 $3\frac{1}{2}$ 位；精度不高，一般为 0.2%～0.5%；但体积、质量和耗电甚小，且大多做成手持式。近年又推出了 $4\frac{1}{2}$ 位和 $4\frac{2}{3}$ 位精度的便携式 DMM。表 2.1.3 列出了几种具有代表性的便携式 DMM 的主要性能。

表 2.1.3　几种便携式 DMM 的主要性能

产品型号	生产厂家	显示位数	工作方式	体积/mm³	质量/g	耗电/mW
AD5511A	A&D	$3\frac{1}{2}$（LED）	自动校零双积分	185×67×185	2000（包括电池）	1000
TR-6855	武田理研	4（LED）	双积分	200×72×267	2300	
8020A	Fluke	$3\frac{1}{2}$（LCD）	自动校零双积分	180×86×45	270（包括电池）	20
2000A	三正电子	$3\frac{1}{2}$	自动校零双积分	85×155×32.5	350（包括电池）	60
MV-570	旭计器	3（LED）	自动校零双积分	118×164×52	450（电池除外）	320
970	HP	$3\frac{1}{2}$（LED）	自动校零双积分	165×45×30	200（包括电池）	

（2）台式。

台式 DMM 的位数较多，精度及自动化程度较高。各厂家都有自己的专利技术，近年已做到 $8\frac{1}{2}$ 位精度。表 2.1.4 列出了几种具有代表性的台式 DMM 的主要性能。

表 2.1.4　几种台式 DMM 的主要性能

产品型号	生产厂家	显示位数	精度	方案	带微处理机	接口
8500A/8503A	Fluke	5，6	0.001%±6	误差加减型再循环余数方式	有	（1）IEE-488 （2）RS-232B/C （3）位并行
7065	SOCLARTRON	6	0.001%±4	脉冲调宽式	有	（1）GP-IB （2）RS-232C 位 （3）位并行
3455A	HP	5，6	±0.005%	多斜积分式	有	HP-IB
5900	RACALDANA	5	±0.001%	延时式双积分	有	GB-IB

现代 DMM 技术比较成熟，产品也很多。例如，HP 公司的 3458A（$8\frac{1}{2}$ 位）、爱德万公司的 R6581（$8\frac{1}{2}$ 位）、吉时利公司的 SM-2020（$5\frac{1}{2}$ 位）、电子 41 所的 AV1851（$5\frac{1}{2}$ 位）等。多功能、新技术是当前 DMM 的发展趋势。

2.2　积分式直流数字电压表

［2007 年全国大学生电子设计竞赛（G 题）（高职高专组）］

1．任务

在不采用专用 A/D 转换器芯片的前提下，设计并制作积分型直流数字电压表。

2．要求

1）基本要求

（1）测量范围：10mV～2V。

（2）量程：200mV，2V。

（3）显示范围：十进制数 0～1999。

（4）测量分辨率：1mV（2V 挡）。

（5）测量误差：≤±0.5%±5 个字。

（6）采样速率：≥2 次/秒。

（7）输入电阻：≥1MΩ。

（8）具有抑制工频干扰功能。

2）发挥部分

（1）测量范围：1mV～2V。

（2）量程：200mV，2V。

（3）显示范围：十进制数 0～19999。

（4）测量分辨率：0.1mV（2V 挡）。

（5）测量误差：≤±0.05%±5 个字。

（6）具有自动校零功能。

（7）具有自动量程转换功能。

（8）其他。

3. 说明

在电路中应有可测得积分波形的测试点。

2.2.1 题目分析

本题的任务是设计并制作积分型直流数字电压表，而且不能使用专用 A/D 转换器芯片。因此，题目的实质是根据双积分 A/D 转换器的原理，直接利用运放和逻辑电路搭建直流数字电压表。进一步分析题目要求，可知此直流数字电压表的指标如下。

（1）测量范围为 10mV～2V，扩展为 1mV～2V。

（2）量程为 200mV，2V（分挡）。测量范围和测量分辨率是一对矛盾，对双积分式 A/D 来说，在保持测量分辨率不变的前提下，测量范围的扩大意味着电路复杂度和成本的提高。实际中常采用分挡测量的方式解决此矛盾，本题采用 200mV 和 2V 两个挡位。

（3）显示范围：十进制数 0～1999，扩展为 0～19999，也即常称的 3 位半和 4 位半数字电压表。

（4）测量分辨率：1mV（2V 挡），扩展为 0.1mV（2V 挡）。分辨率是数字电压表能够显示的被测电压的最小变化值，不同量程的分辨率是不同的，此题要求在 2V 挡具有 1mV（基本）和 0.1mV（扩展）的分辨率。需要指出的是，双积分式 A/D 转换器测量分辨率这个指标主要是靠计数器的位数来保证的。

（5）测量误差：≤±0.05%±5 个字。测量误差前项称为读数误差，后项称为满度误差（不随读数变化）。例如，若测量值为 1.2V，分辨率为 0.001V（即每个字代表 1mV），则依题意测量误差应小于 ±0.05%×1.2±5×0.001V。

（6）采样速率：≥2 次/秒。受积分时间的限制，积分式 A/D 采样速率较慢，一般只有 5～30 次/秒。另外，为抑制工频干扰，积分时间应取工频周期的整数倍，使采样速率受到进一步限制。

设计的直流数字电压表需要具备以下功能。

（1）具有抑制工频干扰功能。这是积分式 A/D 转换器的特有优点，通过合理选择积分时间，可有效地抑制包括工频在内的交流干扰。

（2）具有自动校零功能。此功能主要是为了克服积分放大器和比较器的零点偏移与漂移。

（3）具有自动量程转换功能。

2.2.2　方案论证

1. 双积分型 A/D 转换原理

图 2.2.1 是双积分型 A/D 转换器的电路，它由积分电路 A、电压比较器、校零比较器 C、控制门 G、n 位二进制计数器、定时控制触发器 FFC、电子开关 S_1、S_2，以及它们的逻辑控制电路等组成，积分过程如下。

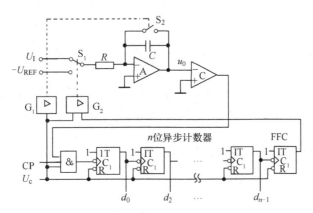

图 2.2.1　双积分型 A/D 转换器

开始时 $U_c = 0$，对各触发器清零，闭合 S_2，让积分电路的电容 C 完全放电。接着开关 S_1 合到 U_I 一侧，积分电路按式（2.2.1）开始积分（此过程称为采样积分）：

$$U_o = \frac{1}{C} \int_0^{T_1} \left(-\frac{U_I}{R} \right) \mathrm{d}t = -\frac{T_1}{RC} U_I \tag{2.2.1}$$

积分输入 U_I 为正值，积分器输出为负，通过比较后，比较器的输出 U_o 为 1，开通 CP 控制门 G，计数器开始计数。计到 2^n 个脉冲时，计数器输出全 0，同时输出一个进位信号，使 FFC 置 1。对 U_I 的积分结束，积分时间 $T_1 = 2^n \times T_{CP}$，T_{CP} 为 CP 的周期，n 为计数器位数。n 和 T_{CP} 是固定值，因此 T_1 也是固定的，不因 U_I 而变。计数器的进位信号（FFC 置 1）控制开关 S_1 接到 U_{REF} 一侧，使积分器转而对参考电压进行积分（此过程称为回积阶段），直至积分器输出为零。综合以上过程，可以得到以下关系式：

$$U_o = -\frac{T_1}{RC} U_I + \frac{1}{C} \int_0^{T_2} \frac{U_{REF}}{R} \, \mathrm{d}t = -\frac{T_1}{RC} U_I + \frac{U_{REF} T_2}{RC} = 0$$

$$T_2 = \frac{T_1}{U_{REF}} U_I, \qquad D_n = \frac{T_2}{T_{CP}} \tag{2.2.2}$$

因为 T_1 为常数，故 T_2 与 U_i 成正比。已知参考电压和积分时间，由式（2.2.2）即可求出输入电压。同时式（2.2.2）也表明，双积分型 A/D 转换器实质是一种电压-积分时间（V-T）转换。

2. 方案选择

1）A/D 转换模块

方案一： 采用电压-频率（V-F）变换芯片，结合外围电路设计 A/D 转换，其精度高，转换速度快，但不具备积分的特点，与题目要求不符。

方案二： 采用积分放大器、计数器和逻辑电路，根据双积分 A/D 转换器的原理设计电路。这种方式虽然可行，而且有经典电路可供参考，但系统数字部分全部由集成逻辑电路组成，结构较为复杂，开发调试工作量大。

方案三：采用积分放大器与单片机控制相结合的方式，由单片机完成计数和系统控制，可充分发挥单片机和积分放大器各自的优势，以达到系统设计的整体优化。

综合以上三种方案，我们选择方案三作为本设计方案。

2）积分器的选用

作为积分器的集成运放要求高输入阻抗，而对转换速度、带宽等其他指标要求不高，所以本系统选择常用的 OP07 通用型集成运放芯片。

3）显示部分模块

方案一：采用 LED 显示。这种方案的优点是软件实现简单，价格低，但可靠性能低、智能化程度不高。

方案二：采用 LCD 显示。这方案显示比较全面，功能多，硬件电路简单，提高了可靠性，但成本比较高，软件比较复杂。本系统采用这种方案。

2.2.3 系统硬件与软件设计

1．总体方案

通过上述方案选择，可以确定系统的设计目标是：以 89C51 单片机为控制核心，根据双积分转换原理设计 4 位半积分式直流数字电压表。设计中充分利用 89C51 单片机内部的高速计数器和以分立元件组成的双积分型 A/D 转换器的优良特性，使整个设计达到比较满意的效果。硬件设计主要由双电源电路、信号采集电路、量程转换电路、开关逻辑控制电路、积分比较与自动回零电路、单片机系统、显示电路组成。软件编程采用模块化结构，主要由时序子程序、系数运算子程序、滤波子程序、BCD 码转换子程序、自动量程转换子程序和显示子程序等组成。

2．硬件电路设计

本设计采用分立元件设计双积分型 A/D 转换器，配合单片机系统、显示电路等组成 4 位半积分式数字直流电压表的硬件电路。图 2.2.2 为电压表的系统框图，单片机系统以 89C51 单片机为核心；信号采集与量程转换电路由 OP07 和模拟开关 CD4051 组成；积分比较与自动回零电路由双积分型 A/D 转换器和过零比较器组成；开关逻辑控制电路的主要元件是模拟开关 CD4051；显示部分采用 1602 字符型液晶显示器；基准电压由 TL431 稳压所得。为确保转换精度，系统采用双电源实现数模隔离，尽可能减少数字噪声对模拟部分的干扰。图中的 U_{x0} 是待测电压 U_x 经过 OP07 电压跟随器后的输出信号（$U_{x0} = U_x$），U_{x1} 是由待测电压 U_x 经过另一个 OP07 组成的 10 倍放大电路后的输出电压信号（$U_{x1} = 10U_x$）。

图 2.2.3 为电压表的硬件部分电路图——积分比较与自动回零电路，在数字电压表内，单片机通过开关逻辑控制电路控制双积分 A/D 转换。单片机先控制开关逻辑控制电路使 U_A 接通，进行自动回零，接着使 U_B 接通对待测电压正积分，再使 U_F 接通对反积分基准电压反积分，同时单片机内部计数器开始计数，到一定时间后比较电路输出中断信号，单片机停止计数并将计数值滤波，通过减法、乘法和除法的系数运算最后转换成 BCD 码，再通过显示电路显示待测电压值。

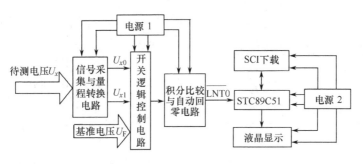

图 2.2.2　电压表的系统框图

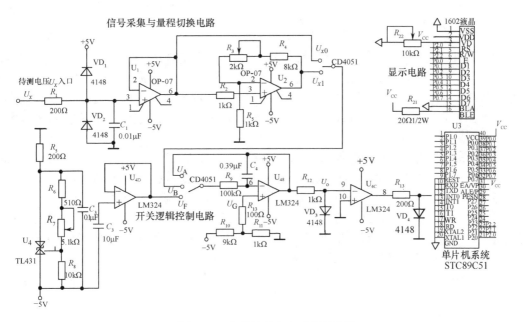

图 2.2.3　积分比较与自动回零电路

A/D 转换在单片机和开关逻辑控制电路的控制下有条不紊地进行，全部过程可分三个阶段。

（1）正积分：也称信号采集阶段。在这个阶段，通过单片机对开关逻辑控制电路的控制来对检测电压 U_{x0} 或 U_{x1} 积分。积分器的输出电压随时间线性增加。正积分时间由单片机控制，定时为 T_1，在 T_1 结束时积分器的输出电压为

$$U_{o1}(T_1) = U_G - \frac{1}{R_9C_4}\int_0^{T_1}U_x\mathrm{d}t = U_G - U_x\frac{T_1}{R_9C_4} \tag{2.2.3}$$

（2）反积分：也称计数阶段。在这个阶段，通过单片机对开关逻辑控制电路的控制来对基准电压 U_F 积分。经过 T_2 时间后回到 U_G，积分输出电压为

$$U_{o2}(T_2) = U_{o1}(T_1) + \frac{1}{R_9C_4}\int_0^{T_2}U_F\mathrm{d}t = U_G \tag{2.2.4}$$

因此有

$$U_G - U_x\frac{T_1}{R_9C_4} + U_F\frac{T_2}{R_9C_4} = U_G \tag{2.2.5}$$

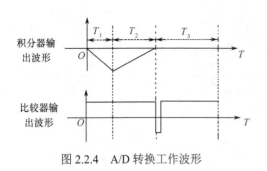

图 2.2.4　A/D 转换工作波形

化简得 $T_2 = U_x \cdot T_1/U_F$，由此可以看出 T_2 的大小取决于输入待测电压 U_x 的大小。

（3）自动回零：也称复位阶段。在该阶段，反积分使得比较器输出由高电平变成低电平，再由单片机控制开关逻辑控制电路动作，使 U_A 导通，使得积分电容上的电荷充分释放，输出电压降到零（U_G）。

图 2.2.4 为 A/D 转换的工作波形，其中 T_1 为正积分时间，T_2 为反积分时间，T_3 为回零时间。

3. 电压表的软件设计及流程图

软件设计主要完成时序控制、计数值采样、滤波、量程选择、BCD 码转换、数据显示等功能，包括时序子程序、滤波子程序、系数运算子程序、自动量程转换子程序、BCD 码转换子程序、显示子程序等，如图 2.2.5 所示。时序子程序主要考虑单片机通过对开关逻辑控制电路的控制，使得 A/D 转换可靠进行；系数运算子程序包括减法、乘法和除法子程序，处理计数值和实际待测电压的转换关系。

图 2.2.6 为自动量程转换流程图，自动量程转换的原理如下。系统开机时默认选择大量程测量（2V）挡，每次都将待测电压经 A/D 转换后的计数值与 0.2V 计数值比较，当计数值小于 0.2V 时建立量程转换标志位，在程序执行第二次循环时通过标志位判断选择小量程测量（200mV）挡；反之清除标志位，在程序执行第二次循环时量程不变。同理，当选择小量程测量时，每次将待测电压经 A/D 转换后的计数值和 0.2V 计数值比较，当计数值小于 0.2V 计数值时建立量程转换标志位，在程序执行第二次循环时继续选择小量程测量；反之清除标志位，在程序执行第二次循环时选择大量程测量。这样重复循环就实现了自动量程转换。

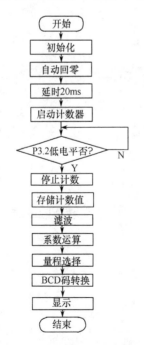

图 2.2.5　电压表主程序流程图

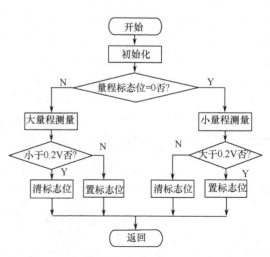

图 2.2.6　自动量程转换流程图

软件系统中采用了看门狗技术，若程序出现死循环或跑飞现象，则单片机内部的看门狗将使单片机复位，将单片机重新拉回到有序的工作状态。对 A/D 的转换结果采用算术平均滤波法滤波，可以消除干扰。在程序设计中 $T_1 = 20\text{ms}$，刚好等于工频周期，有效提高了系统对工频 50Hz 的电信号干扰的抑制能力。

2.2.4　系统测试

系统设计完成后，利用标准稳压电源输出标准的待测电压，用 5 位半数字电压表作为校准设备，分别用 5 位半数字电压表和本电压表对待测电压进行测试，并对测试结果进行比较，如表 2.2.1 所示。

表 2.2.1　电压测试数据

标准电压值	自动选择量程	实测电压值	误差/%
1.000mV	200mV 挡	1.00mV	0
50.000mV	200mV 挡	50.00mV	0
120.000mV	200mV 挡	120.01mV	0.008
199.990mV	200mV 挡	199.97mV	−0.01
0.20020V	2V 挡	0.2000V	−0.01
1.25000V	2V 挡	1.2503V	0.024
1.98000V	2V 挡	1.9804V	0.020

测试结果表明，本电压表的测量误差≤±0.03%，精度达到 4 位半。测量 199.990mV 和 0.20020V 两组标准电压值时，本电压表进行了自动量程转换，由此表明本电压表具有 200mV 和 2V 两个量程，并且可以实现自动量程转换功能。

第③章
时域测量仪设计

3.1 时域测量仪设计基础

3.1.1 时域测量引论

从本章开始，我们将介绍几种图示式仪器，即能在显示屏幕上直观地看到被测信号波形等信息的仪器。我们知道，对于携带信息的模拟调制信号，可从三个方面去研究，即反映幅度 U 与时间 T 的关系（如示波器）的时域（Time Domain）、反映幅度 U 与频率 F 的关系（如频谱仪）的频域（Frequency Domain）和调制域（Modulation Domain）。图 3.1.1 给出了一个标准正弦调频信号的三域波形。另外，对于数字信号也有逻辑分析仪等数据域仪器进行测量。

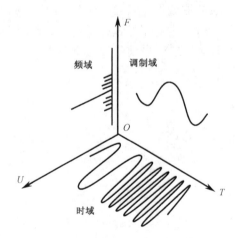

图 3.1.1 标准正弦调频信号的三域波形

1. 示波器的功能

示波器是电子示波器的简称，是一种基本的、应用最广泛的时域测量仪器。要特别指出的是，示波器是一种全息仪器，能让人们观测到信号波形的全貌，能测量信号的幅度、频率、周期等基本参量，能测量脉冲信号的脉宽、占空比、上升（下降）时间、上冲、振铃等参数，还能测量两个信号的时间和相位关系。这些功能是其他电子仪器难以胜任的。

由于电子技术的进步，示波器从早期的定性观测发展到了可以进行精确测量。其他非电物理量也可转换成电量后使用示波器进行观测。因此，示波器除用来对电信号进行分析、测量外，还广泛用于国防、科研及工农业等领域。

同时，示波器是其他图示式仪器的基础。学习并掌握示波器的组成原理后，就很容易理解扫频仪、频谱仪、逻辑分析仪及医用 B 超等各种图示式仪器。

2．示波器的分类

当前，常用的示波器按技术原理可分为：

① 模拟式——通用示波器（采用单束示波管实现显示，当前最通用的示波器）。

② 数字式——数字存储示波器（采用 A/D、DSP 等技术实现的数字化示波器）。

在性能上，按示波器的带宽可分为：

① 中、低档示波器，带宽在 60MHz 以下。

② 高档示波器，带宽在 60MHz 以上，大多在 300MHz 以下；更高档的带宽达 1～2GHz。

另外，还有一些有特色的示波器，如慢扫示波器（超低频示波器）、取样示波器（用取样技术将高频信号转换为低频信号，再用通用示波器显示）、记忆示波器（模拟存储示波器）、多束示波器（能在多电子束示波管上同时观测多个波形）及特种示波器（如高灵敏度等特殊用途的示波器）等。由于现代性能优异的模拟通用示波器和数字存储示波器基本上具有上述这些特色示波器的功能，故这些特色示波器已很少生产。

这里主要介绍通用示波器和数字示波器。

3．示波器的组成

示波器主要由 Y（垂直）通道、X（水平）通道和显示屏三大部分组成，如图 3.1.2 所示。

Y（垂直）通道：由探头、衰减器、前置放大器、延迟线和输出放大器组成，实质上是个多级宽频带、高增益放大器，主要对被测信号进行不失真的线性放大，保证示波器的测量灵敏度。

X（水平）通道：由触发电路、时基发生器和水平输出放大器组成，主要产生与被测信号相适应的扫描锯齿波。

显示屏：主要由阴极射线管（Cathode Ray Tube, CRT）组成，通常称为示波管。当前，以光点和光栅方式作为显示屏主要采用的示波管。另

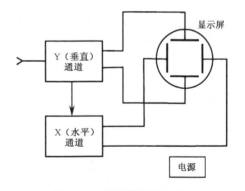

图 3.1.2　示波器的基本组成

外，平板显示屏发展很快，尤其是液晶显示屏（LCD）已经应用于示波器。这里主要介绍应用较多的示波管。

3.1.2　示波管介绍

示波管属于电真空器件，又称阴极射线管。考虑到这种电真空器件在其他课程中很少提及且应用广泛，故专列一小节进行介绍。示波管由电子枪、偏转系统和荧光屏三部分组成，置于真空密封的玻璃管内，如图 3.1.3 所示（沿轴向的剖视图），其结构原理分述如下。

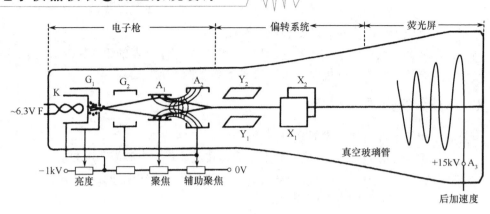

图 3.1.3　示波管剖视图

1. 电子枪

电子枪的作用是发射电子并形成强度可控的很细的电子束。它由以下几部分组成。

① 灯丝 F：在交流低压（如 6.3V）下，使钨丝烧热，用于加热阴极。

② 阴极 K：是一个表面涂有氧化钡（其逸出功小，内部自由电子容易逸出）的金属圆筒，在灯丝加热作用下，温度升高，就能发射电子。

③ 第一栅极 G_1：是一个端面带有圆孔（电子可以通过）的无底圆筒，套于阴极之外。G_1 的电位如图 3.1.3 所示，它低于阴极 K 的电位，可以抑制电子流的通过大小，即控制电子流轰击荧光屏的能量大小，故调节 G_1 的电位可以调节示波器的亮度。该电位器旋钮通常置于示波器面板上，供使用者调节亮度用。

应该指出，当控制信号加于 G_1 时，其亮度可随之改变，因此可以传递信息，故将这部分电路称为示波器的 z 轴电路。

④ 第二栅极 G_2：是一个较长的圆筒，通常与第二阳极 A_2 同电位，以使电子束具有较大的近轴性和速度。还有一个重要作用是，隔离 G_1 和 A_1，以减小亮度调节与聚焦调节的相互影响。

⑤ 第一阳极 A_1：是一个短圆筒，口径较大，不阻挡电子，主要与第二阳极 A_2 构成一个电子透镜，对电子束起聚焦作用。

⑥ 第二阳极 A_2：是一个更大的同轴圆筒，其上电压较高，主要与 A_1 构成电子透镜。电子透镜的原理与光学透镜相似，它通过改变电位来改变电场分布，使电场等位面的曲率改变，进而改变电子流的方向，达到聚焦的目的。通常 A_2 的电位是生产厂家调节好的，置于示波器机箱内；而 A_1 的电位器旋钮置于机箱面板上，供使用者调节聚焦用。

⑦ 第三阳极 A_3：位于荧光屏附近，具有上万伏的高压，用于对电子束加速，故也称后加速阳极，它使电子束有较大的能量轰击荧光屏。它置于荧光屏附近是为了减小对电子偏转的影响，故先偏转后加速。通常，后加速阳极做成分段式或螺旋形。

2. 偏转系统

通常有两类偏转方式，即静电偏转和磁偏转。静电偏转是以光点为基础显示波形的，如示波器等图示式仪器（扫频仪、频谱仪和医疗仪器）；磁偏转是以光栅为基础显示图像的，如电视机、计算机显示器。现代电子仪器（如数字示波器、频谱仪）中越来越多地采用磁偏转方式。

1）静电偏转

图 3.1.3 中给出的偏转系统采用的是静电偏转方式。示波管中有 X 偏转板和 Y 偏转板各一对。每对偏转板都由基本平行的金属板构成。每对偏转板上，两板相对电压的变化必将影响电子运动的轨迹。当两对偏转板上的电位两两相同时，电子束打到荧光屏的正中。Y 偏转板上电位的相对变化只能影响光点在荧光屏上的垂直位置，X 偏转板上电位的相对变化只影响光点在荧光屏上的水平位置，两对偏转板共同配合才决定任一瞬间光点在荧光屏上的坐标。下面以 Y 偏转板为例，讨论光点在荧光屏上的位移与什么因素有关。

图 3.1.4 所示为 Y 偏转系统对电子束的影响示意图。在偏转电压 U_Y 的作用下，y 方向的偏转距离为

$$y = \frac{sL}{2bU_a}U_Y \tag{3.1.1}$$

式中，L 为偏转板的长度；s 为偏转板中心到屏幕中心的距离；b 为偏转板之间的距离；U_a 为第二阳极电压。

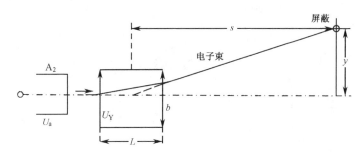

图 3.1.4　Y 偏转系统对电子束的影响示意图

这是一个简化了若干条件的近似公式，下面仅从物理意义上对其进行说明。首先，Y 偏转板间的相对电压 U_Y 越大，造成的偏转电场越强，偏转板长度 L 越长，偏转电场作用的距离就越长，这都会使偏转距离加大。电子通过偏转板，获得一定的垂直方向速度，在脱离偏转板后，也会有 Y 方向的匀速运动分量，所以偏转板到荧光屏之间的距离 s 越长，偏转距离越大。对于同样的偏转电压 U_Y，若板间距离 b 变大，则电场强度和偏转距离都变小。同时，第二阳极电压 U_a 越高，电子在轴线方向或 z 方向的运动速度就会越快，穿过偏转板所用的时间就会减少，电场对它的作用减小，偏转距离也会减小。所以，在式（3.1.1）中，使 y 增大的参数位于分子上，使 y 减小的参数位于分母上。

当示波管设计好后，L、b、s 均固定，第二阳极电压 U_a 也基本不变，所以 Y 方向的偏转距离 y 正比于偏转板上的电压 U_Y，即

$$y = h_Y U_Y \tag{3.1.2}$$

式中，比例系数 h_Y 称为示波管的偏转因数，单位为 cm/V，其倒数 $D_Y = 1/h_Y$ 称为示波管的偏转灵敏度，单位为 V/cm。偏转灵敏度是示波管的重要参数，它越小，示波管越灵敏，观测微弱信号的能力越强。在一定范围内，荧光屏上光点偏移的距离与偏转板上所加的电压成正比，这是用示波管观测波形的理论根据。

2）磁偏转

磁偏转系统加在玻璃壳外面管颈的基部，如图 3.1.5 所示。它由行、场偏转线圈和中心调节器组成。行偏转线圈呈喇叭形，分成两个绕组置于管颈与锥体连接处的上方与下方。行偏转线圈产生的磁场是垂直方向的，根据左手定则（掌心对着磁场，四指表示电子束方向，大拇指则表示电子束的受力方向），电子束将做水平方向偏转。场偏转线圈也分成两个绕组，分别绕在铁氧体磁环的左右两侧，产生的磁场是水平方向的，使电子束做垂直方向的偏转。电子枪发射的电子束，如果没有偏转系统作用，那么只能在屏幕中心产生一个亮点。如果只有行偏转磁场作用，那么电子束只做水平扫描，屏幕上只显示一条水平亮线；如果只有场偏转磁场作用，那么电子束只做垂直扫描，屏幕上只显示一条垂直亮线。只有行、场偏转线圈同时加入符合要求的锯齿波电流，行、场磁场同时起作用时，电子束随着磁场从小到大周期性地变化，同时进行水平方向和垂直方向的扫描运动，屏幕才能形成满幅光栅。

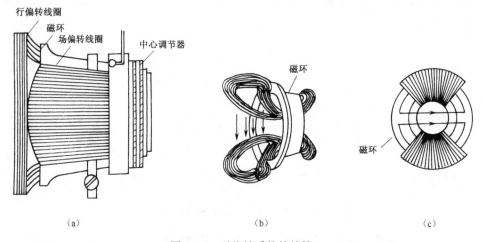

图 3.1.5　磁偏转系统的结构

采用磁偏转的 CRT 通常称为显像管，它在结构、性能上与采用静电偏转的示波管有些不同，表 3.1.1 列出了两者的对比。

表 3.1.1　示波管与显像管的比较

功　　能	类　　型	
	示　波　管	显　像　管
偏转过程	受电场作用	受磁场作用
偏转角度	约 30°	约 110°
频率响应	达几千兆赫兹	达几百千赫兹
图形畸变	较大	较小
功率消耗	直接消耗小	大

3. 荧光屏

示波管正面内壁涂的一层荧光物质，将高速电子的轰击动能转变为光能，产生亮点。当电子束从荧光屏上移去后，光点能在荧光屏上保持一定的时间后才消失。从电子束移去到光点亮度下降为原始值的 10%所延续的时间，称为余辉时间。不同的荧光材料其余辉时间不一样，小于 10μs 的为极短余辉，10μs～1ms 为短余辉（通常为蓝色，便于摄影感光），1ms～0.1s 为中余辉（通常为绿色，眼睛不易疲劳），0.1～1s 为长余辉，大于 1s 为极长余辉（通常为黄色）。由于荧光物质有一定的余辉，同时人眼对观测到的图像有一定的残留效应，尽管电子束每一瞬间只能击中荧光屏上的一个点，但我们却能看到光点在荧光屏上移动的轨迹。

要根据示波器用途不同，选用不同余辉的示波管，频率越高要求余辉时间越短。同时，在使用示波器时，要避免过密的光束长期停在某点上。因为电子的动能在转换成光能的同时还产生大量热能，这会减弱荧光物质的发光效率，严重时还可能会在屏幕上烧出一个黑点。即使示波器只是短时间不用，也应将"辉度"调暗。

3.1.3 波形显示原理

本节先讨论用示波管做显示屏的波形显示原理。这种用光点显示图像的示波器主要有两种应用方式：一种是显示随时间变化的信号，另一种是显示任意两个变量 x 与 y 的关系。接下来简单介绍光栅扫描和平面显示的原理。

1．显示随时间变化的图形

1）光点扫描显示原理

当 X、Y 偏转板上未加电压时，电子束对准屏幕中央打出一个亮点。当上、下 Y 偏转板为正电位时，光点上移；同理，当左、右 X 偏转板为正电位时，光点右移；若 X、Y 偏转板同时加正电位，则光点移向右上角处。也就是说，屏幕上光点的位置取决于 X、Y 两对偏转板上电场的合力。

如果要观测一个随时间变化的信号，如正弦信号 $f(t) = U_m\sin\omega t$，那么只要把被观测的信号转变成电压加到 Y 偏转板上，电子束就会在 y 方向按信号的规律变化。任一瞬间的偏转距离正比于该瞬间 Y 偏转板上的电压。然而，如果水平偏转板间未加电压，那么在荧光屏上只能看到一条垂直的直线，如图 3.1.6（a）所示，因为电子束在水平方向未受到偏转电场的作用。

如果在 X 偏转板上加一个随时间线性变化的电压，即加一个锯齿波电压，那么光点在 x 方向的变化就反映了时间的变化。若在 y 方向不加电压，则光点在荧光屏上构成一条反映时间变化的直线，称为时间基线，如图 3.1.6（b）所示。当锯齿波电压达到最大值时，屏上的光点也达到最大偏转，然后锯齿波电压迅速返回起始点，光点也迅速返回最左端，再重复前面的变化。光点在锯齿波作用下扫动的过程称为扫描，能实现扫描的锯齿波电压称为扫描电压，光点从左向右的连续扫动称为扫描正程，光点从荧光屏的右端迅速返回起扫点的扫描运动称为扫描回程。

回程是我们不希望看到的，因此示波器设计为：扫描正程期间，在示波管第一栅极加正电位，电子束增强，屏幕上能看到扫描线；扫描回程期间，第一栅极电位降低，电子束减弱，屏幕上看不到回扫线。上述设计通常称为扫描过程的增辉和回扫匿影。

当 y 轴加上被观测的信号、x 轴加上扫描电压时，荧光屏上光点的 y 和 x 坐标分别与这一瞬间的信号电压和扫描电压成正比。由于扫描电压与时间成比例，所以荧光屏上描绘的就是被测信号随时间变化的波形，如图 3.1.6（c）所示。

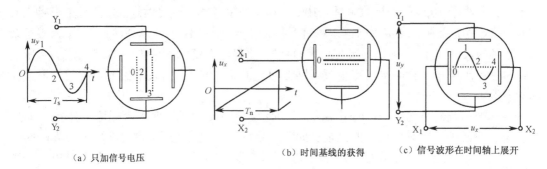

（a）只加信号电压　　　　　（b）时间基线的获得　　　　（c）信号波形在时间轴上展开

图 3.1.6　扫描过程

2）信号与扫描电压的同步

当扫描电压的周期 T_n 是被观测信号周期 T_s 的整数倍时，扫描的后一个周期描绘的波形与前一周期的完全一样，荧光屏上得到清晰而稳定的波形，称为信号与扫描电压同步。

图 3.1.7 所示为扫描电压与被测信号同步时的情况。图中，$T_n = 2T_s$，在时间轴上的 8 点处，扫描电压由最大值回到 0，这时被测电压恰好经历了两个周期，荧光点沿 8→9→10 移动时重复上一扫描周期光点沿 0→1→2 移动的轨迹，得到稳定的波形。如果没有这种同步关系，那么后一扫描周期描绘的图形与前一扫描周期的不重合，如图 3.1.8 所示。

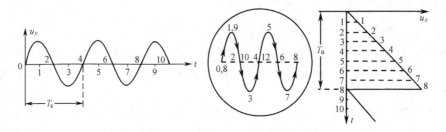

图 3.1.7　扫描电压与被测信号同步

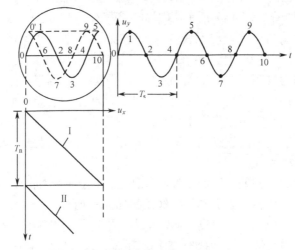

图 3.1.8　扫描电压与被测信号不同步

在图 3.1.8 中，$T_n = \frac{5}{4} T_s$，第 I 个扫描周期开始，光点沿 0→1→2→3→4→5 轨迹移动。当扫描结束时，光点迅速从 5 回到 0′，接着第 II 个扫描周期开始，光点沿 0′→6→7→8→9→10 轨迹移动，即不与第一次扫描轨迹重合。这样，第一次看到的波形为图 3.1.8 中的实线，第二次看到的则为虚线，使得我们感到波形在从右向左移动，即显示的波形不再稳定。可见，保证扫描电压周期是被观测信号周期的整数倍，即保证同步关系非常重要。但实际上，扫描电压由示波器本身的时基电路产生，它与被测信号是不相关的，为此常利用被测信号产生一个同步触发信号去控制示波器时基电路中的扫描发生器，迫使它们同步。也可以用外加信号去产生同步触发信号，但这个外加信号的周期应与被测信号有一定的关系。

3）连续扫描和触发扫描

以上所述为观测连续信号的情况，这时扫描电压也是连续的，这种扫描方式称为连续扫描。但在观测脉冲过程时，往往感到连续扫描不再适应。特别是在研究脉冲持续时间与重复周期之比即占空比 τ/T 很小的脉冲过程时，问题更为突出。

连续扫描与触发扫描的比较如图 3.1.9 所示，图 3.1.9（a）为被测脉冲。若用连续扫描显示，则扫描信号的周期有两种可能的选择。

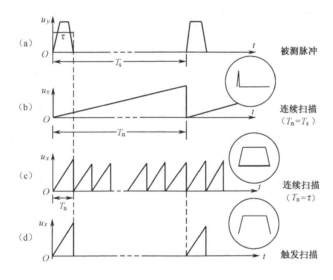

图 3.1.9 连续扫描和触发扫描的比较

（1）选择扫描周期 T_n 等于脉冲重复周期 T_s。

这种情况如图 3.1.9（b）所示。不难看出，屏幕上出现的脉冲波形集中在时间基线的起始部分，即图形在水平方向被压缩以致难以看清脉冲波形的细节。例如，很难观测它的前后沿时间。

（2）选择扫描周期 T_n 等于脉冲宽度 τ。

为了将脉冲波形在水平方向展宽，必须减小扫描周期，这里取 $T_n = \tau$，如图 3.1.9（c）所示。在这种情况下，扫描具有这样的特点，即在一个脉冲周期内，光点在水平方向完成的多次扫描中，只有一次扫描出脉冲图形，结果在屏幕上显示的脉冲波形本身非常暗淡，而时间基线却很明亮。这样，对观测者同样带来了困难，而且扫描的同步很难实现。

利用触发扫描可解决上述脉冲示波测量的困难。触发扫描的特点是：只有在被测脉冲到来时才扫描一次，如图 3.1.9（d）所示。因此，工作在触发扫描方式下的扫描发生器平时处于等待工作状态，只有送入触发脉冲时才产生一个扫描电压。

只要选择扫描电压的持续时间等于或稍大于脉冲底宽，脉冲波形就可展宽得几乎布满横轴。同时由于在两个脉冲间隔时间内没有扫描，因而不会产生很亮的时间基线。实际上，现代通用示波器的扫描电路一般均可调节在连续扫描或触发扫描两种方式下工作。

2. 显示两个变量之间的关系

在示波管中，电子束同时受 X 和 Y 两个偏转板的作用，而且两偏转板上的电压 U_X 和 U_Y 的影响又是相互独立的，它们共同决定光点在荧光屏上的位置。U_X 和 U_Y 配合起来，就能够画出任意的波形。利用这种特点，可把示波器变为一个 X-Y 图示仪，使示波器的功能得到扩展。

图 3.1.10 表示两个同频率的正弦波信号分别作用在 X、Y 偏转板上时的情况。如果这两个信号的初相相同，那么可在荧光屏上画出一条直线；若 x、y 方向的偏转距离相同，则这条直线与水平轴成 45°，如图 3.1.10（a）所示；若这两个信号的初相相差 90°，则在荧光屏上画出一个正椭圆；若 x、y 方向的偏转距离相同，则屏上画出的为正圆，如图 3.1.10（b）所示。示波器两个偏转板上都加正弦电压时，显示的图形称为李萨育（Lissajous）图形，这种图形在相位和频率测量中常会用到。

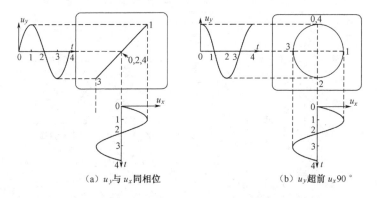

图 3.1.10　两个同频率信号构成的李萨育图形

又如，可用示波器观测射极输出器的跟随特性。在射极输出器的输入端加一个任意形状的电压，其幅度应与所观测跟随特性的范围相适应。把这个输入电压引至 X 偏转板，把射极输出器的输出电压引至 Y 偏转板，就可在荧光屏上观测到这个射极输出器的跟随特性，如图 3.1.11 所示。

在 $u_i < u'$ 时，射极输出器没有输出，即 $u_o = 0$，因此在这段时间荧光屏上画出一小段水平线。当 u_i 继续增大时，u_o 跟随 u_i 变化。若跟随特性良好，Δu_o 与 Δu_i 成正比，则能够画出一条倾斜的直线，这条直线的斜率 $\Delta u_o / \Delta u_i$ 即为射极输出器的交流增益。

这样的 X-Y 图示仪可以应用到很多领域。在用它显示图形之前，首先要把两个变量转换成与之成比例的两个电压，分别加到 X、Y 偏转板上。荧光屏上任一瞬间光点的位置都是由偏转板上两个电压的瞬时值决定的。由于荧光屏有余辉时间并且人眼有残留效应，因此在荧光屏上可以看到全部光点构成的曲线，它反映了两个变量之间的关系。

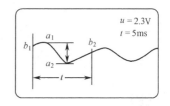

图 3.1.11　用示波器显示射极输出器的跟随特性

3. 光栅显示原理

光栅显示主要用在采用磁偏转方式的电视机和计算机显像管中，今天的一些电子仪器也采用这种显示方法。电子仪器可以采用示波管，也可以采用显像管。不同的是，由于示波管是静电偏转，要在 X、Y 偏转板上加锯齿波扫描电压；而显像管是磁偏转，要用锯齿电流波驱动线圈以产生线性扫描。

1）光栅显示的原理与实现

电子束先要在行、场（即 x、y）扫描的配合下，从左到右、从上到下扫出略微倾斜的水平亮线，这些亮线合成为光栅，如图 3.1.12 所示（示意图）。

光栅显示是三维(x, y, z)坐标显示。x, y 偏转只用于决定光点在屏幕上的位置，而 z 轴电路（见示波管第一栅极）用于控制光点显示的强弱或亮暗，这是由被测信号控制的。扫描过程如图 3.1.12 所示。通常，x 方向偏转信号的速率较快（或称行频较高），而 y 方向偏转信号的速率较慢（或称场频较低）。x 信号的一个周期（如 $t_1 \sim t_2$）决定了屏幕上一次水平方向的扫描过程（称一行扫描），y 信号的一个周期（$t_1 \sim t_n$）决定了整个屏幕的一次扫描过程（称一帧扫描）。当扫描到某一点有信号的位置时，该点变亮（或变暗），信号就得到显示。图 3.1.12（c）中的 a、b、c 光点就表示了被测信号的轨迹。

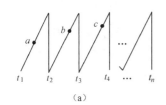　　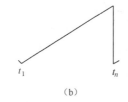　　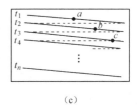

（a）　　　　　　　　　　　　（b）　　　　　　　　　　　　（c）

图 3.1.12　光栅显示的扫描过程

2）字符显示

光栅显示与光点显示相比，具有便于显示字符的优点，因此可将测量结果用字符直接显示在屏幕上。字符包括数字量、单位及有关说明。具有这种功能的示波器称读出示波器。

读出示波器通常以线条或某种特殊光点表示游标，在图 3.1.13 中，以线条表示游标，上、下两条水平游标(a_1, a_2)

图 3.1.13　读出示波器的屏幕显示

间的距离表征被测信号的幅度 u，左、右两条游标(b_1, b_2)间的距离表示被测信号的时间 t。由于游标可以根据需要移动，所以可对信号的任何部位进行测量，测量结果经过标度换算显示在屏幕上。

字符显示方法通常有阶梯循环法和坐标法两种，它们都将字符以点阵方式进行扫描显示。阶梯循环法要扫描所有点阵（包括那些不需要显示的暗点），费时较长；坐标法只对亮点显示，速度快，故被应用于示波器中。

现以图 3.1.14 所示的 7×6 点阵字符"0"为例说明坐标法的显示方法。表 3.1.2 所示为字符"0"点阵中各亮点的坐标编码。例如，P 点的编码为(5,3)，则 P 点的 x 坐标为 5，而 y 坐标为 3。相应地，在表 3.1.2 中，地址为 00H，数据为 53H。显示时，当光栅扫描到这些光点的坐标位置时，z 轴电路就点亮这些点，即实现字符"0"的显示。

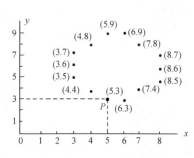

图 3.1.14　7×6 点阵字符"0"

表 3.1.2　字符"0"的坐标编码表

地址	数据	地址	数据
00H	53H	07H	69H
01H	44H	08H	78H
02H	35H	09H	87H
03H	36H	0AH	86H
04H	37H	0BH	85H
05H	48H	0CH	74H
06H	59H	0DH	63H

3）波形与字符同时显示

在实际应用中，总是要求在屏幕上同时显示被测信号的波形和有关测量数据。实现的方法可以是在屏幕上进行分时显示，而且规定字符优先显示，即先采用光栅法显示测量的结果（包括游标和字符），然后采用光点法显示被测信号的波形，其显示过程如图 3.1.15 所示。图中波形（a）为示波器的 Y 偏转信号（被测信号），图（b）为 X 偏转信号，图（c）表示字符和波形的显示过程。在图（c）中，设字符、波形的显示周期为 T，其中 T_4 时间用于显示波形，T_3 时间（即 $T_3 = T - T_4$）用于显示字符和波形。在 T_3 时间内，要显示的字符（包括全部字符点阵的各个点）按照字符优先原则进行显示，其间隙时间仍用于显示波形。T_1 为点阵中一个点的显示周期，T_2 为显示点的有效时间。因此，在显示字符期间，被测信号波形仍可得到断续显示。

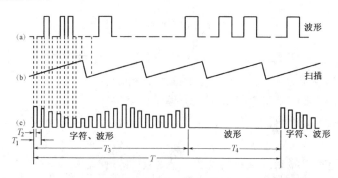

图 3.1.15　波形与字符的显示过程

4．平板显示原理

上述显示是基于电真空器件 CRT 进行的，这种方式比较笨重。近年来，平板显示器件性能不断提高，其中有的可以用于示波器中。

平板显示器件主要有电致发光（EL）显示板、等离子体（PDP）显示板、液晶屏（LCD）和荧光（VFD）显示屏等，它们都在正交的条状电极之间放置某种物质，使之产生光效应。这些物质分别是 PN 结、惰性气体和液晶等。当正交电极加上工作电压后，它们就会发光、放电或改变其光学性质，从而进行显示。

在示波器中已较多采用液晶显示屏，下面介绍其工作原理。

1）液晶显示原理

液晶（Liquid Crystal）是一种介于液态与固态之间，具有规则性分子排列的有机化合物，加电或受热后呈透明的液体状态，断电或冷却后呈出现结晶颗粒的浑浊固体状态。液晶按其分子结构排列的不同分为脂状、丝（棒）状和醇状。

图 3.1.16 所示为液晶显示器的一个像素结构原理图，它利用的是丝（棒）状物理特性的液晶，在其两端加较低的电压时，会呈透明状态。在涂有荧光粉的平板玻璃间，按规则要求排列制作大量独立的液晶密封腔，组成导光控制源，使用透明的薄膜晶体管作为电极，对应每一密封腔作为导电控制，并在其背后以类似日光灯管的背光灯作为光源。在不同电压作用下，液晶通电时按规则旋转，有序排列，将背光灯的灯光导通到屏幕的荧光粉上，使对应的荧光粉发光；不通电时，排列混乱，光线无法通过。由于在不同控制电压作用下产生的透光度不同，因此产生了明暗，依此原理控制每个像素，便可构成所需的图像。

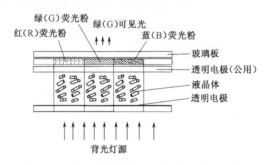

图 3.1.16　液晶显示器的一个像素结构原理图

目前，液晶显示有多种不同的工艺，最为常见的是薄膜晶体管液晶显示器（Thin Film Transistor-LCD，TFT-LCD）。从上述原理可以看出 LCD 具有功耗低、体积小、重量轻、超薄、超精细等优点，但在大尺寸的制造工艺上难度较大，成品率较低。新一代液晶显示产品的可视偏转角度可达 170°以上，已经达到普通 CRT 显示器的水平，因此目前被广泛应用。

2）液晶显示器的驱动

液晶显示有数码显示和点阵显示两种形式。点阵显示既能显示图形，又能显示点阵式字符。下面先介绍数码器件的驱动原理，然后介绍点阵式 LCD 的驱动方法。

（1）液晶数码显示的驱动原理。

为了对图 3.1.17（a）所示的液晶数码显示器进行驱动，必须在 a～g 的某些有关段的电极和公共电极（COM）之间加上方波驱动电压。当某段的电压与 COM 上的电压的极性相反时，由于存在电位差，该段就显示黑色。如果两者之间的电压极性相同，那么不显示黑色。在图 3.1.17（b）中，只有 b、c 段和 COM 之间的方波电压极性相反，因此这时显示数码 "1"。通常驱动方波的频率为 30～300Hz，并且要求正负对称，其直流分量越小越好，否则会由于长时间施加直流电压而使液晶电解，缩短使用寿命。

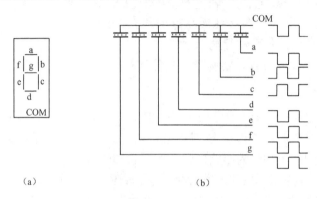

（a）　　　　　　　　　　　　　　（b）

图 3.1.17　液晶数码显示器的结构及等效电路

（2）液晶平板显示器的驱动方法。

液晶平板显示器是点阵式液晶显示器，它由许多条状电极组成。每个交叉点都是点阵中的一个点，或称为一个像素，如图 3.1.18（a）中的像素点 $A(x_1, y_2)$。因此，LCD 平板显示器为矩阵式结构，其等效电路如图 3.1.18（b）所示。这些正交电极分别称为 Y 电极和 X 电极，或称为扫描电极和信号电极。扫描电极依次加扫描电压 $U_{y1}, U_{y2}, \cdots, U_{yj}, U_{yn}$；每个扫描电压 $U_{yj}(j = 1, 2, 3, \cdots, n)$ 驱动显示器的一个行 y_i。与此同时，信号电极 $x_1, x_2, \cdots, x_i, \cdots, x_m$ 加驱动信号 $U_{xi}(i = 1, 2, 3, \cdots, m)$。由图 3.1.18（b）可见，在矩阵式 LCD 中，对扫描电极加驱动电压相当于行驱动，对信号电极加驱动电压相当于列驱动。每驱动一行，就有一组列信号加到 $x_1, x_2, \cdots, x_m$ 电极上。通常，行驱动信号由扫描电路产生。列驱动信号先将要显示的信号经过数字化后写入数据存储器，而后读出用于显示。今天，这种液晶平板显示器已广泛用于示波器及其他仪器中。

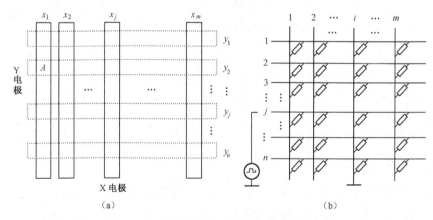

（a）　　　　　　　　　　　　　　（b）

图 3.1.18　液晶平板显示器的结构及等效电路

3.2 简易数字存储示波器设计

[2001 年全国大学生电子设计竞赛（B 题）]

1. 任务

设计并制作一台用普通示波器显示被测波形的简易数字存储示波器，示意图如图 3.2.1 所示。

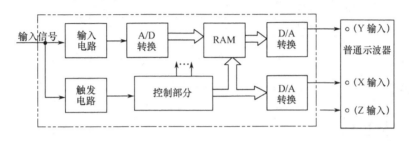

图 3.2.1　设计任务示意图

2. 要求

1）基本要求

（1）要求仪器具有单次触发存储显示方式，即每按动一次"单次触发"键，仪器在满足触发条件时，能对被测量周期期信号或单次非周期信号进行一次采集与存储，然后连续显示。

（2）要求仪器的输入阻抗大于 100kΩ，垂直分辨为 32 级/div，水平分辨率为 20 点/div；设示波器显示屏水平刻度为 10div，垂直刻度为 8div。

（3）要求设置 0.2s/div、0.2ms/div、20μs/div 三挡扫描速度，仪器的频率范围为 DC～50kHz，误差≤5%。

（4）要求设置 0.1V/div、1V/div 两挡垂直灵敏度，误差≤5%。

（5）仪器的触发电路采用内触发方式，要求上升沿触发、触发电平可调。

（6）观测波形无明显失真。

2）发挥部分

（1）增加连续触发存储显示方式，在这种方式下，仪器能连续对信号进行采集、存储并实时显示，且具有锁存（按"锁存"键即可存储当前波形）功能。

（2）增加双踪示波功能，能同时显示两路被测信号波形。

（3）增加水平移动扩展显示功能，要求存储深度增加一倍，并且能通过操作"移动"键显示被存储信号波形的任一部分。

（4）垂直灵敏度增加 0.01V/div 挡，以提高仪器的垂直灵敏度，并尽力减小输入短路时的输出噪声电压。

（5）其他。

3．评分标准

项　目	满　分
基本要求	
设计与总结报告：方案比较、设计与论证，理论分析与计算，电路图及有关设计文件，测试方法与仪器，测试数据及测试结果分析	50
实际制作完成情况	50
发挥部分	
完成第（1）项	15
完成第（2）项	8
完成第（3）项	5
完成第（4）项	10
完成第（5）项	12

4．说明

测试过程中，不能对普通示波器进行操作和调整。

3.2.1　题目分析

根据任务要设计并制作一台用普通示波器显示被测波形的简易数字存储示波器。从要求得知，该系统的输入信号是两路模拟信号，输出也是模拟信号。中间环节在 CPU 控制下，分别对两路输入信号进行高速 A/D 转换、存储，然后在 CPU 控制下从存储器中读出被测数字信号，经 D/A 转换成模拟信号。

根据要求，该简易数字存储示波器应具有如下功能。

（1）具有单次触发存储显示方式。

（2）具有连续触发存储显示方式，在这种方式下，仪器能连续对信号进行高速采集、存储并实时显示，且具有锁存功能。

（3）能同时显示两路被测信号（即双踪示波功能）。

（4）具有水平移动扩展功能，并且能通过操作"移动"键显示被存储信号波形的任一部分。

该仪器主要性能指标如下。

（1）显示频率范围。仪器的频率范围为 DC～50kHz。

（2）垂直灵敏度。垂直灵敏度也称垂直偏转因数，指示波器垂直方向（Y 轴）每格所代表的电压幅度值。根据要求，该仪器垂直灵敏度分三挡：0.01V/div、0.1V/div、1V/div。垂直刻度为 8div。

（3）垂直灵敏度误差。垂直灵敏度误差也称垂直偏转因数误差，其计算方法为

$$e = \frac{\frac{U_1}{D} - U_2}{U_2} \times 100\% < 5\% \tag{3.2.1}$$

式中，e 为垂直灵敏度误差；U_1 为测量读数值（V）；U_2 为校准信号每格电压值（V）；D 为校准信号幅度（div）。

（4）垂直分辨率。目前 DSO 给出的垂直分辨率指标，一般都指仪器内部所用 A/D 转换器在理想情况下进行量化的比特数，以 bit 表示。

根据题意，垂直分辨率为 32 级/div，垂直刻度为 8div，则有

$$2^M = 32 \times 8 = 256 = 2^8, \qquad M = 8\text{bit}$$

（5）采样速率。采样速率通常指 DSO 进行 A/D 转换的最高速率，单位为 MS/s（兆次/秒）。根据采样定理，采样频率必须大于 2 倍的输入信号最高频率 $f_{i\max}$。为避免出现混叠现象，目前实时采样 DSO 的采样频率一般规定为带宽的 4～5 倍，同时还要采用适当的内插算法。如果不采用内插算法，那么规定采样速率应为实时带宽的 10 倍以上，即

$$f_s \geqslant 10 f_{i\max} = 10 \times 50\text{kHz} = 500\text{kHz} = 0.5\text{MHz}$$

使用 DSO 时，实际采样速率随选用扫速挡位而变化。根据题目基本要求的第（3）项，即设计 0.2s/div、0.2ms/div 和 20μs/div 三挡扫描速度，因此最高采样速率应当对应最快的扫速，即

$$f_s = \frac{N}{(t/\text{div})} \tag{3.2.2}$$

式中，f_s 为采样频率，N 为每格采样点数，t/div 为最高扫速。代入数据得

$$f_s = \frac{N}{(t/\text{div})_{\min}} = \frac{20}{20 \times 10^{-6}}\ \text{Hz} = 1\text{MHz}$$

（6）存储深度（记录长度）。根据基本要求，其存储深度为 200 点。

（7）扫速。扫速也称水平偏转因数、扫描时间因数、时基，指示波器水平方向（X 轴）每格所代表的时间值。根据题目的基本要求（3），设置 0.2s/div、0.2ms/div 和 20μs/div 三挡扫速。

（8）扫速误差。扫速误差是指 DSO 测量时间间隔的准确程度。一般用具有标准周期的光脉冲进行校验，用示波器的 Δt 光标自动测量标准信号周期时间值与真值之间的百分比误差，即为扫速误差，

$$e = \frac{\Delta t - T_0}{T_0} \times 100\% \tag{3.2.3}$$

式中，e 为扫速误差，Δt 为周期时间读数值，T_0 为校准信号周期时间值。

根据题目基本要求第（2）项，$e \leqslant 5\%$。

（9）水平（时间间隔）分辨率。水平（时间间隔）分辨率是指 DSO 在进行 ΔT 测量时所能分辨的最小时间间隔值，主要由仪器内部的精密触发内插器决定。如果不采用任何内插，采样速率为 f_s，那么示波器的时间间隔分辨率为 $1/f_s$；如果加了触发内插，内插器的增益为 N，那么示波器的时间间隔分辨率为 $1/Nf_s$。

（10）失真度。观测波形无明显失真。

（11）输入阻抗 R_i。输入阻抗 $R_i > 100\text{k}\Omega$。

我们知道，数字存储示波器是能方便地存储模拟信号并能用微处理器进一步处理所存储数据的示波器，它分为实时和存储两种模式。与普通示波器的之同之处是，数字存储示波器需要用到高速数据采集和处理技术，因此高速数据采集、存储和回放、双踪显示、水平移动扩展显示及大动态范围显示是设计的要点和难点。下面对这几个重要环节的设计进行论证和比较。

3.2.2 方案论证

1. 数据采集

数字示波器的采样方式包括实时采样和等效采样（非实时采样）。等效采样又可分为随

机采样和顺序采样。

方案一：实时采样

实时采样对每个采集周期的采样点按时间顺序简单地排列就能表达一个波形，如图 3.2.2 所示。这种示波器测量的重复信号和测量的单次信号具有相同的带宽，也称实时带宽（Real-Time BW）。为了提高带宽，必须提高采样速率。根据奈奎斯特采样定理，采样频率必须至少是被测信号上限频率（题目要求 $f_M = 50\text{kHz}$）的 2 倍。为避免产生混叠现象，目前实时采样 DSO 的采样频率一般规定为带宽的 4～5 倍，同时还必须采用适当的内插算法。如果不采用内插算法，那么规定采样速率应为实时带宽的 10 倍。

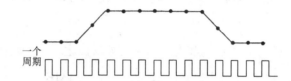

图 3.2.2　实时采样方式示意图

方案二：随机采样

所谓随机采样，是指每个采样周期采集一定数量的样点，经过多个采样周期的样点积累，最终恢复被测波形，如图 3.2.3 所示。由于信号与采样时钟之间是非同步的，这就使得每个采样周期的触发点（由上升沿产生）与下一个采样点之间的时间间隔是随机的。又因为信号是周期的，因此可将每个采样周期的采样等效为对由触发点确定的"同一段波形"的采样。因而通过多个采样周期后，以触发点为基准将各采样周期的样点拼合，就能得到一个重复信号的由触发点确定的一段波形的密集样点，进而恢复这段波形。在每个采样周期，触发点与下一个采样点之间的时间由触发精密内插器测量，因此恰当地设计内插器就能大大提高示波器的时间分辨率。

方案三：顺序采样

顺序采样方式主要用于数字取样示波器中，这种方式能以极低的采样速率（100～200kHz）获得极高的带宽（高达 50GHz），并且垂直分辨率一般都在 10bit 以上。由于这种示波器在每个采样周期只取波形上的一个样点，如图 3.2.4 所示，每次延迟一个已知的 Δt 时间，因此要想采集足够多的样点，就需要更长的时间。顺序采样方式的另一个缺点是不能进行单次捕捉和预触发观测。

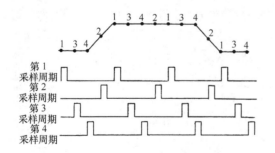

图 3.2.3　随机采样方式示意图

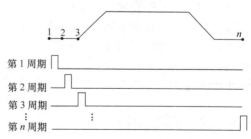

图 3.2.4　顺序采样方式示意图

因为输入信号的频率范围为 DC～50kHz，f_H 较低，因此采样频率 $f_s = 10f_H = 10 \times 50 = 500\text{kHz}$ 也不算高。本系统采用方案一，因为其系统的硬件设计和软件设计简单且易于实现。

2．数据存储器

方案一：采用静态 RAM（6264）存储采样量化后的波形数据，CPLD 控制 RAM 的地址线，单片机的 P1 口协同控制高位地址。由于数据不但要高速存储，而且要高速读取、转换输出，因而需要考虑一方工作而另一方要高阻隔离的问题，此时硬件和软件都会变得烦琐、复杂。

方案二：采用双口 RAM（IDT7132）存储采样量化后的波形数据，同样用 CPLD 控制 RAM 的地址线。IDT7132 有两组相互隔离的数据线、地址线、片选线和读写控制线，它们可对 RAM 内部的存储单元同时进行读写操作，并且互不影响，因此就改变了高速存储和读取的问题。

方案三：采用循环存储器。所谓循环存储，是指将存储器的各存储单元按串行方式依次寻址，且首尾相接，形成一个类似于图 3.2.5 所示的环形结构，每次采样数据的存储都按顺序进行，当所有单元都存满后，下一轮新的采样数据将覆盖旧的数据（先进先出），因此存储器中总是存放新的 n_m 个采样数据，n_m 是存储器的容量，该容量在 DSO 中常称记录长度或存储深度。

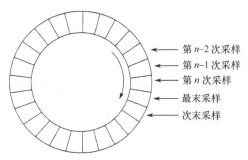

图 3.2.5　采样存储器的结构

采用循环存储结构主要是为了能够观测触发之前的波形情况。要实现这一任务，必须进行预采样。

本系统采用方案二，方案三是专用数字存储示波器常采用的方法。

3．双踪显示

方案一：两路信号通道，用两片衰减放大器、两片模数转换器、两片存储器和两片数模转换器分别对两路信号进行衰减放大、采样量化、存储和数模转换。双踪显示时，只需轮流选择不同的波形便可实现两路波形的双踪显示，其原理框图如图 3.2.6 所示。

方案二：只用一片模数转换器、一片波形存储器和一片数模转换器，以高速率切换模拟开关 CD4052 分别选通两路信号进入采样电路，两路波形数据被存储在同一片存储器的奇、偶地址位。双踪显示时，先扫描奇数位地址的数据，再扫描偶数位地址的数据，从而实现双踪显示。

上述两种方案虽然都能实现双踪显示，但方案一使用了两片模数转换器、两片存储器和两片数模转换器，成本较高，所以本设计选用方案二。

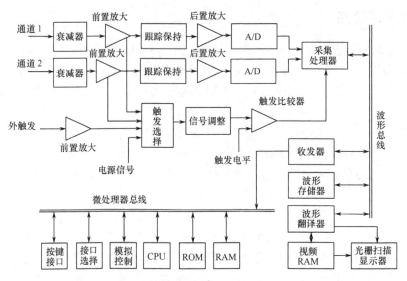

图 3.2.6 双踪显示方案一原理框图

4．幅度控制

根据基本要求，电路应有三挡垂直灵敏度，分别为 0.01V/div、0.1V/div 和 1V/div，相邻两挡相差 10 倍。

方案一：采用集成运算放大器 OP37 构成的电压串联负反馈电路，如图 3.2.7 所示。

由理论公式计算可得此电路的电压放大倍数为 $A_u = \dfrac{U_{out}}{U_{in}} = 1 + \dfrac{R_F}{R_1}$。

用开关选择不同的 R_F 可得不同的放大倍数，满足对不同垂直灵敏度的要求。这种方法简单易行，且输入阻抗 $R_i > 100\text{k}\Omega$ 也容易满足，但使用一段时间后开关触点可能磨损和氧化，导致接触不良，进而影响放大精度，而且开关切换时从断开后到再次闭合前的瞬间，运放为开环状态，对 U_{out} 有冲击作用。

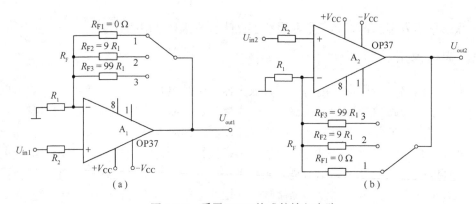

（a） （b）

图 3.2.7 采用 OP37 构成的输入电路

方案二：采用程控衰减器与程控放大器构成的大动态范围的输入级，如图 3.2.8 所示。图中 U_{1A}、U_{1B} 构成双通道跟随器。其输入阻抗高，可满足输入阻抗大于 $100\text{k}\Omega$ 的要求，同时起隔离作用。U_2 采用 8 位双 D/A TLC7528 构成的程控衰减器将输入信号作为参考电压，此时 D/A 的输出电压为

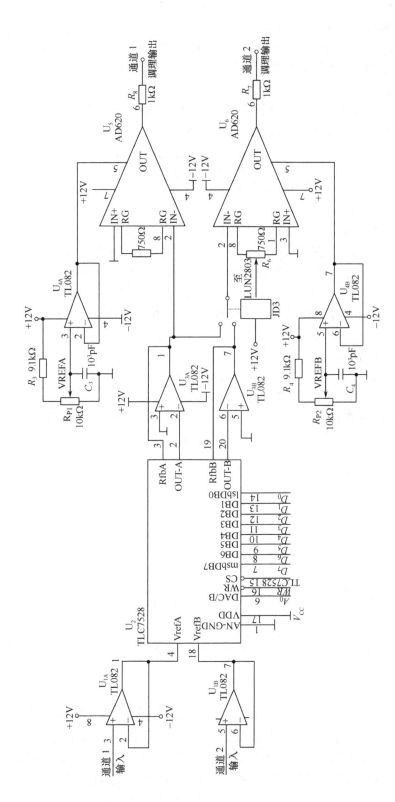

图 3.2.8 采用程控衰减器与程控放大器构成的大动态范围输入级

$$U_{\text{o}} = \frac{D_{\text{in}}}{2^8}V_{\text{REF}} = \frac{D_{\text{in}}}{256}U_{\text{in}} \qquad (3.2.4)$$

式中，U_{in} 为输入电压；D_{in} 为 D/A 输入的数字量，改变 D_{in} 即可改变衰减器的衰减倍数。TLC7528 的转换频率可达 10MHz，说明其模拟带宽远大于题中 DC～50kHz 的要求。

图中 U_{3A}、U_{3B} 由集成运放构成电压串联负反馈放大电路，其反馈网络集成在芯片 TLC7528 内部。

末级 U_5、U_6 采用高性能仪表放大器 AD620 构成程控放大器。为了达到发挥部分对垂直分辨率 0.01V/div 的要求，放大电路的增益必须满足

$$G \geqslant \frac{U_{\text{REFAD}}}{8\text{div}\,(0.01\text{V/div})} = 62.5$$

通过改变电位器 R_{P1}、R_{P2} 的值可以改变 G 的大小。

要达到 50kHz 的输入带宽，要求放大器的增益带宽积为 $G_{\text{BW}} = 62.5 \times 50\text{kHz} = 3.125\text{MHz}$。AD620 的增益带宽积为 12MHz，能满足要求。

方案三：采用集成可控增益芯片构成宽带放大器。AD603 的内部原理框图可查阅芯片数据表。在 U_{g}（单位为 V）的控制下，放大器的对数增益（以 dB 表示）与 U_{g} 呈线性关系，

$$A_{\text{u}}(U_{\text{g}}) = 40U_{\text{g}} + A_{\text{Gmax}} - 20\text{dB}$$

$R_x = 0$ 时，$A_{\text{u}}(U_{\text{g}})$ 的范围为 $-10\sim30\text{dB}$，变化范围为 40dB。$R_x = \infty$ 时，$A_{\text{u}}(U_{\text{g}})$ 的范围为 $10\sim50\text{dB}$。

R_x 可以通过开关切换，U_{g} 可通过编程由 D/A 转换获得，因此一片 AD603 增益控制的变化范围为 60dB，完全满足题目要求。详细原理可参考相关章节，这里不再重复。此方案的优点是增益带宽积大、集成度高。

方案四：两路信号放大共用一个集成芯片，通过高速开关切换两路信号，从而实现分时对两路模拟信号进行放大，其原理电路图如图 3.2.9 所示。

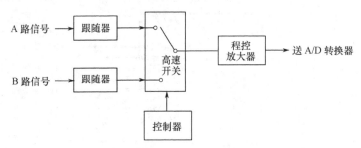

图 3.2.9　分时切换模拟信号放大器

上述 4 种方案各有优点，并且都可行。小信号抗干扰问题与《高频电子线路与通信系统设计》一书中第 4 章涉及的抗干扰问题相同，这里不再重复。

5．水平移动扩展

水平移动扩展可采用双时基扫描工作模式实现。双时基扫描示波器有两个独立的触发和扫描电路，两个扫描电路的扫描速度可以相差很多倍。这种示波器特别适合在观测下一个脉冲序列的同时，仔细观测其中一个或部分脉冲的细节，既可以看全景，又可以看局部。

自动双扫描示波器的电路组成如图 3.2.10 所示，其有关波形如图 3.2.11 所示。

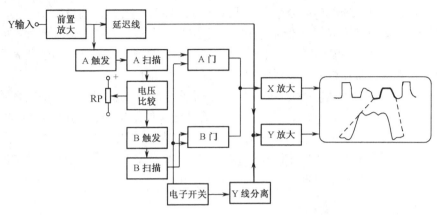

图 3.2.10　自动双扫描示波器的电路组成

　　图中列举的情况是希望观测到由 4 个脉冲组成的脉冲序列，同时还希望在同一荧光屏上仔细观测其中的第三个脉冲。这时可用 A 扫描显示脉冲序列，用 B 扫描展开第三个脉冲。我们可以对照图 3.2.11 来讨论这时的工作。首先脉冲①达到触发电平，产生 A 触发，在它的作用下产生 A 扫描，这个扫描电压将脉冲①～④显示在荧光屏的上端。同时，A 扫描电压与图 3.2.11 中的电位器 RP 提供的直流电位在比较器中进行比较，当电平一致时产生 B 触发，开始 B 扫描。B 扫描比 A 扫描延迟的时间 t_d 可通过 RP 来调节，RP 提供的直流电平称为延迟触发电平。B 扫描的扫描速度可以调节，这里使其扫描正程略大于脉冲③的周期，因此在 B 扫描期间脉冲③显示，它被"拉"得很宽，可以看清它的前后沿、上下冲等细节。

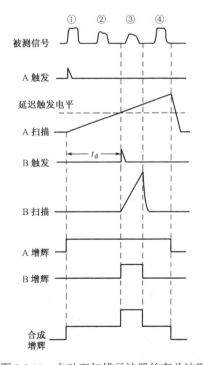

图 3.2.11　自动双扫描示波器的有关波形

为了能同时观测脉冲序列的全貌及其中某部分的细节，在 X 通道设电子开关，把两套扫描电路的输出交替接入 X 放大器。电子开关还控制 Y 线分离电路，进行两种不同的扫描时，给 Y 放大器加不同的直流电位，使两种扫描显示的波形上下分开。由于荧光屏的余辉和人眼的残留效应，就使得人感到"同时"显示了两种波形。

讨论通用示波器的时基电路时，介绍过在扫描正程期间扫描门可以提供增辉脉冲。把 A、B 扫描门产生的增辉脉冲叠加，形成合成增辉信号（见图 3.2.11），用它给 A 通道增辉，则 A 通道显示的脉冲序列中，对应 B 扫描期间的脉冲③被加亮（见图 3.2.11），称为 B 加亮 A。用这种方法可以清楚地表明 B 显示的波形在 A 显示中的位置，这在 A 脉冲序列中有多个基本相似的波形时是很方便的。

6. 触发信号产生电路

触发电路的作用是最终产生统一的上升沿有效触发信号。

（1）边沿触发信号产生电路：它的核心是比较电路。比较器采用 MC3486，该芯片可处理 10MHz 的输入信号，输出与 TTL 电平兼容。

（2）最大幅度触发产生电路：通过峰值保持电路记录信号的峰值，并与输入信号进行比较，当输入信号幅度低于峰值保持电路的输出电平时，比较器输出上升沿触发信号。电路原理如图 3.2.12 所示，图中的晶体管 VT_1 起取样保持开关作用。

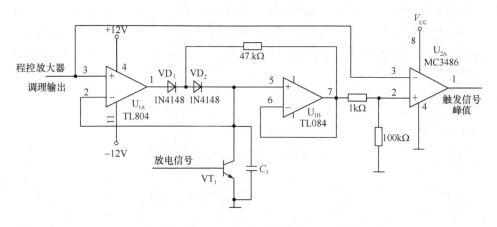

图 3.2.12　触发信号产生电路原理图

7. 总体框图论证

根据上述各部分的方案论证，可以组合成各式各样的系统框图，这里仅举几个方案供大家参考。

方案一： 系统框图如图 3.2.6 所示，该系统由三个微处理器和一个模拟部分电路构成。

模拟部分由双通道组成，被测信号经过衰减器、前置放大器、跟踪保持电路和后置放大器送至 A/D 转换器。触发多路选择器可选择触发源（内、外及交流电源）。耦合电路可提供交流耦合、低频抑制或高频抑制等选择。这些功能与模拟示波器完全相同。

采集处理器将来自双通道 A/D 转换器的数据按触发时间对其修正后放到波形存储器中。波形翻译器也是一个专用的处理器集成电路，从波形翻译器中取出按时间顺序采集的数据，并将其写入显示器。

主处理器作为控制示波器的硬件。实际上，示波器中的每个电路都是在微处理器的软件控制下工作的，如人机接口的各种硬件控制（前面板上的键、钮）、主机软件操作系统和各种增强的功能（如测量光标、自动电压和时间测量、存入和调用设备及波形平均等）。

由于采用了各负其责、协同工作的多处理器，因此示波器的性能大为改善。本方案是非简易数字示波器采用的方案。

方案二：该系统采用单片机和可编程器件作为数据处理和控制的核心，设计任务分解为通道信号调理、触发信号产生、采集存储、数据融合处理、显示、操作面板、掉电保护等功能模块，如图 3.2.13 所示。

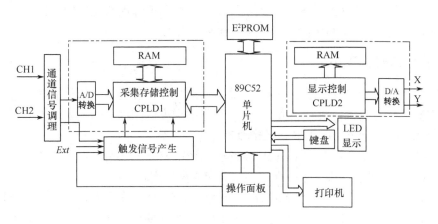

图 3.2.13　方案二系统原理框图

方案三：该方案的系统原理框图如图 3.2.14 所示。它由波形处理程控电路、模数转换器、存储控制及数据处理电路、行扫描电路和列扫描电路等组成。

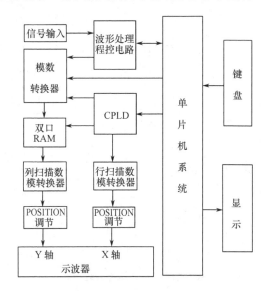

图 3.2.14　方案三系统原理框图

上述三方案均可行。

方案一可作为一般数字存储示波器常采用的方案。

方案二的主要特色是设计了具有多种触发源、触发方式和触发条件的触发系统；数据采集的最高采样速率为 10MHz（每屏存储 2000 样点），可实现放大显示功能。

方案三的设计合理、规范。设计中采用 CPLD 实施高速数据采集、存储和回放控制，选用双口 RAM 解决读写操作中各类总线的冲突，从而使控制电路可靠、简单。

考虑到便于教学和方案容易实现，选取方案三进行讨论。

3.2.3　硬件设计

总体原理框图如图 3.2.14 所示。该系统在单片机和可编程 CPLD 的共同控制下完成题目要求的各项功能和各项技术指标。各部分硬件设计如下。

1．前级信号处理电路

前级信号处理电路如图 3.2.15 所示。此电路的功能是控制两路信号的分时选通或单道选通，并对输入信号的幅值进行放大，使输入信号的幅度达到模数转换器要求的范围 1.25～3.75V。图 3.2.15 所示电路的组成和工作原理如下。

IC_1（LM356）、IC_2（LM356）构成两路输入跟随器。其作用主要有两个：一是提高输入阻抗，使 $R_i \geq 100\text{k}\Omega$，满足题目要求；二是起隔离作用。

IC_4（4052）属于双四选一集成电路，在这里只起二选一的作用。BA 为地址输入端。当 BA = 00 时，选中 1 路信号；当 BA = 01 时，选中 2 路信号。B 端始终为低电平，故接地，而 A 端受 IC_3 输出信号控制。

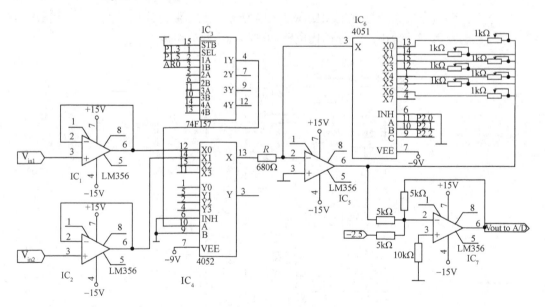

图 3.2.15　前级信号处理电路

IC_3（74F157）属于四路二输入合路器，实际上只用了一路。74F157 的真值表如表 3.2.1 所示，74F157 的逻辑图如图 3.2.16 所示。74F157 的输出 1Y 与 IC_4（4052）的 10 脚相连。P1.3 为高电平（H）时双踪显示，此时由 CPLD 产生的地址信号的最低位 ARO 控制通道

CH1 和 CH2 的高速轮流切换，采样两路信号；P1.3 为低电平时单踪显示，此时再由 P1.5 控制通道 CH1 和 CH2 的选择。

表 3.2.1 74F157 真值表

真 值 表					真 值 表				
输入				输出	输入				输出
$\overline{STB}$	SEL	1A	1B	1Y	$\overline{STB}$	SEL	1A	1B	1Y
H	×	×	×	L	L	L	L	×	L
L	H	×	L	L	L	L	H	×	H
L	H	×	H	H					

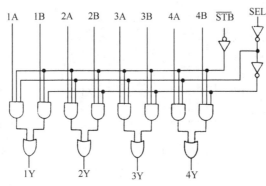

图 3.2.16 74F157 逻辑图

IC_6（4051）属于八选一数据选择器，ABC 为地址码，在处理器控制下使地址码改变，从而接通不同的反馈电阻。IC_5（LM356）与 IC_6（4051）及 6 个电位器构成电压并联负反馈，其放大倍数

$$A_u = -\frac{R_F}{R}$$

IC_7（LM365）构成电平转移电路，输出信号送高速 A/D 转换器。

2．数据采集电路

本系统采用高速模数转换器 AD7822，用 MAX873 产生的 2.5V 基准参考电压，将 $\overline{EOC}$ 与 $\overline{RD}$ 相连，这样便可使数据结束时自动呈现在数据线上，同时还用该信号作为双口 RAM 的 $\overline{WR}$ 信号，这样高速采样量化后的数据就会存入 RAM 中。

3．存储控制及数据处理电路

由 EPM7128、双口 RAM（IDT7132）及合路器（74F157）构成的存储控制及数据处理电路如图 3.2.17 所示。双口 RAM 的右端口既是数据采样输入口，又是单片机进行数据处理时的操作端口。当 P1.2、P1.6 置低电平时，为 ADC 数据存入 RAM 状态；当 P1.2 为高电平时，单片机对 RAM 内的数据进行处理或进入锁存状态。

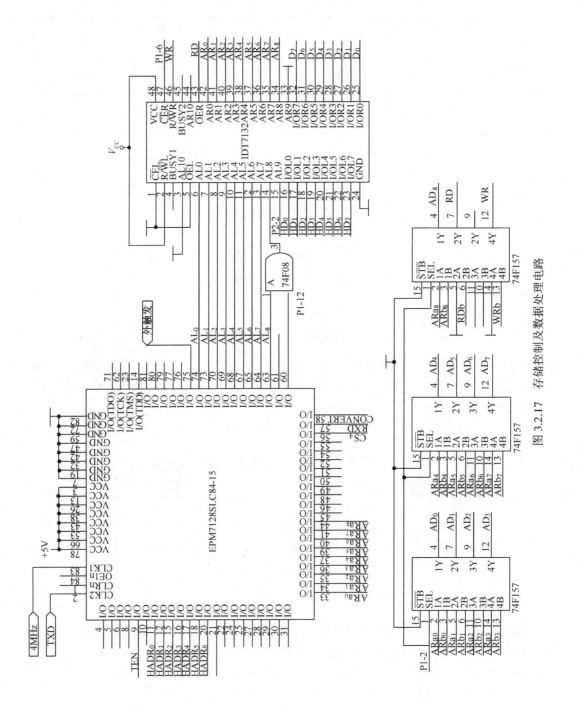

图 3.2.17 存储控制及数据处理电路

4．行扫描电路

由高速数模转换电器 AD7533 构成的行扫描电路如图 3.2.18 所示。CPLD 内的地址累加器的输出控制 AD7533 不断地输出锯齿波。后级是一个加法电路，调节滑动变阻器 RP_1 的旋钮，可实现对输出锯齿波形的直流电平叠加，以达到调节显示器上波形左右位置平移的目的。

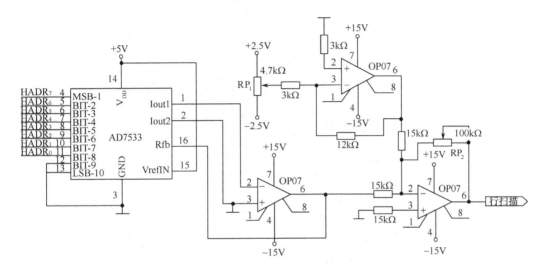

图 3.2.18　行扫描电路

5．列扫描电路

由 DAC0800 数模转换电路、模拟开关及位置调节电路构成的列扫描电路如图 3.2.19 所示。双口 RAM 左端口（输出口）的数据输入 DAC0800，后级是两个电平叠加调节电路，调节滑动变阻器 RP_1、RP_2 的旋钮，可上下平移 CH1 和 CH2 两个通道的输出波形。模拟开关 4052 实现单、双踪功能。P1.3 和 P1.5 两条控制线控制 CH1、CH2 和双踪显示的切换，双踪显示时，模拟开关以 31.25kHz 的扫描速率轮流选通两个通道。

3.2.4　系统测试

1．调试方法和过程

采用先分别测试各单元模块，调试通过后再进行整机调试的方法，提高了调试效率。

2．测试仪器

PC（Celeron400，56MB 内存）　TEKTRONIX 双踪示波器
ME-52 万利仿真机　　　　　　　YB1718 双路稳压电源
DT9203 数字万用表　　　　　　　AFG310 信号发生器
YB2172 交流毫伏表

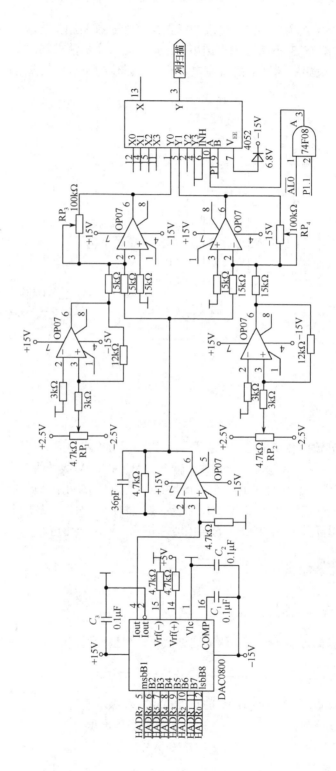

图 3.2.19 列扫描电路

3. 测试数据

（1）水平分辨率：测试数据如表 3.2.2 所示。

表 3.2.2　水平分辨率测试数据

20μs/div			0.2ms/div		
f_{in}/kHz	$f_{测量}$/kHz	误差 δ/%	f_{in}/kHz	$f_{测量}$/kHz	误差 δ/%
43	43.2	1.6	3.8	3.86	1.6
23	23.2	0.8	2.3	2.27	1.3
10	10.0	0	1.5	1.47	2
0.1s/div			0.2s/div		
f_{in}/Hz	$f_{测量}$/Hz	误差 δ/%	f_{in}/Hz	$f_{测量}$/Hz	误差 δ/%
6	5.8	3.3	3.3	3.33	0.9
4.7	4.76	1.3	2.6	2.63	1.1
3.6	3.57	0.8	1	1.0	0

由测量数据分析得：水平分辨率满足指标（误差≤5%）。

（2）垂直灵敏度：测试数据如表 3.2.3 所示。

表 3.2.3　垂直灵敏度测试数据

0.1V/div			0.5V/div			1V/div		
U_{in}/V	$U_{测试}$/V	误差 δ/%	U_{in}/V	$U_{测试}$/V	误差 δ/%	U_{in}/V	$U_{测试}$/V	误差 δ/%
0.15	0.150	0.0	0.9	0.875	2.7	1.9	1.90	0.0
0.21	0.210	0.0	1.2	1.17	2.5	2.3	2.35	2.1
						3.9	3.90	0.0

由测量数据分析得：垂直灵敏度满足指标（误差≤5%）。

（3）频率、峰峰值、有效值测量：测试数据如表 3.2.4 所示。

表 3.2.4　频率、峰峰值、有效值测量测试数据

输入信号			测量值		
波形	频率 f/kHz	单峰值 U_p/V	频率 f/kHz	有效值 U_{rms}/V	峰峰值 U_{p-p}/V
正弦波	0.500	1	0.500	0.74	2.11
	50	3	50	2.47	7.81
方波	0.500	1	0.500	1.05	2.14
	50	3	50	3.55	7.81
三角波	0.500	1	0.500	0.6	2.05
	50	3	50	2.03	7.46

3.2.5　结论

（1）实现了垂直灵敏度的多挡步进（共 7 挡）。

（2）实现了水平分辨率的多挡步进（共 14 挡）。

（3）实现了幅度、频率及有效值等波形参数的测量。

（4）实现了 1～90kHz 的自动标度功能。

（5）实现了单踪、双踪及水平扩展显示功能。

（6）采用 LCD 液晶静态显示，界面友好美观。

（7）实现了内、外连续触发及单触发三种触发功能。

3.3 数字示波器

［2007 年全国大学生电子设计竞赛（C 题）（本科组）］

1. 任务

设计并制作一台具有实时采样方式和等效采样方式的数字示波器，示意图如图 3.3.1 所示。

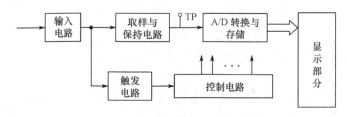

图 3.3.1 数字示波器示意图

2. 要求

1）基本要求

（1）被测量周期期信号的频率范围为 10Hz～10MHz，仪器输入阻抗为 1MΩ，显示屏的刻度为 8div×10div，垂直分辨率为 8 位，水平显示分辨率≥20 点/div。

（2）垂直灵敏度要求含 1V/div、0.1V/div 两挡。电压测量误差≤5%。

（3）实时采样速率≤1MSa/s，等效采样速率≥200MSa/s；扫描速度要求含 20ms/div、2μs/div、100ns/div 三挡，波形周期测量误差≤5%。

（4）仪器的触发电路采用内触发方式，要求上升沿触发，触发电平可调。

（5）被测信号的显示波形应无明显失真。

2）发挥部分

（1）提高仪器垂直灵敏度，要求增加 2mV/div 挡，其电压测量误差≤5%，输入短路时的输出噪声峰峰值小于 2mV。

（2）增加存储/调出功能，即按一次"存储"键，仪器即可存储当前波形，并能在需要时调出存储的波形予以显示。

（3）增加单次触发功能，即按一次"单次触发"键，仪器能对满足触发条件的信号进行一次采集与存储（被测信号的频率范围限定为 10Hz～50kHz）。

（4）能提供频率为 100kHz 的方波校准信号，要求幅度值为 0.3V±5%（负载电阻≥1MΩ 时），频率误差≤5%。

（5）其他。

3．说明

（1）A/D 转换器最高采样速率限定为 1MSa/s，并要求设计独立的取样保持电路。为了方便检测，要求在 A/D 转换器和取样保持电路之间设置测试端子 TP。

（2）显示部分可采用通用示波器，也可采用液晶显示器。

（3）等效采样的概念可参考蒋焕文等编著的《电子测量》一书中取样示波器的内容，或陈尚松等编著的《电子测量与仪器》中的相关内容。

（4）设计报告正文中应包括系统总体框图、核心电路原理图、主要流程图、主要测试结果。完整的电路原理图、重要的源程序和完整的测试结果可用附件给出。

4．评分标准

	项　　目	应包括的主要内容	分　　数
设计报告	系统方案	比较与选择 方案描述	6
	理论分析与计算	等效采样分析 垂直灵敏度 扫描速度	12
	电路与程序设计	电路设计 程序设计	12
	测试方案与测试结果	测试方案及测试条件 测试结果完整性 测试结果分析	12
	设计报告结构及规范性	摘要 设计报告正文的结构 图表的规范性	8
	总分		50
基本要求	实际制作完成情况		50
发挥部分	完成第（1）项		22
	完成第（2）项		7
	完成第（3）项		7
	完成第（4）项		6
	其他		8
	总分		50

3.3.1　题目分析

本题与 2001 年全国大学生电子设计竞赛 B 题（简易数字存储示波器）属于同一类型，要完成的功能和技术指标也大同小异，两题对照表见表 3.3.1。

表 3.3.1　两题对照表

序号	对象 内容	数字示波器（2007 年考题）	简易数字存储示波器（2001 年考题）
1	显示屏的选择	普通示波器显示屏（或液晶）	普通示波器显示屏
2	触发、存储、显示方式	采用连续触发、存储、显示方式，采用单次触发、存储、显示方式	采用连续触发、存储、显示方式，采用单次触发、存储、显示方式
3	被测信号频率范围与输入阻抗	10Hz～10MHz（连续触发方式） 10～50kHz（单次触发方式） 输入阻抗 1MΩ	DC～50kHz 输入阻抗≥100kΩ
4	显示刻度	8div×10div	8div×10div
5	垂直分辨率	32 级/div（8 位）	32 级/div（8 位）
6	水平分辨率	≥20 点/div	20 点/div
7	垂直灵敏度	1V/div、0.1V/div、2mV/div	1V/div、0.1V/div、10mV/div
8	电压幅度测量误差	≤5%	≤5%
9	输入短路时输出噪声	≤2mV	尽量小
10	扫描速度	20ms/div、2μs/div、0.1μs/div	0.2s/div、0.2ms/div、20μs/div
11	周期测量误差	≤5%	≤5%
12	触发方式	内触发，要求上升沿触发	内触发，要求上升沿触发
13	失真度	无明显失真	无明显失真
14	采样速率	实时采样≤1 MSa/s，等效采样≥200μs/s	实时采样： $f_s = \dfrac{N}{(t/\text{div})\min} = 1\text{MHz}$
15	其他	增加方波标准信号源（100kHz，0.3V±5%）	增加双踪示波功能，能同时显示两路被测信号

　　由表 3.4.1 显而易见，两者要求的不同之处是序号为 3、7、10、14 和 15 的几项。主要是第 3 项，即输入信号的频率范围由原来的 0～50kHz 扩展到 10Hz～10MHz。由于被测信号的频率提高了，故采样速率和扫描速度也应相应提高，这时出现所谓的等效采样。方案论证和系统设计时应侧重等效采样方案和等效采样实施的论证。至于新增加校准方波信号源的设计，采用 DDS 技术很容易实现。其他方面的论证不必考虑，可以参照 2001 年全国大学生电子设计竞赛 B 题（简易数字存储示波器的设计）。

　　根据表 3.3.1 说明要求（即 A/D 转换器最高采样速度限定为 1MSa/s），求出实时采样与等效采样的交界频率 f_K。从测幅与测频的误差考虑，示波器整个屏幕只显示一个周期波形为最佳，如图 3.3.2 所示。

　　实时采样的最高频率 $f_{\max}$ 为

$$f_{\max} = \frac{\text{最高采样速度限定值}}{\text{水平显示分辨率最小值×水平满刻度数}} = \frac{10^6}{20 \times 10} = 5000\text{Hz} = 5\text{kHz}$$

　　若整个屏幕显示 10 个完整的周期波形（即 1div 显示一个完整的周期信号），则其最高采样频率为 50kHz。

　　若整个屏幕显示两个完整的周期波形，则既能保证测幅测频精度，又比较直观舒畅，此时实时采样频率为 10kHz。不妨取 $f_K = 10\text{kHz}$，即输入信号频率≤10kHz 时，采用实时采样，当频率大于 10kHz 时采用等效采样。对于单次采样，若输入信号为 50kHz 时，则整个屏幕会显示 10 个周期波形。利用该数字示波器测输入信号频率时会带来较大的视觉误差。

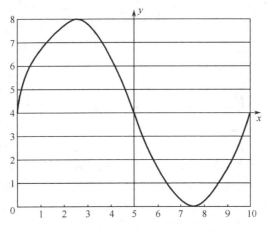

图 3.3.2　示波器满刻度显示示意图

根据表 3.3.1 计算本仪器能测试的频率范围。由已给条件,扫描速度要求含有 20ms/div、2μs/div 和 100ns/div,则

X 扫描一周的最长周期为 $T_{max} = 20×10\text{ms} = 200\text{ms}$,则 $f_{min} = 1/T_{max} = 5\text{Hz}$。

X 扫描一周的最短周期为 $T_{min} = 100×10\text{ns} = 1\text{μs}$,则 $f_{max} = 1/T_{min} = \dfrac{1}{1×10^{-6}}\text{Hz} = 1\text{MHz}$。

所以屏面要显示 10 个完整的周期信号才能观测 10MHz 的输入信号。因此,频率范围定为 10Hz～10MHz 和单次采样频率定为 10Hz～50kHz 是有根据的。

3.3.2　系统方案

本题的核心是等效采样方案的设计与采样保持电路的设计。同时,仪器垂直灵敏度增加 2mV/div,即信号通道前级要设计低噪声宽频带放大,这也是本题目设计的重点之一。

1. 等效采样方案

方案一:采用顺序等效采样法。

传统的顺序等效采样是在一个或多个被测量周期期信号周期内取样一次,取样信号每次延迟 $\Delta t + nT$(T 为被测量周期期信号的周期,n 等于 1, 2, 3, …),取样后的离散数字信号构成的包络反映原信号的波形情况,但这个包络的周期与原信号的周期相比低得多,相当于将被测量周期期信号在时间轴拉伸了,如图 3.3.3 所示。这种方法的优点是能以极低的采样速率(100～200kHz)获得极高的带宽(高达50GHz)。但是每次延迟一个已知的 Δt 时间,要想采样足够多的点,就需要更长的时间。不能进行单次捕捉和预触发观测。

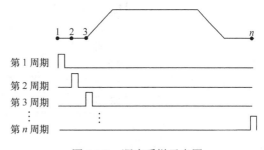

图 3.3.3　顺序采样示意图

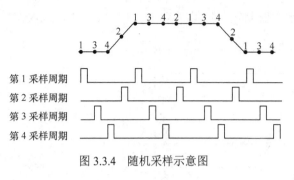

第1采样周期
第2采样周期
第3采样周期
第4采样周期

图 3.3.4　随机采样示意图

方案二：采用随机等效采样法。

所谓随机采样，是指每个采样周期采样一定数量的样点，经过多个采样周期的样点积累，最终恢复被测波形，如图 3.3.4 所示。由于信号与采样时钟之间是非同步的，因此使得每个采样周期的触发点（由信号源产生）与下一个采样点之间的时间间隔是随机的。又因为信号是周期的，因此可以将每个采样周期的采样等效为对由触发点确定的"同一段波形"的采样。因而通过多个采样周期后，以触发点为基准将各采样周期的样点拼合，能得到一个重复信号的由触发点确定的一段波形的密集样点，这样就恢复了这段波形。这种方法的优点是能以极低的采样速率获得极高的带宽，适合于带宽很宽的专用数字示波器。它的缺点是软件处理较复杂，要在四天三夜完成整个系统设计有困难。

方案三：采用基于差拍时钟的顺序等效采样法

利用测频测量周期技术首先对输入的周期信号进行测频测量周期，然后产生一个周期为 $nT + \Delta t$（n 为一个固定的整数）的时钟信号，用该时钟作为 ADC 的采样时钟，便可实现对信号的等效采样，等效采样率为 $1/\Delta t$。

以上方案各有优缺点，其中顺序等效采样法需要精密的延时电路，随机等效采样法需要精密的测时电路，并且软件设计较复杂。以上两种电路精度要求达皮秒量级，实现起来具有一定的困难。而采用基于差拍时钟的顺序等效采样法的关键是，需要测出输入信号的频率，然后产生所需的差拍时钟。测频方案可以采用等精度测频原理，利用 FPGA 很容易实现；产生差拍时钟利用 DDS 集成芯片也容易实现，且具有较高的频率分辨率。故本系统在 10Hz～10kHz 内采用实时采样法，在 10kHz～10MHz 内采用基于差拍时钟的顺序等效采样法。

2. 系统方案

采样方式确定后，就可以构建系统总体框图，如图 3.3.5 所示。

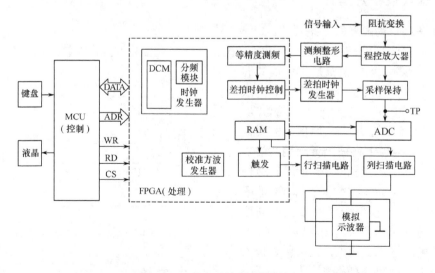

图 3.3.5　数字示波器总体框图

由图 3.3.5 可知，该系统由单片机最小系统、FPGA、模拟信号放大器、差拍时钟形成电路、采样保持电路、ADC 转换器、触发电路、行列扫描电路及模拟示波器等组成，其工作原理叙述如下。

被测信号加在阻抗变换单元，该单元的作用：一是保障输入阻抗为 1MΩ，二是输出阻抗基本上与幅度放大电路的输入阻抗相匹配，三是起隔离作用。幅度放大器实际上是衰减放大器，对大信号要衰减，对小信号要放大。垂直灵敏度分三挡（1V/div、0.1V/div 和 2mV/div）均设在本单元中。同时该放大器要设计得动态范围宽、频带宽、增益高、噪声小和不失真，要使幅度放大器的输出电压控制在范围 1～2V 内。这样做的目的，一方面是方便后续电路的整形、测频；另一方面是有利于 A/D 变换，保证测幅精度不大于 5%。放大后的被测量周期期信号先要经过过零比较器（整形成方波），然后送到 FPGA 内利用等精度法进行测频测量周期。若被测信号的频率≤10kHz，则采样方式按实时采样处理。实时采样频率 $f_c \geq 20 \times 10\text{kHz} = 200\text{kHz}$，满足采样定理要求；若被测信号频率>10kHz，则采样方式按基于差拍时钟的顺序等效采样法进行处理。此时要生成 $nT + \Delta t$ 的时钟信号，AD9850 会方便地生成周期为 $nT + \Delta t$ 的方波信号。此信号作为采样保持电路（AD9101）的开关信号，完成采样，并将采样信号存储。AD9101 单元留出一个供测试用的端子 TP。采样脉冲信号送给 A/D 转换器，使脉冲信号转换成数字信号并存储在 RAM 中，以便调用。根据被测信号的频率大小，在单片机控制下，决定幅度放大器的增益、X 轴扫描速率、Y 轴的灵敏度等级。使示波器 X 轴扫描生成阶梯波，最后在模拟示波器上显示被测波形。以正弦波为例，其采样存储过程如图 3.3.6 所示，读出显示过程如图 3.4.7 所示。

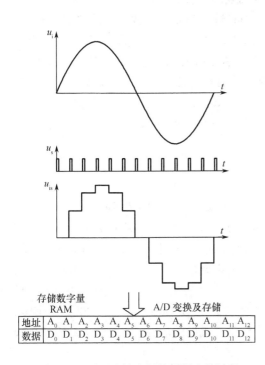

图 3.3.6　以正弦波为例的采样存储过程

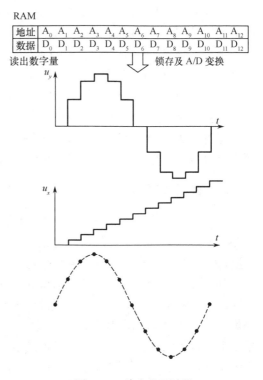

图 3.3.7　读出显示过程

131

3.3.3 理论分析与计算

1. 等效采样分析

采用基于差拍时钟的顺序等效采样法，只需要根据被测量周期期信号频率 f，计算出信号的周期 T，然后产生一个周期为 $nT+\Delta t$（n 为一个固定的整数）的时钟信号，用该时钟作为 ADC 的采样时钟，便可实现对信号的等效采样。等效采样率为 $1/\Delta t$，具体描述如图 3.3.8 所示。

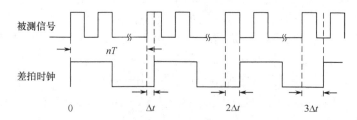

图 3.3.8　基于差拍时钟的顺序等效采样法

基于差拍时钟的顺序等效采样法只需用 FPGA 测出被测量周期期信号的频率，差拍时钟由 FPGA 控制 DDS 集成芯片直接产生，不需要复杂的时钟延时电路。采样后的数据可直接在示波器上显示，从而恢复被测量周期期信号的波形。用 FPGA 可以高效地完成这些工作。

在基于差拍时钟的顺序等效采样中，如何准确地测出被测量周期期信号的频率，以及由被测量周期期信号的频率产生出相应的精准差拍时钟，是完成等效采样的关键因素。

本设计采用 DDS 集成芯片 AD9850 产生所需的差拍时钟。该芯片的参考频率设计为 100MHz，内部相位累加器为 32 位，频率分辨率可达 0.023Hz。经计算，在被测量周期期信号频率 10Hz～10MHz 范围内，均可产生相应的精准差拍时钟。经实验验证，效果良好。

当被测量周期期信号频率较低时，不需要采用等效采样，此时可以采用实时采样。当扫描速度为 20ms/div 或单次触发（被测频率在 10Hz～50kHz）方式时，采用固定的时钟频率完成数据的实时采集。这样的转换能很简单地实现。

2. 垂直灵敏度

灵敏度的概念来源于接收机，所谓接收机的灵敏度，是指输出信噪比一定时（一般 30dB）接收机输入端所加的最小电压（以 μV 为单位）。示波器垂直灵敏度 D_y 又称偏转灵敏度，它反映示波器观测微弱信号的能力，是指在输入信号作用下，光点在屏幕移动 1cm 或 1div 所需的电压，单位为 mV/cm 或 mV/div。本题基本要求垂直灵敏度为 1V/div、0.1V/div 两挡，电压测量误差≤5%。而发挥部分要求提高仪器垂直灵敏度，增加 2mV/div 挡，电压测量误差≤5%，输入短路时的输出噪声峰峰值小于 2mV。这项要求很高［2001 年全国大学生电子设计竞赛 B 题（简易数字存储示波器）对垂直灵敏度的要求为 1V/div、0.1V/div、10mV/div］，这也体现了本题的难度。

为了保障电压测量误差≤5%，本题的垂直分辨率为 8 位，即 32 级/div。在满量程时，ADC 的相对量化误差为 $\frac{1}{2^8}=0.39\%$。若取 ADC 的参考电压为 2V，则在满刻度情况下量化

绝对误差为 $\dfrac{2000\text{mV}}{256} = 7.81\text{mV}$。

为了使测量电压误差尽量小，必须对大信号（大于 2V）进行衰减，而对小信号进行放大。这项任务是由 Y 通道模拟放大器完成的。

题目要求显示器采用普通示波器，而普通示波器一般采用静电偏转系统，如图 3.3.9 所示。在偏转电压 U_{Y} 的作用下，y 方向的偏转距离为

$$y = \frac{SL}{2bU_{\text{a}}}U_{\text{Y}} = h_{\text{Y}}U_{\text{Y}} = \frac{1}{D_{\text{Y}}}U_{\text{Y}} \tag{3.3.1}$$

式中，h_{Y} 称为示波器的偏转因子，单位为 cm/V；D_{Y} 称为示波器的偏转灵敏度，单位为 V/cm 或 V/div。示波器型号确定后，h_{Y} 或 D_{Y} 的值为常数。偏转满刻度（8div）所需电压 U_{Y} 为

$$U_{\text{Y}} = D_{\text{Y}}y = 8D_{\text{Y}} \tag{3.3.2}$$

现设 ADC 的参考电压为 $U_{\text{ref}} = 2\text{V}$。注意 $U_{\text{ref}} \neq U_{\text{Y}}$，可以通过后级 Y 通道偏转显示电路进行调整解决。

当输入信号为 U_{i} 时，其幅度放大器的放大倍数 A_{u} 为

$$A_{\text{u}} = \frac{U_{\text{REF}}}{U_{\text{i}}} \tag{3.3.3}$$

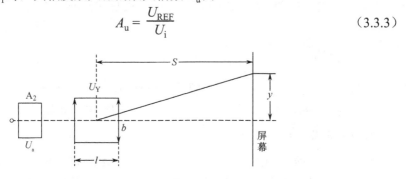

图 3.3.9　Y 偏转系统对电子束的影响示意图

下面讨论影响垂直灵敏度的因素及提高垂直灵敏度的办法。

（1）根据式（3.3.1）可知，示波器的偏转因子 h_{Y} 对垂直灵敏度有直接影响，应尽量选取 h_{Y} 大的示波器作为本系统的显示屏，但这一点会受到所处环境条件的限制。

（2）Y 通道模拟放大器的质量优劣，对垂直灵敏度影响极大。对于输入小信号而言，要有足够的放大倍数；内部噪声要小，特别是前置放大，一定要选用低噪声宽带放大电路；放大器一定要工作在线性区，防止失真。

（3）外部干扰直接影响模拟放大器的信噪比，从而影响垂直灵敏度。因此系统应在抗干扰方面下工夫。应采取电磁屏蔽（Y 通道模拟放大器最好单独用一个铁制的屏蔽盒进行屏蔽）、电源隔离、地线隔离、数模隔离等措施。

3．扫描速度

扫描速度反映的是示波器在水平方向展宽信号的能力。观测高速瞬变信号或高频连续信号时，荧光屏上的光点必须进行高速水平扫描；观测低频慢变化信号时，光点又必须进行相应的慢扫描。光点水平扫描速率的高低，可用扫描速度等指标来描述。

扫描速度是光点在水平方向移动的速度，单位是 cm/s 或 div/s，1div（格）一般是 1cm。扫描速度的倒数称为时间因数，它相当于光点移动单位长度（1cm 或 1div）所需的时间，为便于计算被测信号的时间参数，示波器常用时间因数标度。

本题的扫描速度有 20ms/div、2μs/div、100ns/div 三挡，波形周期测量误差≤5%；实时采样速率≤1ms/s，等效采样速率≥200MSa/s；水平显示分辨率≥20 点/div。若扫描速度为 100ns/div，1div 显示一个完整的周期信号，其对应的信号频率为 10MHz，则采样点数为 20×10MSa/div = 200MSa/div，刚好满足技术指标的要求。若一格显示一个完整的波形，则水平分辨率为 20 点/div。当 f 的范围为 10Hz～10kHz 时，实时采样率为 200Sa/s～1MSa/s，说明频率小于 10kHz 的低频信号完全可以采用实时采样。大于 10MHz 时，采用基于差拍时钟的顺序采样方式。

3.3.4 电路与程序设计

本系统的总体框图如图 3.3.5 所示。下面根据总体框图介绍各部分的电路设计及系统软件设计。

1. 电路设计

电路设计包括 10 个主要部分：阻抗变换电路、模拟放大器、测频电路、差拍时钟发生器、采样保持电路、触发电路、行扫描电路、列扫描电路和显示电路等。

1）阻抗变换电路

阻抗变换电路如图 3.3.10 所示。运算放大器 AD811 属于低噪声、宽频带（$f_T = 650\text{MHz}$）集成运放，构成电压串联负反馈，其放大倍数 $A_u = 1 + R_3/R_5 = 2$，特点是输入阻抗高、输出阻抗低。C_1、R_2 构成低通滤波网络，上限截止频率为 20MHz，满足输入阻抗 1MΩ 的要求，带负载能力强，与下级程控放大器基本匹配。电位器属于调零电位器，可使 10Hz 纹波干扰降至最小，有利于提高垂直灵敏度。

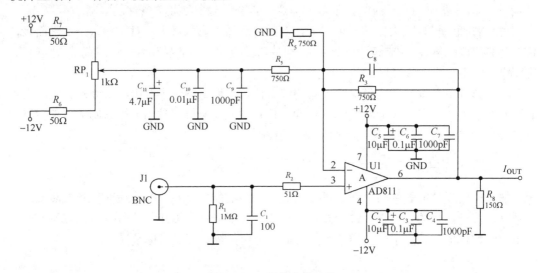

图 3.3.10 阻抗变换电路

2）程控放大器

程控放大器采用两个 AD603 级联，其增益控制范围为-20dB～60dB，带宽为 60MHz，完全满足垂直灵敏度为 20mV/div～1V/div 和带宽为 10Hz～10MHz 的要求，且输入阻抗约为 100Ω，与前级阻抗变换电路基本匹配，输出电压的最大值为 2V 多，也满足后级 ADC 电路满量程的要求（ADC 的参考电压定为 2V），有利于降低数字示波器测量电压的误差。程控放大器的原理框图如图 3.3.11 所示，原理电路图如图 3.3.12 所示。该级与前级要同装在一个屏蔽盒内，以防止外部干扰信号干扰 Y 通道。

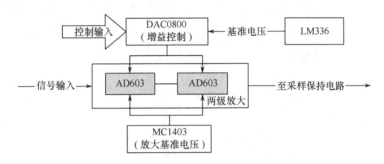

图 3.3.11　程控放大器原理框图

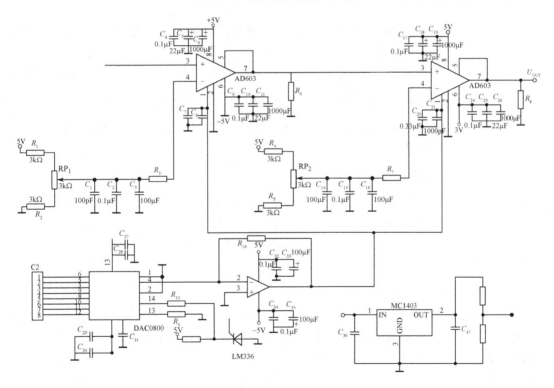

图 3.3.12　程控放大器电路图

3）测频电路

输入信号经过程控放大后，一路送到采样保持电路，另一路送到测频整形电路进行整形，使之变成比较理想的矩形波。测频整形由三级组成：第一级是由 AD8002 组成的缓冲放大器，其电压放大倍数为 2；第二级是由非门 CD4069 组成的中间放大器，其电压放大倍数较大。第三级是由非门 74HC14 组成的施密特触发器，它将正弦波整形为理想矩形波。具体电路如图 3.3.13 所示；整形后的信号输入 FPGA，进行频率测量，采用 VHDL 语言通过软件实现。

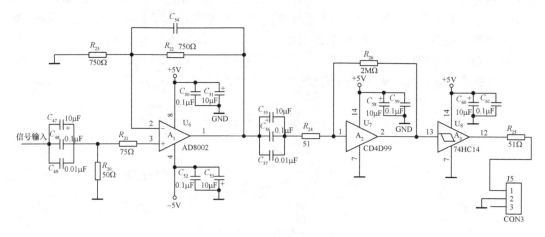

图 3.3.13   测频整形电路

4）差拍时钟发生器

对被测信号的频率进行测量后，由微处器进行判决：若被测频率落在范围 10Hz～10kHz 内，则采用实时采样方式；若被测频率大于 10kHz，则采用基于时钟的顺序等效采样方式。若采用基于时钟的顺序等效采样方式，则要先计算出 $nT + \Delta t$，然后算出差拍时钟频率 $f = \dfrac{1}{nT + \Delta t}$。采用 AD 公司的 DDS 集成芯片 AD9854 生成该频率的正弦波，经过 CD4069 进行放大，然后通过施密特触发器 74HC14 整形。将这个矩形脉冲作为采样保持的开关信号，并对输入信号进行采样。

5）采样保持电路

采样保持电路采用 AD 公司的采样保持集成芯片 AD9101，其最小采样建立时间为 7ns，完全满足设计要求。由于 AD9101 的时钟信号为 ECL 电平信号，因此采用 AD96685 将 TTL 的差拍时钟转换成 ECL 电平信号，输送给采样保持器。原理框图如图 3.3.14 所示，原理线路图如图 3.3.15 所示。

6）ADC 电路与存储电路

信号经过采样后，必须经过模数转换。在 A/D 转换之前加了一级由 AD8002 构成的缓冲级，然后由 A/D 集成芯片 TL5510 构成的 A/D 转换器进行量化编码并存储在 RAM 中。ADC 电路如图 3.3.16 所示，随机存储器 RAM 由 FPGA 承担。

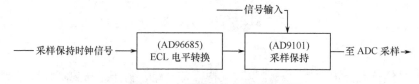

图 3.3.14   采样保持电路原理框图

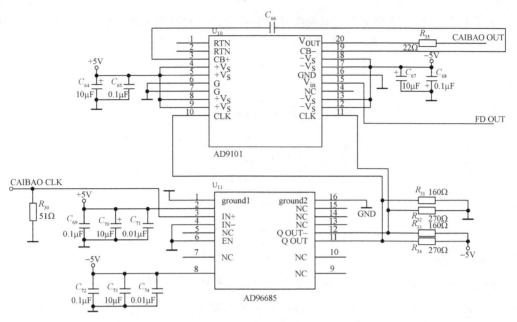

图 3.3.15　采样保持电路原理线路图

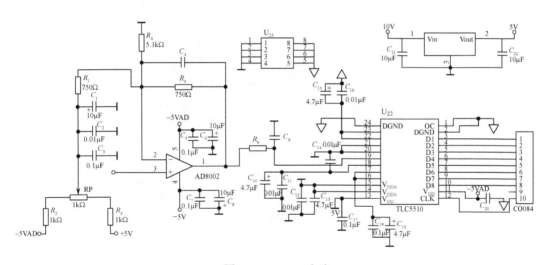

图 3.3.16　ADC 电路

7）触发

触发的概念来自模拟示波器，只有当触发信号出现后才产生扫描锯齿波，显示 Y 通道的模拟信号。因此，在模拟示波器中，只能观测触发点以后的波形，在数字示波器（DSO）中也用触发叫法，设计有触发功能。但这里的触发信号只是采样存储器选择信号的一种标志，以便能灵活选取采样存储器中的某部分波形送至显示窗口。通常，数字示波器（DSO）没有延迟调节，可以自由改变触发点的位置。触发功能示意图如图 3.3.17 所示，延迟触发有正（+）延迟触发和负（-）延迟触发。

本题要求触发电路采用内触发方式，且上升沿触发，触发电平可调。触发电路是通过软件来实现的。

延迟触发功能对观测重复的周期信号意义不大，但对观测单次非周期信号所起的作用很明显。

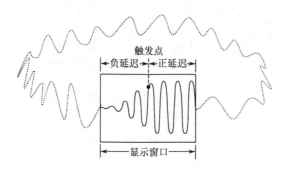

图 3.3.17　触发功能示意图

8）行扫描电路

由高速数模转换器 AD7533 构成的行扫描电路如图 3.3.18 所示。FPGA 内地址累加器的输出控制 AD7533 不断地生成锯齿波，波形形状如图 3.3.7 中 u_x 的波形所示。后级是一个加法电路，调节滑动变阻器 RP_1 可实现对输出锯齿波的直流电平叠加，进而达到调节显示器上波形左右位置平移的目的。

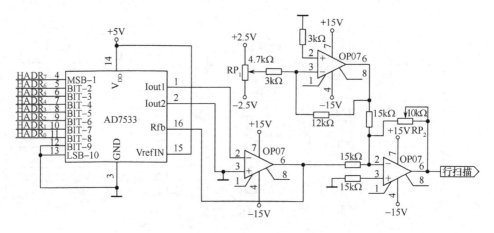

图 3.3.18　行扫描电路

9）列扫描电路

由 DAC0800 数模转换电路及位置调节电容构成的列扫描电路如图 3.3.19 所示。来自 RAM 的 Y 通道数字量加至 DAC0800，形成一个类似于图 3.3.7 中 u_y 的波形（以正弦波为例）。OP07 构成加法器，RP_1 是列位移调节电位器。

10）校准方波产生器

根据题目要求提供频率为 100kHz 的方波标准信号，要求幅度值为 0.3%±5%（负载电阻为 1MΩ），频率误差≤5%，利用 FPGA 采用 DDS 技术很容易实现，且频率稳定度、幅度稳定度均比题目要求的精度要高。

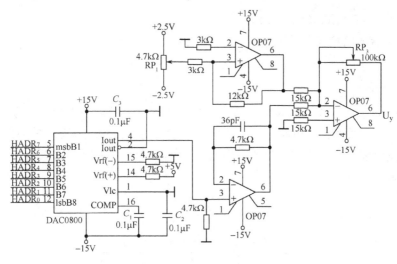

图 3.3.19 列扫描电路

2．程序设计

程序设计部分包括单片机功能控制和 FPGA 数据处理，单片机通过键盘对 FPGA 进行控制，实现对输入信号的频率测量、差拍时钟的产生、标准方波的产生、A/D 转换、存储、触发及显示功能。单片机作为整体控制部分，主要进行功能性控制与设置，并通过液晶显示构成人机交互界面。FPGA 作为数据部分的逻辑控制，主要进行数据的采集与处理，其重点部分包括等精度高速测频、DDS 控制、时钟控制、信号采样、数据存储、数据回放、触发选择及数字信号波形显示等。程序功能流程图如图 3.3.20 所示。

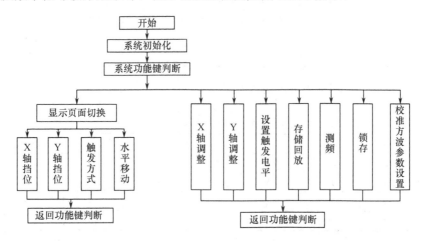

图 3.3.20 程序功能流程图

3.3.5 测试方案与测试结果

1．测试仪器及测试方法

1）测试仪器

数字示波器（Tektrorix TDS 2022）。

模拟示波器（CALTEK CA8022）。

DDS 数字合成函数波形发生器（YB1650H）。

直流稳压电源和三用表。

2）测试方法

测试原理框图如图 3.3.21 所示。先用数字示波器观测前级放大后的信号，再观测 TP 端（输入信号经过采样保持电路之后）的信号，然后用模拟示波器观测被测设备的输出波形和参数。先将硬件分机和软件分别进行调试，然后联调，待机器正常工作后，进行系统技术指标测试。

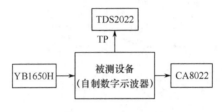

图 3.3.21　测试框图

2．测试数据记录

（1）水平分辨率：测试数据如表 3.3.2 所示。

表 3.3.2　水平分辨率测试数据

20ms/div			2μs/div			100ns/div		
输入	测量	误差	输入	测量	误差	输入	测量	误差
f/Hz	f/Hz	δ/%	f/kHz	f/kHz	δ/%	f/MHz	f/MHz	δ/%
5	5	0	50	50	0	1	0.98	2
50	50	0	500	494	1.2	10	9.7	3

（2）垂直灵敏度：测试数据如表 3.3.3 所示。

表 3.3.3　垂直灵敏度测试数据

1V/div			0.1V/div			2mV/div		
输入	测量	误差	输入	测量	误差	输入	测量	误差
U/V	U/V	δ/%	U/V	U/V	δ/%	U/V	U/V	δ/%
1	0.96	4	0.1	0.1	0	10	9.7	3
5	4.9	2	0.5	0.48	4	16	15.3	4.3

（3）频率测量：测试数据如表 3.3.4 所示。

表 3.3.4　频率测试数据

输入频率/Hz	10/Hz	1000/Hz	100000/Hz	1000000/Hz	10000000/Hz
测量频率/Hz	10/Hz	1000/Hz	100001/Hz	1000009/Hz	10000098/Hz
误差 δ/%	0	0	0.001	0.0009	0.00098

（4）系统功能测试

经测试系统能完成如下功能：

- 仪器具有实时采样和等效采样两种方式。
- 实现了垂直灵敏度的多挡步进（共三挡）。
- 实现了水平分辨率的多挡步进（共三挡）。
- 触发电路采用内触发方式，实现了单次触发功能、上升沿触发，触发电平可调。
- 实现了波形存储/调出功能。
- 采用模拟示波器显示，波形无明显失真。
- 能提供题目要求的校准方波信号。
- 增加了对输入周期信号频率的测量功能。
- 增加了波形的连续触发、锁存和分页显示功能。

3．测试结果分析

1）水平分辨率误差分析

由测试数据表 3.3.2 可见，水平分辨率满足技术指标（误差≤5%），但 100ns/div 挡误差比 20ms/div、2μs/div 挡的要大，误差主要来源于 DDS 产生的差拍时钟信号的精确度及水平显示分辨率（点/div）。

2）垂直灵敏度误差分析

由测试数据表 3.3.3 可见，垂直灵敏度满足指标（误差≤5%），但 2mV/div 的测量误差比 1V/div 和 0.1V/div 两挡的要大。误差主要来源于 Y 通道模拟放大器的内部噪声和外部干扰，特别是市电 50Hz 的干扰和电源纹波（基波干扰为 100Hz）的干扰。

3）频率测量误差分析

由测试数据表 3.3.4 可见，测频误差≤0.001%，精度高，原因是采用了现代测频技术。

第④章
元器件参数测量仪设计

4.1 元器件参数测量仪设计基础

4.1.1 概述

1. 阻抗的定义与表示式

阻抗是表征一个元器件或电路中电压、电流关系的复数特征量，可表示为

$$Z = \frac{\dot{U}}{\dot{I}} = R + jX = |Z|e^{j\varphi} = |Z|(\cos\varphi + j\sin\varphi) \tag{4.1.1}$$

式中，Z 为复数阻抗；$\dot{U}$ 为复数电压；$\dot{I}$ 为复数电流；R 为复数阻抗的实部（即电阻分量）；X 为复数阻抗的虚部（即电抗分量）；$|Z|$ 为复数阻抗的绝对值（或模值），$|Z| = \sqrt{R^2 + X^2}$；φ 为复数阻抗的相角（即电压 U 与电流 I 之间的相位差），$\varphi = \arctan(X/R)$。它们之间在复平面上的关系如图 4.1.1 所示。

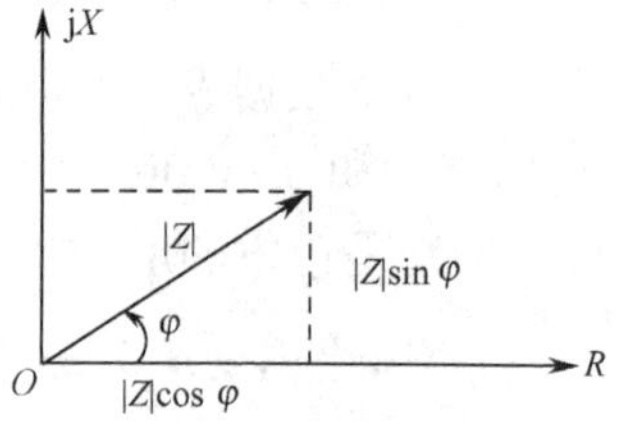

导纳 Y 是阻抗 Z 的倒数，即

$$Y = \frac{1}{Z} = \frac{1}{R + jX} = \frac{R}{R^2 + X^2} + j\frac{-X}{R^2 + X^2} = G + jB$$

图 4.1.1 阻抗的矢量图

式中，G 和 B 分别为导纳的电导分量和电纳分量。导纳的极坐标形式为

$$Y = G + jB = |Y|e^{j\varphi}$$

式中，$|Y|$ 和 φ 分别为导纳的幅度和导纳角。

2. 阻抗元件的基本特性

在电子技术中，按频率和电路形式的不同，可分为集总参数电路和分布参数电路。本节只讨论频率在数百兆赫以下的集总参数电路元件（如电感线圈、电容器、电阻器等）的阻抗测量。

在某些特定条件下，电路元件可近似地视为理想的纯电阻或纯电抗。但是，严格地说，任何实际的电路元件不仅是复数阻抗，而且其数值一般都随所加的电流、电压、频率及环境温度、机械冲击的变化而变化。特别是当频率较高时，各种分布参数的影响将变得十分严重。这时，电容器可能呈感抗，而电感线圈可能呈容抗。下面分析电感线圈、电容器和电阻器随频率变化的情况。

1）电感线圈

电感线圈的主要特性为电感 L，但不可避免地还包含损耗电阻 r_L 和分布电容 C_f。在一

一般情况下，r_L 和 C_f 的影响较小。将电感线圈接到直流电源并达到稳态时，可视为电阻。接到频率不高的交流电源时，可视为理想电感 L 和损耗电阻 r_L 的串联；频率继续增高时，仍可将其视为 L 和 r_L 的串联，但因 C_f 的作用，等效的 r_L 和 L 将随频率而变化；频率很高时，C_f 的作用显著，可视为电感和电容的并联。由此可见，在某一频率范围内，电感线圈可由若干理想元件组成的等效电路近似表示。近似的准确度越高，适应的频率范围越宽，电路的形式越复杂。研究某一频率范围内的元件特性时，在满足准确度要求的前提下，可用简单的等效电路表示。图 4.1.2 所示为电感线圈的高频等效电路。

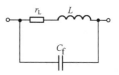

图 4.1.2　电感线圈的高频等效电路

由图 4.1.2 可知电感线圈的等效阻抗为

$$Z_{dx} = \frac{(r_L + j\omega L)\dfrac{1}{j\omega C_f}}{r_L + j\left(\omega L - \dfrac{1}{\omega C_f}\right)} = \frac{r_L + j\omega L}{j\omega C_f r_L + (1 - \omega^2 L C_f)}$$

$$\approx \frac{r_L}{(\omega C_f r_L)^2 + (1 - \omega^2 L C_f)^2} + j\omega \frac{L(1 - \omega^2 L C_f)}{(\omega C_f r_L)^2 + (1 - \omega^2 L C_f)^2}$$

$$= R_{dx} + j\omega L_{dx} \tag{4.1.3}$$

式中，R_{dx} 为等效电阻；L_{dx} 为等效电感。

令 $\omega_{0L} = \dfrac{1}{\sqrt{LC_f}}$ 为其固有谐振角频率，并设 $r_L \ll \omega L \ll \dfrac{1}{\omega C_f}$，则式（4.1.3）简化为

$$Z_{dx} = R_{dx} + j\omega L_{dx} \approx \frac{r_L}{\left[1 - \left(\dfrac{\omega}{\omega_{0L}}\right)^2\right]^2} + j\omega \frac{L}{1 - \left(\dfrac{\omega}{\omega_{0L}}\right)^2} \tag{4.1.4}$$

由式（4.1.4）可见，当 $f < f_{0L} = \dfrac{\omega_{0L}}{2\pi} = \dfrac{1}{2\pi\sqrt{LC_f}}$ 时，L_{dx} 为正值，这时电感线圈呈感抗；当 $f > f_{0L}$ 时，L_{dx} 为负值，这时呈容抗；当 $f = f_{0L}$（严格地说 $f \approx f_{0L}$）时，$L_{dx} = 0$，这时为一纯电阻 $\dfrac{L}{C_f r_L}$，由于 C_f 及 r_L 均很小，故为高阻。但要注意，r_L 随着频率的升高而变大，这是趋肤效应引起的。

当 $f \ll f_{0L}$ 时，由式（4.1.4）可知，R_{dx} 及 L_{dx} 均随频率的升高而变大。

2）电容器

电容器的等效电路如图 4.1.3（a）所示，其中，除理想电容 C 外，还包含介质损耗电阻 R_j，由引线、接头、高频趋肤效应等产生的损耗电阻 R，以及在电流作用下因磁通引起的电感 L_0。当频率较低时，R 和 L_0 的影响可以忽略，电容器的等效电路可以简化为如图 4.1.3（b）所示的电路；当频率很高时，R_j 的影响比 R 的影响小得多，L_0 的影响不可忽略，这时的等效电路如图 4.1.3(c)所示，相当于一个 LC 串联谐振电路。如果令 $f_{0C} = \dfrac{1}{2\pi\sqrt{L_0 C}}$ 为固有串联谐振频率，那么可以看出：当 $f < f_{0C}$ 时，电容器呈容抗，其等效电容随频率的升高而增加；当 $f = f_{0C}$ 时，电容器呈纯电阻；当 $f > f_{0C}$ 时，电容器呈感抗。

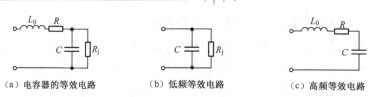

（a）电容器的等效电路   （b）低频等效电路   （c）高频等效电路

图 4.1.3　电容器的等效电路

3）电阻器

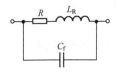

图 4.1.4　电阻器的等效电路

电阻器的等效电路如图 4.1.4 所示，其中除理想电阻 R 外，还有串联剩余电感 L_R 及并联分布电容 C_f。令 $f_{0R} = \dfrac{1}{2\pi\sqrt{L_R C_f}}$ 为其固有谐振频率，当 $f < f_{0R}$ 时，等效电路呈感性，电阻与电感皆随频率的升高而增大；当 $f > f_{0R}$ 时，等效电路呈容性。

4）Q 值

通常用品质因数 Q 衡量电感、电容及谐振电路的质量，其定义为

$$Q = \frac{2\pi 磁能或电能的最大值}{一周期内消耗的能量}$$

对于电感可以导出

$$Q_L = \frac{2\pi f L}{r_L} = \frac{\omega L}{r_L} \tag{4.1.5}$$

对于电容器，若仅考虑介质损耗及泄漏因数，则品质因数为

$$Q_C = \frac{1}{\omega CR} \tag{4.1.6}$$

在实际应用中，常用损耗角 δ 和损耗因数 D 来衡量电容器的质量。损耗因数定义为 Q 的倒数，即

$$D = \frac{1}{Q} = R\omega C = \tan\delta \approx \delta \tag{4.1.7}$$

式中，损耗角 δ 的含义如图 4.1.5（c）和（d）所示。对于无损耗理想电容器，$\dot{U}$ 与 $\dot{I}$ 的相位差为 $\theta = 90°$，而有损耗时 $\theta < 90°$。损耗角 $\delta = 90° - \theta$，电容器的损耗越大，δ 也越大，其值由介质的特性所决定，一般来说 $\delta < 1°$，故 $\tan\delta \approx \delta$。

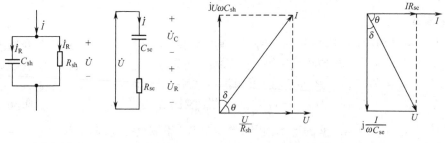

（a）并联等效电路   （b）串联等效电路   （c）图（a）所示电路的矢量图   （d）图（b）所示电路的矢量图

图 4.1.5　有损耗电容器的等效电路及矢量图

3．阻抗的测量特点和方法

通过上面对 R、L、C 基本特性的分析，可以明显地看出，电感线圈、电容器、电阻器的实际阻抗随各种因素而变化，所以在选用和测量 R、L、C 值时必须注意两点。

1）保证测量条件与工作条件尽量一致

过强的信号可能使阻抗元件表现出非线性，不同的温湿度会使阻抗表现出不同的值，尤其是在不同频率下，阻抗的变化可能很大，甚至性能完全相反（例如，当频率高于电感线圈的固有谐振频率时，阻抗变为容性）。因此，测量时所加的电流、电压、频率、环境条件等必须尽可能地接近被测元件的实际工作条件，否则测量结果很可能无多大价值。

2）了解 R、L、C 的自身特性

选用 R、L、C 元件时，要了解各种类型元件自身的特性。例如，线绕电阻只能用于低频状态，电解电容的引线电感较大，铁心电感要防止大电流引起的饱和。因此在测量时，要注意到各种类型元件自身的特性，选择合适的测量方法和仪器。

阻抗的测量方法众多，但常用的基本方法有 4 种，即伏安法、电桥法、谐振法（Q 表法）和现代数字化仪器法。

在实际测量中究竟使用哪种方法，应根据具体情况和要求来选择。例如，在直流或低频时使用的元件，用伏安法最简单，但准确度稍差；在音频范围内，选用电桥法准确度较高。在高频范围内通常利用谐振法，这种方法准确度并不高，但比较接近元件的实际使用条件，故测量值比较符合实际情况。随着电子技术的发展，数字化、智能化的 RLC 测试仪不断推出，给阻抗测量带来了快捷和方便。

4.1.2　电阻的测量

1．伏安法

伏安法的理论根据是欧姆定律，即 $R = U/I$，其测量原理如图 4.1.6 所示。具体方法是直接测量被测电阻上的端电压和流过的电流，再计算电阻值。此法看来简单易行，但要准确测量，需要根据具体情况选择合适的仪器和测量方法。例如，若电阻工作在直流状态和交流（低频）状态，则所用仪器不同。测量方法不同，对仪器的要求也不相同，如图 4.1.6（a）要求电压表的内阻要大，图 4.1.6（b）要求电流表的内阻要小，否则会给测量带来较大的误差。

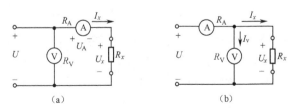

图 4.1.6　伏安法测量直流电阻

对于图 4.1.6 所示的电路，通常在直流状态下用伏安法测量电阻，它与低频（如 50～100Hz）状态下的测量结果相差很小，因而不必选用交流仪器。

由于伏安法是根据阻抗定义的方法，下面介绍的一些阻抗测量方法从原理上讲大多属伏安法。

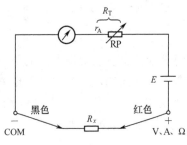

图 4.1.7 欧姆表原理电路图

2. 三用表中的电阻挡

1）模拟式指针三用表中的欧姆挡

（1）测量原理。

图 4.1.7 所示为欧姆表的原理图。图中电池的接法考虑到了三用表中要与电压、电流测量共用表笔，黑表笔为公共端（COM），红表笔为测电流、电压的正端，因此电池极性必须按图中的接法才能保证表针顺时针偏转。这时红表笔连接到电池的负极，用来测量二极管、三极管时要记住这个特点。

由图可以看出，当 $R_x = 0$ 时，相当于红黑表笔短路，调节内阻 R_T（包含电表内阻 r_A 和可调电阻 RP）使表头中的电流达到最大值，表盘上的刻度为零。

当 $R_x = \infty$ 时，相当于开路，表头中的电流为零，表盘上的刻度是 ∞。

当 $0 < R_x < \infty$ 时，电流值应为

$$I = \frac{E}{R_T + R_x} = \frac{E}{R_T\left(1 + \dfrac{R_x}{R_T}\right)} = \frac{I_m}{1 + \dfrac{R_x}{R_T}} \tag{4.1.8}$$

由式（4.1.8）可以看出，I 与 R_x 是非线性关系，会导致欧姆表盘刻度不均匀。

当 $R_x = R_T$ 时，$I = I_m/2$，指针处于表盘中央，故将 R_T 称为中值电阻。这一特点不同于电流表、电压表。

（2）欧姆表的量程。

图 4.1.8 所示的表盘乍看之下，欧姆表能从 0 测到 ∞，好像不用换量程，但仔细研究后就会发现，表盘两端的刻度太密，如果 $100\Omega < R_x < 2k\Omega$，那么读数难以分辨，因此还应设计不同的量程，以满足各种电阻值的测量读数精度要求。

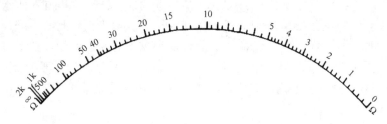

图 4.1.8 欧姆表刻度

由式（4.1.8）可以看出，更换欧姆表的量程时应更换内阻（即中值电阻）。表 4.1.1 所示为某欧姆表的量程与中值电阻的关系。应当指出，测大电阻值时，中值电阻 $R_T = 100k\Omega$，要保证电流能达满度值，需更换高电压电池，如 9V 或 15V 重叠电池。

表 4.1.1 某欧姆表的量程与中值电阻的关系

中值电阻 R_T/Ω	10	100	1k	10k	100k
读数倍乘	×1	×10	×100	×1k	×10k
电池电压 E/V	1.5	1.5	1.5	1.5	9

（3）欧姆表的使用。

欧姆表经常用来测量电阻、二极管、三极管等元器件，使用中要注意以下几点。

① 调零：由于三用表中的干电池新旧不同，要保证 $R_x = 0$ 时指针能对准"0"，在测量前要进行调零，即将两表笔短路来调整电表的内阻，使电流达到最大值，对准"0"。应当指出，实际调零电路要比图 4.1.7 所示的原理电路稍复杂一些，能保证在调零过程中保持中值电阻基本不变。

② 极性：用来测量二极管、三极管时，要注意红表笔对应的是电池的负极。

③ 量程：不同量程的中值电阻不同，相应的测量电流大小也不同。例如，经常用×1kΩ 挡测二极管、三极管，原因是这时的中值电阻为 10kΩ，相应的最大电流 $I = 1.5V/10kΩ = 150μA$，不会损坏晶体管。若用×1Ω 挡，这时的中值电阻为 10Ω，相应的电流为 $I = 1.5V/10Ω = 150mA$，则可能损坏晶体管。

2）数字多用表中的电阻挡

图 4.1.9 给出了数字多用表中测量电阻的原理电路示例，它利用运放组成一个多值恒流源，实现多量程电阻测量，各量程电流、电压值如表 4.1.2 所示。恒流 I 通过被测电阻 R_x，由数字电压（DVM）表测出其端电压 U_x，此时有 $R_x = U_x/I$。

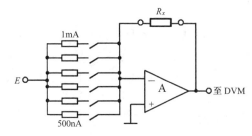

图 4.1.9 数字多用表中的电阻测量

上例是大部分便携式数字多用表的测量方法，由于不含微处理器，因此要配置好各量程的电压值，以便直接对应被测电阻的欧姆值。由于便携式多用表只有 3 位半至 4 位半的量程，因此测量精度不太高，对微小电阻和特大电阻需要采用其他测量方法。

表 4.1.2 图 4.1.9 中各量程的电流、电压值

量 程	测试电流	满度电压
200Ω	1mA	0.2V
2kΩ	1mA	2.0V
20kΩ	100μA	2.0V
200kΩ	10μA	2.0V
2000kΩ	5μA	10.0V
20MΩ	500nA	10.0V

3．电桥法

电桥法又称零示法，它利用指零电路作为测量的指示器，工作频率很宽，能在很大程度上消除或削弱系统误差的影响，精度很高，可达 10^{-4}。

图 4.1.10 所示为一个交流电桥，它由 Z_x、Z_2、Z_3、Z_4 个桥臂组成，$\dot{U}$ 为信号源，G 为检流计。桥臂接入被测电阻（或电感电容），调节桥臂中的可调元件使检流计指示为零，电桥处于平衡状态。此时，可得电桥平衡的条件为

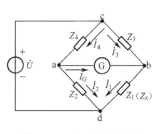

图 4.1.10 交流电桥电路

$$Z_x Z_4 = Z_2 Z_3 \tag{4.1.9}$$

根据式（4.1.9），可以计算出被测元件 Z_x 的量值。电桥平衡时有

$$|Z_x||Z_4| = |Z_2||Z_3| \tag{4.1.10}$$

和

$$\varphi_x + \varphi_4 = \varphi_2 + \varphi_3 \tag{4.1.11}$$

式中，$|Z_x| \sim |Z_4|$ 为复数阻抗 Z_x、Z_2、Z_3、Z_4 的模；$\varphi_x \sim \varphi_4$ 为复数阻抗 Z_x、Z_2、Z_3、Z_4 的阻抗角。

式（4.1.10）和式（4.1.11）表明，交流电桥平衡必须同时满足：电桥的 4 个臂中相对臂阻抗的模的乘积相等（模平衡条件），相对臂阻抗相角之和相等（相位平衡条件）。

当被测元件为电阻元件时，取 $Z_x = R_x$，$Z_2 = R_2$，$Z_3 = R_3$，$Z_4 = R_4$，则图 4.1.10 所示为一个直流电桥，且有

$$R_x = \frac{R_2 R_3}{R_4} \tag{4.1.12}$$

电桥法的测量误差，主要取决于各桥臂阻抗的误差及各部分之间的屏蔽效果。另外，为保证电桥的平衡，要求信号源的电压和频率稳定，特别是波形失真要小。

应当指出，在实际应用中，测量电阻时采用直流双臂电桥（也称凯尔文电桥）。信号源是直流电源，通常采用大容量的蓄电池。这种直流电桥能消除接线电阻和接触电阻造成的测量误差，测量小电阻时的准确度可达到 10^{-5}。

4.1.3 电感、电容的测量

1. 电桥法

1）组成原理

实际上采用电桥法的阻抗测量仪都是多功能仪器，常称万能电桥。Qsl8A 型就是其中的一种，它是交流电桥，可测量电阻、电感和电容、线圈的 Q 值及电容器的损耗等，是一种多用途、宽量程的便携式仪器。下面以 Qsl8A 型万能电桥为例介绍其工作原理。图 4.1.11 所示为电桥的整体框图。它由桥体、信号源（1000Hz 振荡器）和晶体管指零仪组成。桥体是电桥的核心部分，由标准电阻、标准电容及转换开关组成，通过转换开关切换，可以构成不同的电桥电路，进而对电阻、电容、电感进行测量。

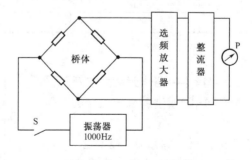

图 4.1.11 电桥整体框图

要实现式（4.1.10）和式（4.1.11）给出的两个平衡条件，必须按照一定的方式配置桥臂的阻抗，否则平衡不一定能实现。为了使电桥结构简单、调节方便，通常两个桥臂为纯

电阻。如果两邻臂接入纯电阻，那么另外两邻臂必须接入同性阻抗（同为感性或同为容性）；如果将相对臂接入纯电阻，那么另外一对臂必须为异性阻抗。这是初步判断电桥接法是否正确的依据。

为了同时满足两个平衡条件，交流电桥至少应有两个可调节的标准元件。通常，用一个可变电阻和一个可变电抗调节平衡，在极少数电桥中，也可用两个可变电抗来获得平衡。由于标准电容器的精确度通常高于标准电感的精确度，且受外磁场和温度变化的影响较小，因此大多采用标准电容器作为标准电抗器。

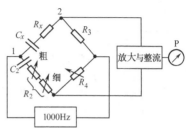

2）电桥法测电容

测量电容时，桥体连接成如图 4.1.12 所示的串联电容电桥。被测电容接在 1、2 两端，C_x 为被测电容的容量，R_x 是其等效串联电阻。调节桥臂中的可调电阻使电桥平衡，此时根据电桥的平衡条件 $Z_x Z_4 = Z_2 Z_3$ 可导出

图 4.1.12　串联电容电桥

$$\left(R_x + \frac{1}{\mathrm{j}\omega C_x}\right)R_4 = R_3\left(R_2 + \frac{1}{\mathrm{j}\omega C_2}\right) \tag{4.1.13}$$

$$R_x + \frac{1}{\mathrm{j}\omega C_x} = \frac{R_3}{R_4}R_2 + \frac{R_3 \times 1}{R_4 \mathrm{j}\omega C_2}$$

由实部相等可得

$$R_x = \frac{R_3}{R_4}R_2 \tag{4.1.14}$$

由虚部相等可得

$$C_x = \frac{R_4}{R_3}C_2 \tag{4.1.15}$$

由式（4.1.7）可得

$$\tan\delta = \frac{1}{Q} = \omega C_2 R_2 \tag{4.1.16}$$

式中，$\tan\delta$ 为损耗系数；δ 是电容器的损耗角。C_x、R_x 和 $\tan\delta$ 都能由面板读出数值。

3）电桥法测电感

测量电感时，桥体连接如图 4.1.13 所示（麦克斯韦电桥）。被测电感接在 1、2 两端，L_x 是其电感量，R_x 是其等效串联损耗电阻。当电桥平衡时，由平衡条件可以导出

$$\begin{cases} L_x = R_2 R_3 C_4 \\ R_x = \dfrac{R_2 R_3}{R_4} \\ Q = \omega\, C_4 R_4 \end{cases} \tag{4.1.17}$$

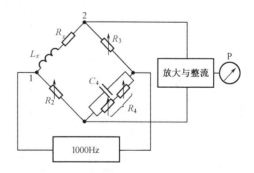

图 4.1.13　测量电感时的电桥

应当指出，这里只列举了两种电桥。实际上，不同厂家、不同型号的产品，综合了多种不同特点的电桥以获得更好的性能。表 4.1.3 所示为常用的各种电桥的特点、基本线路和平衡条件。

表 4.1.3　常用电桥的特点、基本线路和平衡条件

编号	特　点	基本线路	平衡条件
1	直流电桥 适用于 1Ω 到几兆欧范围的电阻精密测量		$R_x = \dfrac{R_2}{R_3} R_4$
2	串联电容比较电桥 适用于测量小损耗电容，便于分别读数。若调节 R_2 和 R_4，则可直接读出 C_x 和 $\tan\delta_x$		$C_x = \dfrac{R_3}{R_2} C_4$ $R_x = \dfrac{R_2}{R_3} R_4$ $\tan\delta_x = \omega C_4 R_4$
3	并联电容比较电桥 适用于测量较大损耗电容，便于分别读数		$C_x = \dfrac{R_3}{R_2} C_4$ $R_x = \dfrac{R_2}{R_3} R_4$ $\tan\delta_x = \dfrac{1}{\omega C_4 R_4}$
4	高压电桥（西林电桥，Schermg bridge） 用于测量高压下电容或绝缘材料的介质损耗。便于分别读数。调节 R_2 和 C_3 可直接读出 C_x 和 $\tan\delta_x$		$C_x = \dfrac{R_2}{R_3} C_N$ $R_x = \dfrac{C_3}{C_N} R_2$ $\tan\delta_x = \omega C_3 R_3$ （C_N 为高压电容）
5	麦克斯韦—文氏电桥 用于测 Q 值不高的电感。若选 R_3，R_4 为可调元件，则可直读 L_x 和 Q_x		$L_x = R_2 R_4 C_3$ $R_x = \dfrac{R_2 R_4}{R_3}$ $Q_x = \omega C_3 R_3$
6	麦克斯韦电感比较电桥 用于测 Q 值较低的电感，电阻 R_0 借开关 S 可串接于 L_x 或 L_4 以便调节平衡		$L_x = \dfrac{R_2}{R_3} L_4$ S 置"1" $\begin{cases} R_x = \dfrac{R_2}{R_3}(R_4 + R_0) \\[6pt] Q_x = \dfrac{\omega L_4}{(R_4 + R_0)} \end{cases}$ S 置"2" $\begin{cases} R_x = \dfrac{R_2}{R_3} R_4 - R_0 \\[6pt] Q_x = \dfrac{\omega L_4}{R_4 \dfrac{R_3}{R_2} R_0} \end{cases}$

续表

编号	特　点	基本线路	平衡条件
7	串联 RC 电桥（海氏电桥） 用于测量值较高的电感	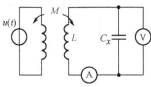	$L_x = \dfrac{R_2 R_4 C_3}{1} + (\omega C_3 R_3)^2$ $R_x = \dfrac{R_2 R_4 R_3 (\omega C_3)^2}{1 + (\omega C_3 R_3)^2}$ $Q_x = \dfrac{1}{\omega C_3 R_3}$
8	欧文电桥 用于高精度的电感测量		$L_x = R_2 R_4 C_3$ $R_x = \dfrac{C_2}{C_4} R_2$ $Q_x = \omega C_4 R_4$

2．谐振法（**Q** 表法）

谐振法是测量阻抗的另一种基本方法，是利用调谐回路的谐振特性而建立的测量方法。测量精度虽说不如交流电桥法高，但由于测量线路简单方便，技术上的困难要比高频电桥的小（主要是杂散耦合的影响），再加上高频电路元件大多用于调谐回路中，因此用谐振法进行测量也比较符合其工作的实际情况，所以在测量高频电路参数（如电容、电感、品质因数、有效阻抗等）时，谐振法是一种重要的手段。

典型的谐振法测量仪器是 Q 表，因此谐振法又称 Q 表法，其工作频率范围相当宽。谐振法测量原理如图 4.1.14 所示，它由振荡源 $u(t)$、已知元件和被测元件组成的谐振回路及谐振指示器组成。当回路达到谐振时，有

$$\omega = \omega_0 = \frac{1}{\sqrt{LC}}$$

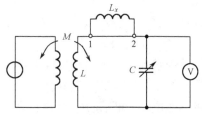

图 4.1.14　谐振法测量原理图

且回路总阻抗为零，即

$$X = \omega_0 L - \frac{1}{\omega_0 C_x} = 0, \quad L = \frac{1}{\omega_0^2 C_x}, \quad C_x = \frac{1}{\omega_0^2 L} \tag{4.1.18}$$

测量回路与振荡源之间采用弱耦合，可使振荡源对测量回路的影响小到可以忽略不计。谐振指示器一般用电压表并联在回路中，或用热偶式电流表串联在回路中，它们的内阻对回路的影响应尽可能小。

将回路调至谐振状态，根据已知的回路关系式和已知元件的数值，求出未知元件的参量。

1）谐振法测电感

测量小电感量的电感时，用串联替代法，如图4.1.15所示。首先将 1、2 两端短接，调节 C 到较大的容量 C_1，调节信号源频率，使回路谐振，此时有

图 4.1.15　串联替代法测电感

$$L = \frac{1}{4\pi^2 f^2 C_1} \qquad (4.1.19)$$

然后去掉 1、2 之间的短路线，将 L_x 接入回路，保持信号源频率不变，调节 C 至 C_2，回路再次谐振，此时有

$$L_x + L = \frac{1}{4\pi^2 f^2 C_2} \qquad (4.1.20)$$

将式（4.1.20）和式（4.1.19）相减，整理得

$$L_x = \frac{C_1 - C_2}{4\pi^2 f^2 C_1 C_2} \qquad (4.1.21)$$

测量较大的电感常采用并联替代法，如图 4.1.16 所示。先不接 L_x，可变电容 C 调到小容量位置，这时 C 为 C_1，调节信号源频率使回路谐振，此时有

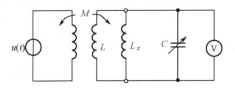

图 4.1.16　并联替代法测电感

$$\frac{1}{L} = 4\pi^2 f^2 C_1 \qquad (4.1.22)$$

然后接入 L_x，保持信号源频率固定不变，调节 C 使回路再次谐振，记下可变电容器 C 的容量 C_2，此时有

$$\frac{1}{L} + \frac{1}{L_x} = 4\pi^2 f^2 C_2 \qquad (4.1.23)$$

将式（4.1.23）和式（4.1.22）相减，再取倒数，可得

$$L_x = \frac{1}{4\pi^2 f^2 (C_2 - C_1)} \qquad (4.1.24)$$

2）谐振法测量电容

（1）直接法测电容。

按图 4.1.17 把被测电容 C_x 接好，调节振荡源频率 f 使电压表指示最大，则被测电容为

$$C_x = \frac{1}{(2\pi f)^2 L} \qquad (4.1.25)$$

直接法测量电容的误差包含：分布电容（线圈和接线分布电容）引起的误差；频率过高时，引线电感引起的误差；回路 Q 值较低时，谐振曲线很平坦，不容易准确找出谐振点（电压表指示值最大）所产生的误差。

（2）替代法测电容。

用替代法测电容，可以消除分布电容引起的测量误差，测试电路如图 4.1.18 所示。C 是一个已定度好的可变电容器，其容量变化范围大于被测的电容量。在不接 C_x 的情况下，将可变电容 C 调到某一容量较大的位置，设其容量为 C_1，调节信号源频率，使回路谐振。然后接入被测电容 C_x，信号源频率保持不变，此时回路失谐，重新调节 C 使回路再次谐振，

这时其容量为 C_2，那么被测电容 $C_x = C_1 - C_2$。

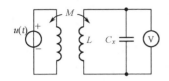

图 4.1.17　直接法测量电容

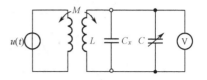

图 4.1.18　并联替代法测小电容

上述方法称为并联替代法，它适合于测量小电容，其测量误差主要取决于可变标准电容的刻度误差。

当被测电容的容量大于标准电容器的最大容量时，必须用串联接法，如图 4.1.19 所示。先将图中的 1、2 两端短路，调到容量较小位置，调节信号源频率使回路谐振，这时电容量为 C_1。然后拆除短路线，将 C_x 接入回路，保持信号源频率不变，调节 C 使回路再次谐振，此时可变电容值为 C_2，显然 C_1 等于 C_2 与 C_x 的串联值，即 $C_1 = \dfrac{C_2 C_x}{C_2 + C_x}$。由此得

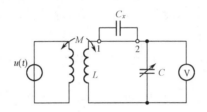

图 4.1.19　串联替代法测大电容

$$C_x = \frac{C_2 C_1}{C_2 - C_1} \qquad (4.1.26)$$

当被测电容比可变标准电容大很多时，C_1 和 C_2 的值非常接近，测量误差增大，因此这种测量方法也有一定的适用范围。

3）Q 表的工作原理

低频电桥应用广泛，但不能测量高频元件，特别是对分布参数的影响难以在电桥平衡时消除，因此几乎没有用于高频的电桥。那么高频元件的参数如何测量呢？通常选用一种称为高频 Q 表的测量仪器进行测量。高频 Q 表不仅能测量电感电容的参数，如电感量、品质因数等，还能测量电工材料的高频介质损耗及电感的分布电容等。

Q 表是根据谐振原理制成的测量仪器，可在高频（几十千赫兹至几十兆赫兹，甚至几百兆赫兹）下测量电感线圈的 Q 值、电感量、分布电容、电容器的电容量、分布电感、损耗、电阻器电阻、介质的损耗、介电常数和回路阻抗等参数。由于电压表刻度的指示 Q 值是表示整个谐振回路的 Q 值，而不等于回路中某一元件（如接入的被测线圈）的 Q 值，因此要得到被测元件的 Q 值，必须考虑回路本身其他部件的损耗（称为残量）的影响，即必须进行必要的修正，这是 Q 表的一个特别重要的特点。Q 表的工作原理如图 4.1.20 所示。

Q 表是由一个频率可变的高频振荡器，由一个标准的可变电容器和一个高阻抗的电子电压表组成。当谐振电路谐振时，电容（或电感）上的电压为

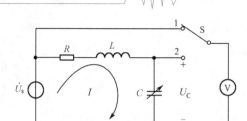

图 4.1.20 Q 表工作原理图

$$U_c = IX_C = \frac{U_s}{R} \frac{1}{2\pi f_0 C} = QU_s \qquad (4.1.27)$$

即 U_c 为高频电压 U_s 的 Q 倍。如果用电子电压表分别（图 4.1.20 中的开关 S 置 1 或置 2）测出其相应的数值，就能很容易地计算出 Q 值。

如果信号源高频电压的有效值为 U_s，且在测量过程中保持恒定数值，那么谐振时电容上的电压正比于被测线圈的 Q 值，即电子电压表上的读数正比于线圈的 Q 值，因此电子电压表表盘可直接按 Q 值分度。改变高频电压 U_s 可以扩展 Q 值的测量范围，比如 U_s 减小 n 倍，那么 Q 值指示便扩大 n 倍。

为了保持高频电压 U_s 为一恒定数值（一般 10mV），通常用一个电子电压表监视 U_s 在规定的刻度上。

为了扩大 Q 表的用途，通常将振荡器的频率和可变电容器均加以定度，这样在回路调谐时，除从电压表读出 Q 值外，还能由振荡器和电容器的刻度盘读出 f 和 C_s 的数值，从而根据关系式计算出线圈的电感 L_x。为方便起见，在标准电容器的刻度盘上加一条电感刻度，因此在测量一些特定的频率时，可不经计算而直接由刻度盘读出 L_x 值。

$$f = \frac{1}{2\pi\sqrt{L_x C_s}} \qquad (4.1.28)$$

国产 Q 表如 QBG-3 型的技术参数如下：$Q = 10\sim600$，分 3 挡，准确度为 $\pm15\%$；$L = 0.1\mu H\sim100mH$，分 6 挡，准确度为 $\pm5\%$；$C = 1\sim469pF$，$f_0 = 50kHz\sim50MHz$，分 7 挡，有 7 个特定频率点。

3. 数字化方法

1）便携式数字万用表中的 L、C 测量

在便携式数字万用表中，为降低成本选用了时常数法，其原理如图 4.1.21 所示。这里，对图 4.1.21（a）所示的电路，时常数 $\tau = RC$；对于图 4.1.21（b）所示的电路，时常数 $\tau = L/R$。现以测电容 C 为例进行说明。在图 4.1.21（a）所示的电路中加入阶跃电压 U_s 时，其输出电压为

$$U_o(t) = U_s(1 - e^{-t/\tau})$$

当 $U_o = \frac{2}{3}U_s$ 时，用时基电路 555 可实现这一控制，可以求得

$$t = \tau\ln3 = RC\ln3 = (R\ln3)C \qquad (4.1.29)$$

式中，R 为已知的标准电阻，即 t 值与 C 成正比。从图 4.1.21（c）可以看出，只要测出 U_o

$= \dfrac{2}{3}U_s$ 时的 t 值，即可求得电容 C 值。

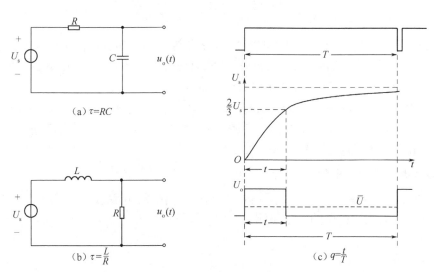

图 4.1.21　时常数法测 L、C 的原理

具体实现方法是在 DVM 表中加入一块双时基电路 CC7556（内含两个 555），令其中的一个 $\dfrac{1}{2}$7556 为多谐振荡器，另一个 $\dfrac{1}{2}$7556 为单稳态触发器，如图 4.1.22 所示。

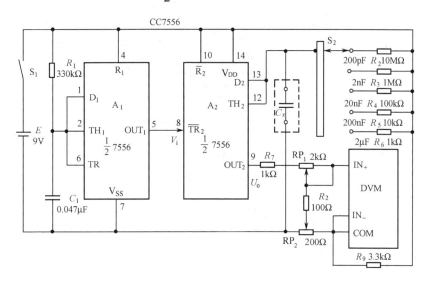

图 4.1.22　便携式数字万用表的 L、C 测量电路

设计 A_1 和 R_1、C_1 构成的多谐振荡频率为

$$f_0 = \frac{1.44}{R_1 C_1} = \frac{1.44}{330\text{k}\Omega \times 0.047\mu\text{F}} \approx 90\text{Hz}$$

其振荡周期 $T = 0.011\text{s}$。因电路中未接定时电阻，故其脉冲占空比 $q_1 \approx 100\%$。

设计 A_2 与 $R_2 \sim R_6$、C_x 组成单稳触发器，C_x 是被测电容。现以 $2\mu\text{F}$ 挡为例，说明测量原理。从 A_2 第 9 脚输出脉冲的宽度，由式（4.1.29）可得［如图 4.1.21（c）所示］

$$t = R_6 \ln 3 C_x = 1.1 \times 1000 \times C_x = 1.1 \times 10^3 C_x$$

因 A_1 的振荡周期 $T = 0.011s$，所以 A_2 输出脉冲的占空比为

$$q_2 = \frac{t}{T} = \frac{1.1 \times 10^3 C_x}{0.011} = 1.0 \times 10^5 C_x \qquad (4.1.30)$$

即 q_2 与 C_x 成正比。从图 4.1.21（c）可以看出，T 是为控制自动测量的工作周期，是固定不变的。因此，关键是对 t 的测量，最经济的方法是将幅度为 U_0、宽度为 t 的脉冲在 T 内平均，转换为直流电压 $\overline{U}$，而 $\overline{U}$ 可直接由 DVM 测出。

因此，用数字电压表测出 $\overline{U}$ 值，就能反映被测电容 C_x 的大小（$C_x \propto t \propto \overline{U}$）。只要适当调整电路，就可直接显示被测电容值。在图 4.1.22 中，电位器 RP_1 做满量程调节，RP_2 做零点调节，在不接 C_x 时，使 DVM 的显示为零。

2）台式数字万用表中的 L、C 测量

L、C 的数字化测量方法首先利用正弦信号在被测阻抗的两端产生交流电压，然后分离实部和虚部，最后利用电压的数字化测量来实现。下面以双积分式 DVM 为例介绍阻抗的数字化测量。

（1）电感-电压变换器。

电感-电压变换器的原理如图 4.1.23 所示。图中运放 A 为阻抗-电压转换部分，两个同步检波器实现虚部、实部分离，完成交流-直流电压转换，并提供基准电压。

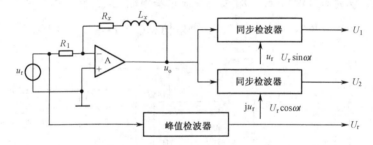

图 4.1.23　电感-电压变换器

设标准正弦信号为 $u_r = U_r \sin\omega t$，则 $\dot{U}_0$ 为

$$\dot{U}_0 = -\frac{U_r R_x}{R_1}\sin\omega t - \mathrm{j}\frac{U_r \omega L_x}{R_1}\sin\omega t \qquad (4.1.31)$$

u_0 经同步检波后，输出的实部、虚部幅度为

$$U_1 = -\frac{U_r}{R_1}R_x \qquad (4.1.32)$$

$$U_2 = -\frac{U_r}{R_1}\omega L_x \qquad (4.1.33)$$

利用双积分 DVM 可以实现 R_x、L_x、Q_x 的测量，其数学表达式为

$$U_x = \frac{U_r}{N_1}N_2 \qquad (4.1.34)$$

关于双积分 DVM 的原理介绍，请参考文献[5]的 5.5 节。

① R_x 的测量。将式（4.1.32）中的 U_1 作为被测电压 U_x，将 U_r 作为基准电压接入双积分 DVM，有

$$\frac{U_r}{R_1}R_x = \frac{U_r}{N_1}N_2$$

即
$$R_x = \frac{R_1}{N_1}N_2 \qquad\qquad (4.1.35)$$

利用式（4.1.35）选择合适的 R_1，可直接读出 R_x。

② L_x 的测量。将式（4.1.33）中的 U_2 作为被测电压 U_x，代入式（4.1.34）即

$$\frac{U_r\omega L_x}{R_1} = \frac{U_r}{N_1}N_2$$

得
$$L_x = \frac{R_1}{N_1\omega}N_2 \qquad\qquad (4.1.36)$$

选择适当的 R_1 和 ω，即可直接读出 L_x 的值。

③ Q 值的测量。将 U_2 作为被测电压，将 U_1（进行极性转换）作为基准电压接入 DVM，有

$$U_2 N_1 = U_1 N_2 \qquad\qquad (4.1.37)$$

将式（4.1.32）和式（4.1.33）代入式（4.1.37）有

$$\frac{U_r}{R_1}\omega L_x N_1 = \frac{U_r}{R_1}R_x N_2$$

即

$$Q_x = \frac{\omega L_x}{R_x} = \frac{1}{N_1}N_2$$

可直接读出 Q 值。

（2）电容-电压变换器。

考虑到电容器常用的等效电路形式，电容-电压转换时，电容采取并联形式。图 4.1.24 所示为其阻抗-交流变换部分。

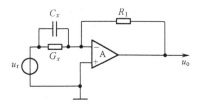

图 4.1.24　电容-电压变换器

利用上述方法，设标准正弦信号为 $u_r = U_r\sin\omega t$，则 $\dot{U}_o$ 为

$$\dot{U}_o = -G_x R_1 U_r\sin\omega t - j\omega C_x R_1 U_r\sin\omega t \qquad\qquad (4.1.38)$$

可得 $U_1 = G_x R_1 U_r$，$U_2 = -\omega C_x R_1 U_r$。

再利用双积分式 DVM，可得

$$\left.\begin{array}{l} C_x = \dfrac{1}{\omega R_1 N_1}N_2 \\[2mm] G_x = \dfrac{1}{R_1 N_1}N_2 \\[2mm] D_x = \tan\delta = \dfrac{G_x}{\omega C_x} = \dfrac{1}{N_1}N_2 \end{array}\right\} \qquad (4.1.39)$$

式（4.1.39）表明，选取适当的参数，电容的电容量、并联导纳及损耗角正切均可直接用数字显示。

3）智能化 LCR 测量仪

国内外主要仪器厂家还生产了内含微处理器的各种 LCR 参数测量仪。这种专用的 LCR 测量仪具有多功能、多参量、多频率、高速度、高精度、大屏幕、菜单方式显示等优点，不过价格较为昂贵。

带微处理器的智能化 LCR 测量仪都基本欧姆定律采用矢量电压-电流法进行测量，把阻抗视为正弦交流电压与电流的复数比值，即

$$Z = \frac{\dot{U}}{\dot{I}} = R + jX \qquad (4.1.40)$$

其基本原理与上述台式 DMM 中的阻抗测试类似，但具体实现方法不同。这里将一个标准阻抗 $\dot{Z}_s$ 与被测阻抗 $\dot{Z}_x$ 串联，如图 4.1.25 所示，得到

$$Z_x = \frac{\dot{U}_x}{\dot{U}_s} Z_s \qquad (4.1.41)$$

这样，对阻抗 Z_x 的测量一变成了两个矢量电压比的测量。完成两个矢量电压的测量方法通常是，用一台电压表通过开关转换分时进行测量。实现两个矢量的除法运算有固定轴法和自由轴法，将矢量除法转换成标量除法。早期产品中采用的固定轴法如图 4.1.26（a）所示，因难以保证两个矢量的相位严格一致，故硬件电路相当复杂，调试困难，可靠性低。现代产品中大多采用了自由轴法，如图 4.1.26（b）所示。自由轴法不把复数阻抗坐标固定在某个指定矢量电压的方向上，坐标轴的选择可以任意，参考电压可以不与任何一个被测电压的方向相同，但应与被测电压之一保持固定的相位关系，如相差 α，且在整个测量过程中保持不变。由图 4.1.26（b）可得

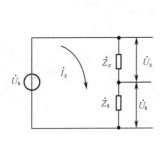

图 4.1.25　引入标准阻抗测试原理

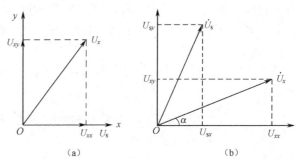

图 4.1.26　固定轴法与自由轴法矢量关系图

$$\dot{U}_x = U_{xx} + j\dot{U}_{xy} \qquad (4.1.42)$$

$$\dot{U}_s = U_{sx} + jU_{sy} \qquad (4.1.43)$$

由此可得

$$Z = -R_s \frac{\dot{U}_x}{\dot{U}_s} = -R_s \frac{U_{xx} + jU_{xy}}{U_{sx} + jU_{sy}}$$

$$= -R_s \left(\frac{U_{xx}U_{sx} + U_{xy}U_{sy}}{U_{sx}^2 + U_{sy}^2} + j\frac{U_{xy}U_{sx} - U_{xx}U_{sy}}{U_{sx}^2 + U_{sy}^2} \right)$$

式中，用标准电阻 R_s 代替 Z_s。显然，只要知道每个矢量在直角坐标轴上的两个投影值，经

过四则运算，便可求出结果。

自由轴法的测量原理框图如图 4.1.27 所示，图中相敏检波器的参考电压由受微处理器控制的自由轴坐标发生器提供，它是任意方向的精确正交基准信号。相敏检波器通过开关选择 $\dot{U}_x$ 和 $\dot{U}_s$，并得到它们的投影分量，然后由 A/D 转换成数字量，经接口电路送到微处理器系统中存储，最后 CPU 对其进行计算得到待测数。

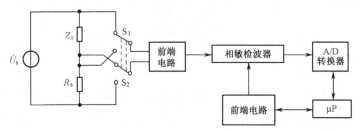

图 4.1.27　自由轴法原理框图

交流电压 $\dot{U}_x$ 和 $\dot{U}_s$ 的测量包括幅度和相位测量，方法是用相敏检波器对每个电压进行两次测量。在两次测量中，相敏检波器参考电压是正交的，应有精确的 90° 相位差关系。对于参考电压与被测信号电压之间的相互关系，只要求相对稳定而不要求精确确定。

自由轴法虽然采用矢量电流-电压法的基本原理，但由于其精确的正交坐标系主要靠软件来产生和保证，因此硬件电路大大简化，还消除了固定轴法难以克服的同相误差，提高了精确度。同时被测参数是通过计算获得的，因而除能得到常用的 C、L、R、损耗角正切值 D、品质因数 Q、等效串联电阻 R_{ES} 以外，还能方便地计算出其他多种阻抗参量，如阻抗模值 $|Z_x|$、导纳模值 $|Y|$、串联电抗 X、并联电纳 B、并联电导 G、阻抗相角 θ 等。

目前智能化 LCR 测量仪仍在向宽量程、高准确度、智能化和兼有测量与分选两种功能的方向发展。当前参数可测范围及准确度如下：

- 电阻 R：$0.01\mu\Omega \sim 10^{18}\Omega$，准确度 $\pm 0.001\%$。
- 电容 C：$10^{-19} \sim 20F$，准确度 $\pm 10^{-6}$。
- 电感 L：$0.01nH \sim 20mH$，准确度 $\pm 0.05\%$。

表 4.1.4 所示为当前国内外几种典型产品的性能参数对比。

表 4.1.4　几种典型产品的性能参数对比

	HP4284A	PM6304	YY2815	YY2812	AV2781A
测量参数	$L, C, R, Q, D, RES, G, X,$ $B, \theta, |Z|$	$L, C, R, Q, D, \theta,$ $|Z|$	$L, C, R, G, Q, D,$ $|Z|, \theta$	L, C, R, Q, D	$L, C, R, Q, D, RES,$ $G, X, B, \theta, |Z|$
测量信号	20Hz～1MHz 8610 点 5mV～20V	50Hz～100kHz 105 点 5mV，1V，2V	20Hz～300kHz 42 点 10mV～5V 131 点	100Hz，1kHz， 10kHz 250mV±15mV	50Hz～100kHz 193 点 10mV～1.27V 127 点
测量范围	0.01mΩ～99.9999MΩ 0.01pF～9.9999F 0.01nH～99.999kH	0～200MΩ 0～31.8F 0～637kH	0.2Ω～12MΩ 20pF～1800F 3μH～200H	0～1MΩ 0～1600F 0～800H	0.2Ω～8MΩ 1pF～3200F 1μH～1300H
基本精度	0.05%	0.05%	0.05%	0.1%	0.1%

最后，表 4.1.5 归纳吧本节讨论的各种阻抗测量仪器的分类、采用的方法、优缺点及频

率覆盖范围等，以加深对阻抗测量的系统认识。

表 4.1.5　常用阻抗测量仪器的分类与方法比较表

类　别	仪器分类	采用方法	优　点	缺　点	频率范围	一般应用
模拟阻抗测量仪器	万用电桥、惠斯通电桥等各种电桥仪器	电桥法	高精度（典型值为0.1%），使用不同电桥可得宽频率范围，价格低	需要手动平衡，单台仪器的频率覆盖范围较窄	DC～300MHz	标准实验室
	多用表；可变电阻器；参数测量仪	电压-电流法	可测量接地器件，适合于探头类测量需要	工作频率范围受使用探头的互感器的限制	10kHz～100MHz	接地器件测量
	Q 表	谐振法	可测很高的 Q 值	需调谐到谐振，阻抗测量精度低	10kHz～70MHz	高 Q 值器件测量
数字阻抗测量仪器	LF 阻抗测量仪	自动平衡电桥法	从低频至高频的宽频率范围，且宽阻抗测量范围内具有高精度	不适应更高的频率范围	20Hz～110MHz	通用元件测量
	射频阻抗分析仪	矢量电压-电流法	高频范围内具有高精度（0.1%典型值）和宽阻抗范围	工作频率范围受限于探头使用的互感器	1MHz～3GHz	射频元件测量
	网络分析仪	网络分析法	高频率范围，当被测阻抗接近特征阻抗时得到高精度，可测量接地器件	改变测量频率需要重新校准，阻抗测量范围窄	300kHz或更高	射频元件测量

4.1.4　晶体管特性图示仪

　　晶体管特性图示仪是由测试晶体管特性参数的辅助电路和示波器组成的专用仪器，也是电子线路实验常用的仪器之一。使用晶体管特性图示仪，可在荧光屏上直接观测晶体管的各种特性曲线，通过标尺刻度可直接读取测晶体管的各项参数，。

　　下面以测定 NPN 型晶体管共射极输出特性为例，来为说明晶体管特性图示仪的基本工作原理。首先，了解点测法测量晶体管输出特性曲线的步骤和方法，测试电路如图 4.1.28（a）所示。

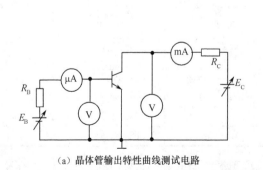

（a）晶体管输出特性曲线测试电路　　　　　（b）晶体管输出特性曲线、晶体管输出特性测试

图 4.1.28　晶体管输出特性曲线及测试电路

晶体管的输出特性曲线定义为，当基极电流 I_B 为某一定值时，集电极和发射极之间的电压 U_{CE} 与集电极电流 I_C 之间的关系，即

$$I_C = f(U_{CE})|I_B = C$$

步骤为，首先固定一个 I_B，然后从 $0\sim V_{CC}$ 改变电源电压，分别测得不同 U_{CE} 对应的 I_C 值。再固定 I_B 为另一值，重复上述步骤，测得不同 U_{CE} 对应的 I_C 值。以此类推，便可得到不同 I_B 时的一组共发射极晶体管的输出特性曲线，如图 4.1.28（b）所示。

从以上测试步骤可以看出，要将这组曲线自动显示在示波管的荧光屏上，应具备下列三个条件。

（1）对应每个测试步骤，需要提供不同的基极注入电流 I_B，电流 I_B 在图示仪中是用基极阶梯电流来实现的。

（2）对于每个固定的 I_B 值，需要改变一次集电极的电源电压 V_{CC}，电压 V_{CC} 在图示仪中是将 50Hz 交流电源经全波整流而得到的。

（3）把 I_C 和 U_{CE} 的数据及时取出，分别送到示波管的 Y 轴和 X 轴偏转板上，显示特性曲线。在图示仪中，U_{CE} 直接从晶体管的集电极和发射极之间取出，经放大后送到示波管的 X 轴偏转板。因为示波管的偏转板上必须加的是电压，所以在 I_C 回路中接入一个电阻 R_S（称为取样电阻），利用关系式 $U_S = I_C R_S$ 就可得到正比于 I_C 的电压 U_S，然后把 U_S 放大后加到 Y 轴偏转板上，便可在示波管的荧光屏上显示晶体管输出特性曲线，图 4.1.29 所示的就是图示仪显示晶体管输出特性曲线的基本原理。

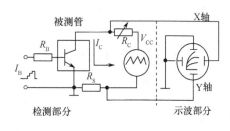

图 4.1.29　图示仪显示晶体管输出特性的原理

完整的晶体管特性图示仪的原理框图如图 4.1.30 所示。它由下列几个单元电路组成：阶梯波发生器、阶梯波放大器、集电极扫描电源、主电源、高频高压电源、示波管和测试转换开关。

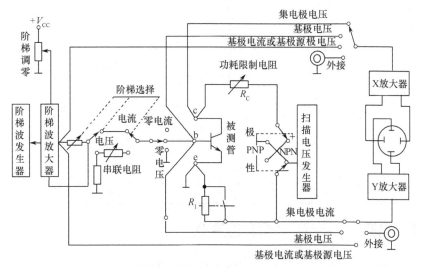

图 4.1.30　晶体管特性图示仪原理框图

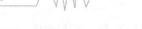

4.2 简易电阻、电容和电感测量仪设计

[1995 年全国大学生电子设计竞赛（D 题）]

1. 任务

设计并制作一台数字显示的电阻、电容和电感参数测试仪，示意框图如图 4.2.1 所示。

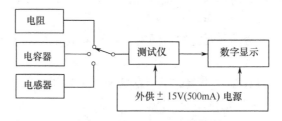

图 4.2.1 设计示意框图

2. 要求

1）基本要求

（1）测量范围：电阻为 $100\Omega \sim 1M\Omega$；电容为 $100 \sim 10000pF$；电感为 $100\mu H \sim 10mH$。

（2）测量精度：±5%。

（3）制作 4 位数码管显示器，显示测量数值，并用发光二极管分别指示所测元件的类型和单位。

2）发挥部分

（1）扩大测量范围。

（2）提高测量精度。

（3）测量量程自动转换。

3. 评分意见

	项　　目	得　　分
基本要求	设计与总结报告：方案设计与论证，理论计算与分析，电路图，测试方法与数据，结果分析	50
	实际制作完成情况	50
发挥部分	完成第（1）项	9
	完成第（2）项	9
	完成第（3）项	12
	特色与创新	20

4.2.1 电阻、电容和电感测量原理

单独测量电阻、电容或电感的方法很多，测量电阻的方法较简单。电容、电感是对时变信号较为敏感的元件，可将电容、电感量转化为与时间或频率有关的量，通过测量时间或频率求出待测电容值或电感值。

阻抗测量一般采用交流驱动，在 $L < 100\mu H$、$C < 100pF$ 时使用的信号源频率最好为 10kHz，在 $L > 100mH$ 和 $C > 1\mu F$ 时应使用较低的频率，如 100/120Hz，$R < 1M\Omega$ 时受频率影响不大，$R > 1M\Omega$ 时应使用 100/120Hz，$f = 1kHz$ 用于 L、C、R 的中值测量。

阻抗测量通常有如下方法。

1．交流电桥测量法

交流电桥的构造及原理均与直流惠斯通电桥相同，如图 4.2.2 所示。电源用交流电，四臂的阻抗 Z_1、Z_2、Z_3、Z_4 可以用电阻、电容、电感或其组合，电桥平衡的条件是

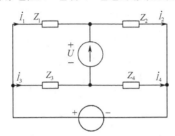

图 4.2.2 交流电桥测量原理图

$$Z_1 Z_4 = Z_2 Z_3 \tag{4.2.1}$$

在正弦交流电源作用下，式（4.2.1）用复数表示为

$$Z_n = |Z_n| \exp(j\phi_n) \tag{4.2.2}$$

电桥平衡条件可改写为

$$|Z_1 Z_4| = |Z_2 Z_3| \tag{4.2.3}$$

$$\phi_1 + \phi_4 = \phi_2 + \phi_3 \tag{4.2.4}$$

此条件显示交流电桥不同于直流电桥：首先，条件有两个，因此需要调节两个参数才能使电桥平衡；其次，阻抗的多样性可以组成各具特色的电桥，但并非所有电桥都能同时满足式（4.2.3）和式（4.2.4）而达到平衡。

测量电容时可用图 4.2.3 所示的线路，R_1、R_2 为纯电阻，C_0 为可调标准电容，C 为待测电容。交流电流通过电容时必有损耗，相当于有内阻 r_c，标准电容在低频时损耗可以忽略，必须串接一可变电阻 R_0 才有可能满足平衡条件。

$$\begin{cases} Z_1 = R_1 \\ Z_2 = R_2 \\ Z_3 = R_0 + \dfrac{1}{j\omega C_0} \\ Z_4 = r_c + \dfrac{1}{j\omega C} \end{cases} \tag{4.2.5}$$

平衡条件为

$$\begin{cases} C = \dfrac{R_2}{R_1} C_0 \\ r_c = \dfrac{R_1}{R_2} R_0 \end{cases} \tag{4.2.6}$$

测试电感时采图 4.2.4 所示的电路，它称为麦克斯韦电桥。

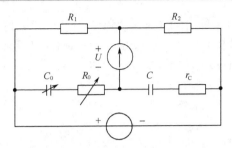

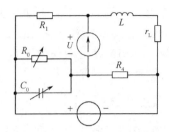

图 4.2.3　交流电桥法测电容原理图　　　　图 4.2.4　交流电桥法测电感原理图

$$
\begin{cases}
Z_1 = R_1 \\
Z_4 = R_4 \\
Z_2 = r_L + j\omega L \\
Z_3 = 1 / \left(\dfrac{1}{R_0} + j\omega C_0 \right)
\end{cases}
\tag{4.2.7}
$$

平衡条件为

$$
\begin{cases}
L = R_1 R_4 C_0 \\
r_L = \dfrac{R_1 R_4}{R_0}
\end{cases}
\tag{4.2.8}
$$

2．比例测量法

若不考虑电容、电感的损耗电阻，电阻、电感和电容可按图 4.2.5 所示的测量方法测量。驱动电源采用谐波分量较少的交流恒流源。测量电阻、电感和电容时，Z_0 分别取标准的参考电阻、电感和电容。由图中的电路可得下列等式：

$$
\frac{U_0}{U_x} = \frac{Z_0}{Z_x} = \frac{R_0}{R_x} = \frac{C_x}{C_0} = \frac{L_0}{L_x}
\tag{4.2.9}
$$

式中，R_0、C_0、L_0 为标准参考元件，R_x、C_x、L_x 为待测元件。

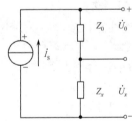

图 4.2.5　矢量法测阻抗原理图

$L < 100\mu H$、$C < 100pF$ 时使用的频率最好为 $10kHz$，$L > 100mH$、$C > 1\mu F$ 时应使用较低的频率，如 $100/120Hz$，$R < 1M\Omega$ 时受频率影响不大，$R > 1M\Omega$ 时应使用较低的频率，如 $100/120Hz$，$f = 1kHz$ 用于 L、C、R 的中值测量。

3．矢量测量法

若将图 4.2.5 中的参考阻抗 Z_0 用标准参考电阻代替，则有

$$
Z_x = \frac{\dot{U}_x}{\dot{U}_0} R_0 = \frac{U_{xx} + jU_{xy}}{U_{0x} + jU_{0y}} R_0
\tag{4.2.10}
$$

式中，U_{xx}、U_{xy} 和 U_{0x}、U_{0y} 分别为矢量 $\dot{U}_x$ 和 $\dot{U}_0$ 的实部、虚部。

$$\begin{cases} Z_x = R_x + \mathrm{j}X_x \\[2mm] R_x = \dfrac{U_{xx}U_{0x} + U_{xy}U_{0y}}{U_{0x}^2 + U_{0y}^2} R_0 \\[4mm] L_x = \dfrac{U_{xy}U_{0x} - U_{xx}U_{0y}}{U_{0x}^2 + U_{0y}^2} \dfrac{R_0}{\omega} \\[4mm] C_x = \dfrac{U_{0x}^2 + U_{0y}^2}{U_{xy}U_{0x} - U_{xx}U_{0y}} \dfrac{1}{\omega R_0} \end{cases} \quad （4.2.11）$$

使用全波乘法式相敏检波器可求出矢量的实部、虚部。

全波乘法式相敏检波器实质上就是一个四象限模拟乘法器，其符号如图 4.2.6 所示。

设模拟乘法器的放大系数为 A，若参考信号输入为

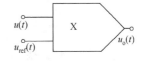

图 4.2.6 四象限模拟乘法器符号

$$u_{\mathrm{ref}} = U_{\mathrm{rm}}\sin(\omega t + \theta)$$

输入信号 u_{i} 为

$$u_{\mathrm{i}} = U_{\mathrm{im}}\sin(\omega t + \varphi)$$

则输出信号为

$$\begin{aligned} u_{\mathrm{o}}(t) &= A U_{\mathrm{im}} U_{\mathrm{rm}}\sin(\omega t + \varphi)\sin(\omega t + \theta) \\ &= \frac{A U_{\mathrm{im}} U_{\mathrm{rm}}}{2}\ [\cos(\varphi - \theta) - \cos(\omega t + \varphi + \theta)] \\ &= K U_{\mathrm{im}}[\cos(\varphi - \theta) - \cos(2\omega t + \varphi + \theta)] \end{aligned}$$

经低通滤波后，相敏检波器的输出为

$$U_{\mathrm{o}} = K U_{\mathrm{im}}\cos(\varphi - \theta)$$

$$U_{\mathrm{o}} = \begin{cases} K U_{\mathrm{im}}\cos\varphi, & \theta = 0 \\ K U_{\mathrm{im}}\sin\varphi, & \theta = \pi/2 \end{cases} \quad （4.2.12）$$

由式（4.2.10）可知，只要测得矢量 Z_x 的两个虚、实部电压，则可求出 Z_x。

4.2.2　系统设计

由上述阻抗测量的原理可知：采用交流电桥法，要调节两个参数才能使电桥平衡，电路调整复杂，且不便于自动化测量；比例测量法尽管简单，但因忽略了待测元件的损耗，所以测量精度不高，且为适用不同挡位的测量，所需的标准参考元件较多。本设计方案选定矢量测量法，其原理框图如图 4.2.7 所示。

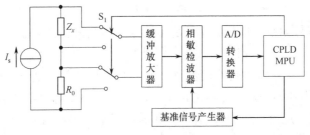

图 4.2.7　系统原理框图

1. 基准信号产生器

LCR 测试需要一个正弦激励信号源和与该激励信号同频正交（相差 90°）的测相参考信号。为此，这里采用直接数字频率合成器（DDS）技术产生上述较为精确的信号。DDS 是一种采用数字化技术通过控制相位的变化速度，直接产生各种不同频率信号的频率合成方法。DDS 具有较高的频率分辨率，可实现快速的频率切换且在频率改变时能够保持相位连续，很容易实现频率、相位和幅度的数控调制，其原理框图如图 4.2.8 所示。

DDS 主要由标准参考频率源、相位累加器、波形存储器、数模转换器、低通平滑滤波器等构成。其中，参考频率源一般是一个高稳定度的晶体振荡器，其输出信号用于 DDS 中各部件的同步。DDS 实质上是对相位进行可控等间隔采样。

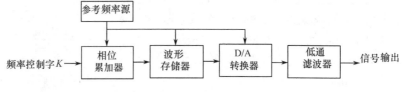

图 4.2.8 DDS 基本原理框图

相位累加器的结构如图 4.2.9 所示。它是实现 DDS 的核心，由一个 N 位字长的加法器和一个固定时钟脉冲取样的 N 位相位寄存器组成。将相位寄存器的输出和外部输入的频率控制字 K 作为加法器的输入，在时钟脉冲到达时，相位寄存器对上一个时钟周期内相位加法器的值与频率控制字 K 之和进行采样，作为相位累加器此刻时钟的输出。相位累加器输出的高 M 位作为波形存储器查询表的地址，从波形存储器中读出相应的幅度值送到数模转换器。

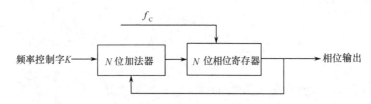

图 4.2.9 相位累加器结构示意图

当 DDS 正常工作时，在标准参考频率源的控制下，相位累加器不断地进行相位线性累加（每次累加值为频率控制字 K），当相位累加器积满时就会产生一次溢出，从而完成一个周期性的动作，这个周期就是 DDS 合成信号的频率周期。输出信号波形的频率为

$$f_{\text{out}} = \frac{\omega}{2\pi} = \frac{\frac{2\pi}{2^N} \cdot K f_c}{2\pi} = \frac{K f_c}{2^N} \tag{4.2.13}$$

式中，f_{out} 为输出信号频率；K 为频率控制字；N 为相位累加器字长；f_c 为标准参考频率源工作频率。显然，$K = 1$ 时输出最小频率，即频率分辨率为 $f_{\text{min}} = f_c / 2^N$。

数字分频器的分频系数由软件设置。7.68MHz 的时钟信号经数字分频器分频后产生 256 分频系数，8 个输出端为波形存储器的地址线，让这 8 路信号去寻址信号 RAM，RAM 内存储有 256 个按正弦规律存放的数据，RAM 输出经 D/A 转换器得到阶梯正弦波，经幅度控制、滤波就得到了测试信号。合成信号频率可由外部单片机控制，可分别得到 100Hz、

1kHz 和 10kHz 的适应不同量级阻抗的测量。

本设计的基准信号产生及相敏检波器的原理框图如图 4.2.10 所示。

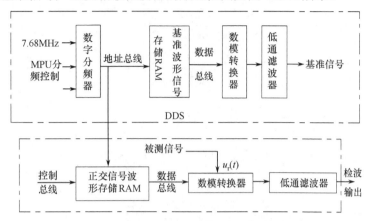

图 4.2.10　基准信号产生及相敏检波器的原理框图

2．相敏检波器

设计中，相敏检波器采用准数字相敏检波器，其原理框图如图 4.2.10 所示。被测信号接数模转换器的 U_{ref} 端，$D_0 \sim D_7$ 输出与基准信号同步且正交的波形数据，因此在产生基准信号的同时，也产生同频率的正交信号。利用 DAC 的输出等于 U_{ref} 端信号输入数字相乘的特性，就可实现准数字全波鉴相。

根据图 4.2.10 所示的相敏检波器框图，设 U_{ref} 端的输入信号为 $U_{ref} = U_{im}\sin(\omega t + \varphi)$；正交信号波形存储 RAM 存储的波形为 $U_{ram} = U_{rm}\sin(\omega t + \theta)$，$\theta = 0$ 或 $\pi / 2$；正交信号波形存储 RAM 输出数据的时间间隔为 τ；D/A 转换器的数字位数为 m，则准数字相敏检波器的输出信号为

$$U_{out} = \frac{1}{2^m - 1}U_{im}\sin(\omega n\tau + \varphi)\sum_{n=0}^{\infty} \{U_{rm}\sin(\omega n\tau + \theta)[u(t - n\tau) - u(t - (n+1)\tau)]\}$$

$$= \frac{1}{2^m - 1}U_{im}U_{rm}\sum_{n=0}^{\infty} \{\sin(\omega n\tau + \varphi)\sin(\omega n\tau + \theta)[u(t - n\tau) - u(t - (n+1)\tau)]\}$$

$$= \frac{1}{2^m - 1}\frac{U_{im}U_{rm}}{2}\sum_{n=0}^{\infty} \{[\cos(\varphi - \theta) - \cos(2\omega n\tau + \varphi + \theta)][u(t - n\tau) - u(t - (n+1)\tau)]\}$$

输出信号经低通滤波后有

$$U_{out} = KU_{im}\cos(\varphi - \theta) \tag{4.2.14}$$

$$U_{out} = \begin{cases} KU_{im}\cos(\varphi) & \theta = 0 \\ KU_{im}\sin(\varphi) & \theta = \dfrac{\pi}{2} \end{cases} \tag{4.2.15}$$

式中，K 为比例参数。

3．测量精度的考虑

以电阻为例，由式（4.2.11）可知

$$R_x = \frac{U_{xx}U_{0x}+U_{xy}U_{0y}}{U_{0x}^2+U_{0y}^2}R_0 = \left(\frac{U_{xx}U_{0x}}{U_{0x}^2+U_{0y}^2}+\frac{U_{xy}U_{0y}}{U_{0x}^2+U_{0y}^2}\right)R_0$$

$$dR_x = \left(\frac{\partial R_x}{\partial U_{xx}}dU_{xx}+\frac{\partial R_x}{\partial U_{0x}}dU_{0x}+\frac{\partial R_x}{\partial U_{xy}}dU_{xy}+\frac{\partial R_x}{\partial U_{0y}}dU_{0y}\right)R_0$$

$$= \left\{ \begin{aligned} &\frac{U_{0x}}{U_{0x}^2+U_{0y}^2}dU_{xx}+\frac{U_{0y}}{U_{0x}^2+U_{0y}^2}dU_{xx}+\frac{U_{xx}}{U_{0x}^2+U_{0y}^2}\left(1-\frac{2U_{0x}^2}{U_{0x}^2+U_{0y}^2}\right)dU_{0x}+\\ &\frac{U_{xy}}{U_{0x}^2+U_{0y}^2}\left(1-\frac{2U_{0y}^2}{U_{0x}^2+U_{0y}^2}\right)dU_{0y} \end{aligned} \right\} R_0$$

$$= \left\{ \begin{aligned} &\frac{U_{0x}U_{xx}}{U_{0x}^2+U_{0y}^2}\frac{dU_{xx}}{U_{xx}}+\frac{U_{0y}U_{xy}}{U_{0x}^2+U_{0y}^2}\frac{dU_{xy}}{U_{xy}}+\frac{U_{xx}U_{0x}}{U_{0x}^2+U_{0y}^2}\frac{dU_{0x}}{U_{0x}}+\\ &\frac{U_{xy}U_{0y}}{U_{0x}^2+U_{0y}^2}\frac{dU_{0y}}{U_{0y}}-\frac{2U_{xx}U_{0x}^2}{U_{0x}^2+U_{0y}^2}dU_{0x}-\frac{2U_{xy}U_{0y}^2}{(U_{0x}^2+U_{0y}^2)^2}dU_{0y} \end{aligned} \right\} R_0$$

设 $\left|\dfrac{dU_{xx}}{U_{xx}}\right|$, $\left|\dfrac{dU_{0x}}{U_{0x}}\right|$, $\left|\dfrac{dU_{xy}}{U_{xy}}\right|$, $\left|\dfrac{dU_{0y}}{U_{0y}}\right|$ 分别为测量量 U_{xx}, U_{0x}, U_{xy}, U_{0y} 的相对偏差，设测量量相对偏差的最大值为 K，则测量电阻值的最大相对偏差为

$$\left|\frac{dR_x}{R_x}\right| \leqslant 4K \tag{4.2.16}$$

由式（4.2.16）和题中的精度要求得，测量的相对精度应小于 1.25%。

由式（4.2.14）得

$$dU_{out} = K\cos(\varphi-\theta)dU_i + KU_i\sin(\varphi-\theta)d\theta$$

$$\left|\frac{dU_{out}}{U_{out}}\right| \leqslant \left|\frac{dU_i}{U_i}\right| + \left|\frac{\sin(\varphi-\theta)}{\cos(\varphi-\theta)}d\theta\right| \tag{4.2.17}$$

由式（4.2.17）可知：前项为幅度测量偏差，应小于 1.25%；后项为测量时的相位偏差，它应尽可能小到使 $d\theta$ 为 0，即参考输入信号与标准激励信号严格正交。

4. DDS 电路

DDS 电路采用大规模可编程逻辑电路来实现，其原理框图和电路原理图分别如图 4.2.8 和图 4.2.9 所示。可编程逻辑芯片选用 Altera 公司的 5V 供电的 EPF10K10 芯片，封装采用 PLCC84 封装，此芯片内部集成有 576 个逻辑单元、6144 位逻辑 RAM。数模转换选用 AD 公司的数模转换器 AD7524，它是一种高速电流输出型 8 位数模转换器，其典型电流建立时间为 100ns，能满足设计中的精度和带宽要求。在图 4.2.11 中，由 CPLD 输出的波形数据经 U_{202}（AD7524）、U_{203}、U_{201}（OP07）实现双极性模拟信号输出，其输出信号幅度与 DAC 参考电压的关系如表 4.2.1 所示，电阻 R_B 可调节输出电压幅度。滤波器输出经 U_{204}（OP07）缓冲作为测量电路的激励信号。

DDS 设计电路产生的波形存在高次谐波，须进行低通滤波使波形平滑。为使通带内的起伏最小，采用了巴特沃斯二阶低通滤波器，其截止频率为 $f_c = 1/2\pi RC$。由于只需产生 1kHz 的正弦信号，本系统设计的滤波器的截至频率为 2kHz，选取 $C = 1\mu F$，经计算取 $R = 80\Omega$。

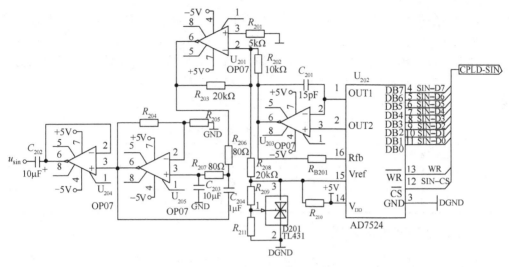

图 4.2.11　DDS 电路

表 4.2.1　输出信号幅度与 DAC 参考电压的关系

输入数据	模拟输出	输入数据	模拟输出
MSB LSB		MSB LSB	
11111111	U_{ref}（127/128）	01111111	$-U_{ref}$（1/128）
10000001	U_{ref}（1/128）	00000001	$-U_{ref}$（127/128）
10000000	0	00000000	$-U_{ref}$

5. 信号调理电路

信号调理电路形成阻抗端测量电压，它由标准电阻构成的挡位变换电路、可变增益放大电路组成，所有电路的切换由单片机自动完成。其原理图如图 4.2.12 所示。

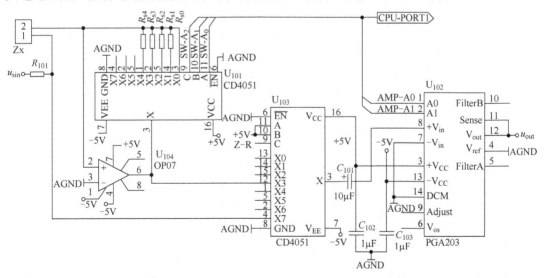

图 4.2.12　信号调理电路原理图

电路的前级放大采用输入偏置电流较小的 OP07 单运放，挡位及测量电压切换采用

CD4051 多路模拟切换开关，可变增益放大采用 PGA203（U_{102}）。PGA203 增益与控制逻辑的关系如表 4.2.2 所示。测量激励信号由 u_{sin} 输入，经待测阻抗、标准电阻、挡位切换开关至放大器 U_{104} 的输出。假设 U_{104} 的输入偏置电流很小，则流经待测阻抗和标准电阻的电流相同。U_{104} 运放的反向输入端相当于"虚地"，电压切换芯片 U_{103} 切换的电压即为待测阻抗和标准电阻上的端电压。

表 4.2.2 PGA203 增益与控制逻辑的关系

A_1	A_0	增益	误差	A_1	A_0	增益	误差
0	0	1	0.05%	1	0	4	0.05%
0	1	2	0.05%	1	1	8	0.05%

6. 准数字相敏检波电路

准数字相敏检波电路完成矢量电压虚、实部电压值的转换，其原理框图及电路原理图分别如图 4.2.10 和图 4.2.13 所示。准数字相敏检波的原理如前所述，电路借鉴 DDS 电路。矢量信号由 U_{out} 端输入至 AD7524 的参考电压 U_{ref} 端，AD7524 的数字输入端输入 CPLD 产生的与激励信号正交、同步的波形数据，其输出端经二阶巴特沃斯滤波接至模数转换的模拟输入端。

7. 控制电路

控制电路主要由单片机、大规模可编程逻辑器件、显示器及数模转换电路组成，它完成对整个电路的逻辑控制、测量计算及显示，其原理电路图如图 4.2.14 所示。

为保证显示精度及测量范围达到题目的要求，显示采用 5 位数码管，其中小数显示 2 位；量程单位采用 3 个发光二极管显示。模数转换采用具有转换双极性模拟信号功能的 AD7821 芯片。

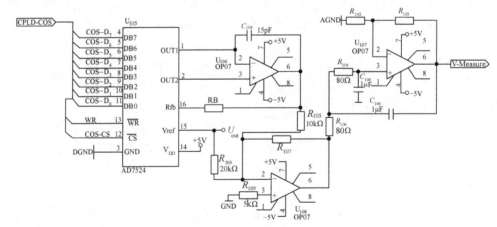

图 4.2.13 准数字相敏检波电路

4.2.3 测量系统误差的消除

系统精度主要靠使用器件的精度保证。本设计中，标准电阻选用精度为 1% 的金属膜电阻，在对整个模拟信号的处理中尽可能使其直流分量为 0。为消除系统误差，可采用正、反相信号激励取平均的方法，这在 CPLD 与单片机控制下很容易实现。

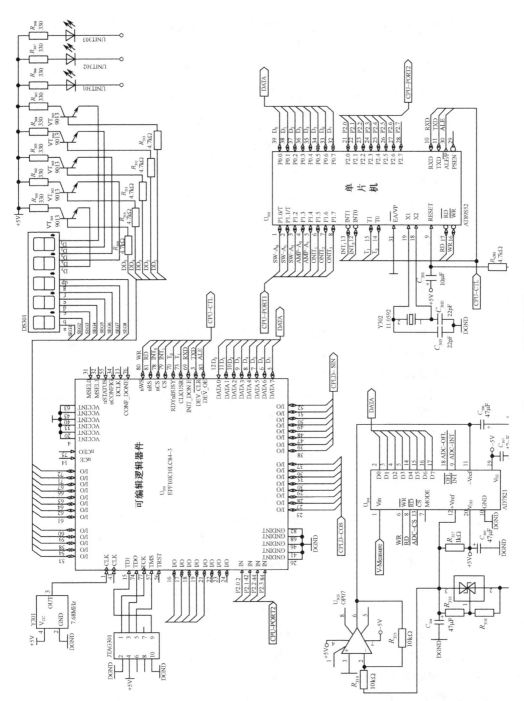

图 4.2.14　电路原理图

4.3 集成运算放大器参数测量仪设计

[2005 年全国大学生电子设计竞赛（B 题）]

1. 任务

设计并制作一台能测试通用型集成运算放大器参数的测试仪，示意图如图 4.3.1 所示。

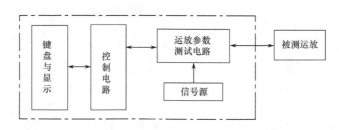

图 4.3.1 设计任务示意图

2. 要求

1）基本要求

（1）智能测试 U_{IO}（输入失调电压）、I_{IO}（输入失调电流）、A_{udo}（交流差模电压增益）和 K_{CMR}（交流共模检测比）4 项参数，显示器最大显示数为 3999。

（2）各项被测参数的测量范围及精度如下（被测运放的工作电压为 ±15V）。

U_{IO}：测量范围为 0～40mV（量程为 4mV 和 40mV），误差绝对值小于 3%，读数+1 个字。

I_{IO}：测量范围为 0～4μA（量程为 0.4μA 和 4μA），误差绝对值小于 4μA，读数+1 个字。

A_{udo}：测量范围为 60～120dB，测量误差绝对值小于 3dB。

K_{CMR}：测量范围为 60～120dB，测量误差绝对值小于 3dB。

（3）测量仪中的信号源（自制）用于 A_{udo}、K_{CMR} 参数的测量，要求信号源输出频率为 5Hz，输出电压有效值为 4V 的正弦波信号，频率与电压值误差绝对值小于 1%。

（4）按照本题所提供的符合 GB3442—82 的测试原理图（见图 4.3.2 至图 4.3.4），再制作一组符合该标准的测试 U_{IO}、I_{IO} 和 K_{CMR} 参数的测试电路，以此测试电路的结果作为测试结果标准，对制作的运放参数测试仪进行标定。

2）发挥部分

（1）增加电压模拟运放 BWG（单位增益带宽）参数测量功能，要求测量频率范围为 100kHz～3.5MHz，测量时间≤10s，频率分辨率为 1kHz。

（2）为此设计并制作一个扫频信号源，要求输出频率范围为 40kHz～4MHz，频率误差绝对值小于 1%；输出电压的有效值为 2V±0.2V。

（3）增加自动测量（含自动量程转换）功能。该功能启动后，能自动按 V_{IO}，I_{IO}，A_{udo}，K_{CMR} 和 BWG 的顺序测量、显示并打印以上 5 个参数的测量结果。

（4）其他。

3．评分意见

	项　　目	得　　分
基本要求	设计与总结报告：方案比较、设计与论证，理论分析与计算，电路图及有关设计文件，测试方法与仪器，测试数据及测试结果分析	50
	实际制作完成情况	50
发挥部分	完成第（1）项	30
	完成第（2）项	15
	其他	5

4．说明

（1）为了制作方便，被测运放的型号选定为 8 引脚双列直插式电压模拟运放 F741（LM741、μA741、F007 等）通用型运算放大器。

（2）为测试方便，自制的信号源应预留测量端子。

（3）测试时用到的打印机自带。

5．附录

参照 GB3442—82 标准，V_{IO}，I_{IO}，A_{udo} 和 K_{CMR} 参数的测试原理图分别如图 4.3.2、图 4.3.3 和图 4.3.4 所示。图 4.3.3 和图 4.3.4 中的信号源可采用现成的信号源。为保证测试精度，外接测试仪表（信号源和数字电压表）的精度应比自制运放参数测试仪的精度高一个数量级。

（1）U_{IO}，I_{IO} 电参数测试原理图。

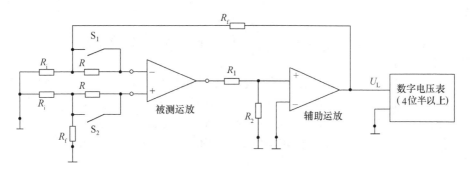

图 4.3.2　V_{IO}，V_{IO} 电参数测试原理图

① 在 S_1、S_2 闭合时，测得辅助运放的输出电压记为 U_{LO}，有

$$U_{IO} = \frac{R_i}{R_i + R_f} \cdot U_{LO}$$

② 在 S_1、S_2 闭合时，测得辅助运放的输出电压为 U_{LO}；在 S_1、S_2 断开时，测得辅助运放的输出电压为 U_{L1}，则有

$$I_{IO} = \frac{R_i}{R_i + R_f} \cdot \frac{U_{L1} - U_{LO}}{R}$$

（2）A_{udo} 电参数的测试原理与测试原理图。

设信号源输出电压为 U_S，测得辅助运放输出电压为 U_{LO}，则有

$$A_{udo} = 20 \lg \left(\frac{U_S}{U_{LO}} \cdot \frac{R_i + R_f}{R_i} \right) dB$$

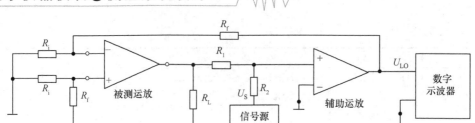

图 4.3.3　A_{udo} 电参数的测试原理与测试原理图

（3）K_{CMR} 电参数的测试原理与测试原理图。

设信号源输出电压为 U_{S}，测得辅助运放输出电压为 U_{LO}，则有

$$K_{\mathrm{CMR}} = 20\lg\left(\frac{U_{\mathrm{S}}}{U_{\mathrm{LO}}} \cdot \frac{R_{\mathrm{i}} + R_{\mathrm{f}}}{R_{\mathrm{i}}}\right)\mathrm{dB}$$

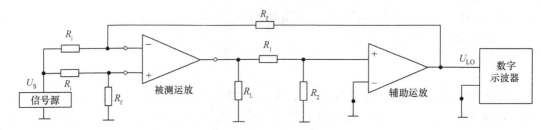

图 4.3.4　K_{CMR} 电参数的测试原理与测试原理图

6．说明

（1）测试采用了辅助放大器测试方法。要求辅助运放的开环增益大于 60dB，输入失调电压和失调电流值小。

（2）为保证测试精度，要求准确测量 R、R_{i}、R_{f} 的阻值，R_1、R_2 的阻值要尽可能一致；I_{IO} 与 R 的乘积应远大于 U_{IO}；I_{IO} 与 $R_{\mathrm{i}} /\!/ R_{\mathrm{f}}$ 的乘积应远小于 U_{IO}。测试电路中的电阻值建议取 $R_{\mathrm{i}} = 100\Omega$、$R_{\mathrm{f}} = 20 \sim 100\mathrm{k}\Omega$、$R_1 = R_2 = 30\mathrm{k}\Omega$、$R_{\mathrm{L}} = 10\mathrm{k}\Omega$、$R = 1\mathrm{M}\Omega$。

（3）建议图 4.3.3、图 4.3.4 中使用的信号源输出为正弦波信号，频率为 5Hz，输出电压有效值为 4V。

4.3.1　集成运算放大器参数测量原理

1．输入失调电压和输入失调电流测试电路

1）输入失调电压 U_{IO} 的测量原理

在 GB3442—86 标准中，将运放的输入失调电压 U_{IO} 定义为"使输出电压为零（或规定值）时，放大器两输入端之间所加的直流补偿电压"。由于 U_{IO} 常为毫伏级，传统测试设备大多采用"被测器件（Device Under Test, DUT）+ 辅助运放"的模式，将毫伏级的小电压转化为伏级的电压进行测量，测量原理图如图 4.3.5 所示。

由于辅助运放 U_2 的作用，整个系统构成一个稳定的负反馈电路，因此

$$U_{\mathrm{D}} = 0$$

$$U_C = \frac{R_1}{R_2}U_S \tag{4.3.1}$$

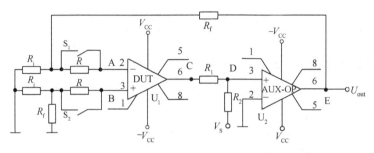

图 4.3.5 输入失调电压和输入失调电流测量原理图

由式（4.3.1）可以看出，改变 U_S 值的大小，可将 DUT 的输出嵌位在希望值。

若 $U_S = 0$，则

$$U_C = 0; \quad U_{IO} = U_A - U_B$$

若 S_1、S_2 闭合，则

$$U_B = 0, \quad \frac{U_E - U_A}{R_f} = \frac{U_A}{R_i}$$

$$U_{IO} = U_A = \frac{R_i}{R_i + R_f}U_E \tag{4.3.2}$$

在上述闭环回路中，DUT 的工作状态与普通运算放大器无异，这种测试的好处是能通过外加电源 U_S 方便地把 DUT 的输出钳位在规定值，同时由于 U_{IO} 多为毫伏级，而将 U_{IO} 放大至伏特级进行测试，闭环增益要大于 1000，对测试设备的要求不高，但受干扰信号影响较大。

2）输入失调电流 I_{IO} 的测量原理

输入失调电流 I_{IO} 的测量原理如图 4.3.5 所示。

（1）按上述步骤求出 I_{IO}。

（2）断开 S_1、S_2，此时运放的两个输入端除失调电压 U_{IO} 外，还有输入电流 I_A 和 I_B 在电阻上所产生的电压，即

$$I_A R - I_B R = (I_A - I_B)R = I_{IO}R$$

根据式（4.3.2），此时辅助运放的输出 U_{E2} 为

$$U_{E2} = (U_{IO} + I_{IO}R) \cdot \frac{R_i + R_f}{R_i}$$

设 S_1、S_2 闭合时测得的 U_E 为 U_{E1}，S_1、S_2 断开时测得的 U_E 为 U_{E2}，则有

$$I_{IO} = \frac{R_i}{R_i + R_f} \frac{U_{E2} - U_{E1}}{R} \tag{4.3.3}$$

2. 开环电压增益 A_{udo} 的测量原理

开环电压增益 A_{udo} 的测量原理如图 4.3.5 所示。

S_1、S_2 闭合时，有

$$U_A = \frac{R_i}{R_i + R_f}U_E$$

$$U_C = -U_A A_{udo} = -\frac{R_i}{R_i + R_f}U_E A_{udo} = -\frac{R_1}{R_2}U_S$$

$$A_{udo} = \frac{U_S}{U_E} \frac{R_1}{R_2} \frac{R_i + R_f}{R_i} \tag{4.3.4}$$

$$A_{udo}（dB） = 20lg\left[\left(\frac{U_S}{U_E} \frac{R_1}{R_2} \frac{R_i + R_f}{R_i}\right)\right]dB \tag{4.3.5}$$

3. 共模抑制比 K_{CMR} 的测量原理

将图 4.3.5 中接入 R_2 的信号源接入 R_i 的输入端，R_2 接地，则构成共模抑制比 K_{CMR} 测量电路，如图 4.3.6 所示。

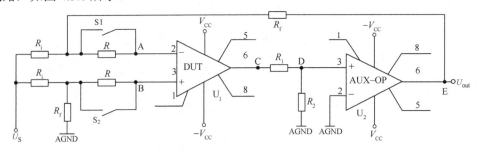

图 4.3.6　共模抑制比 K_{CMR} 测量电路

S_1、S_2 闭合时，有

$$U_s A_{uc} - \frac{R_i}{R_i + R_f} U_E A_{udo} = U_C = 0$$

$$K_{CMR} = \left|\frac{A_{ud}}{A_{uc}}\right| = \frac{U_S}{U_E} \frac{R_i + R_f}{R_i} \tag{4.3.6}$$

4.3.2　系统设计

分析题目后发现该题并不难，但要对开环增益较大、被测量微弱的运放参数进行测量并不容易。题中所给的参考电路是针对早期开环增益不大、失调电压（电流）不小的一种参考电路，因此要想单靠题中给出的参考电路来测量不同等级的运放是不可能的。为此，本设计针对题中给出的 LM741 被测运放或与其同档次的运放进行系统设计。

1. 影响测量的主要因素

造成测量闭环系统不稳的主要因素如下。

（1）辅助运放性能不良。辅助运放与被测运放不能构成稳定的闭环系统，使环路产生振荡。

（2）电路补偿不好。电路分布参数，运放的输入、输出匹配不好，造成环路振荡。

（3）工频干扰。50Hz 工频信号最易从阻值较大的电流采样电阻进入被测运放的输入端，进而进入环路放大，使环路产生振荡。

（4）元件性能不良。元件的精度不高、分布电抗较大，要求严格等值的器件不等值等，都对环路的稳定性、测量的精度有较大的影响。

2. 测试信号源电路的设计

根据题目要求，测试用信号源应输出频率为 5Hz、有效值为 4V 的正弦波信号，频率与电压的误差绝对值均小于 1%；要求扫频信号源的输出频率范围是 40kHz～4MHz，频率分辨率为 1kHz，频率误差绝对值小于 1%，输出电压的有效值为 2V±0.2V。

信号源产生电路有传统的由分立元件构成的信号源、函数发生器、锁相式频率合成器、直接数字频率合成器（DDS）等，前三者所需的分立元件多，分布参数大，调整不方便，因而产生的频率稳定度较差、精度低、抗干扰能力差。直接数字频率合成器（DDS）是继直接频率合成和间接频率合成后发展起来的第三代频率合成技术，其以奈奎斯特时域采样定理为基础，主要通过数字控制方法，从一个参考频率源产生多种频率，在时域内进行频率合成。DDS 具有高速频率转换、高分辨率、高稳定度、低相位噪声，输出信号频率、相位、幅度都能实现程控等特点，是新型数字化高性能频率合成信号源的有效解决方法。

DDS 电路实现方法主要有大规模可编程逻辑 + 数模转换方法（FPGA + DAC）和 DDS 专用芯片方法，两种方法均能实现频率可调、幅度稳定的信号源。

本题因考虑逻辑控制量不多、对信号质量要求较高、信号源对电路的高频辐射要小的特点，选用 DDS 专用芯片 AD8935 来产生所需的信号。

AD9835 芯片是 Analog 公司推出的一款由单片机和计算机控制的 DDS 专用芯片，内部主要集成有数控振荡器（VCO）、相位调制器、余弦查询表和一个 10 位的 D/A 转换器。数控振荡器和相位调制器主要由两个频率寄存器、一个相位累加器和 4 个相位寄存器构成。

1）DDS 原理

DDS 的基本原理框图如图 4.3.7 所示，它主要由标准参考频率源、相位累加器、波形存储器、数模转换器、低通平滑滤波器等构成。其中，参考频率源一般是一个高稳定度的晶体振荡器，其输出信号用于 DDS 中各部件的同步。波形存储 ROM 存放一个余弦信号经取样、量化、编码后形成的余弦函数表。合成时改变相位增量，由于相位增量不同，一个周期内的取样点数也不同，这样产生的余弦信号频率也就不同，从而达到频率合成的效果。DDS 实质上是对相位进行可控的等间隔采样。

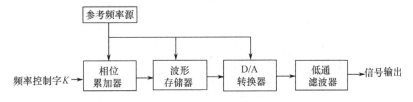

图 4.3.7　DDS 基本原理框图

相位累加器的结构如图 4.3.8 所示。它是实现 DDS 的核心，由一个 N 位字长的加法器和一个固定时钟脉冲取样的 N 位相位寄存器组成。将相位寄存器的输出和外部输入的频率控制字 K 作为加法器的输入，在时钟脉冲到达时，相位寄存器对上一个时钟周期内相位加法器的值与频率控制字 K 之和进行采样，作为相位累加器此刻时钟的输出。相位累加器输出的高 M 位作为波形存储器查询表的地址，从波形存储器中读出相应的幅度值送到数模转换器。

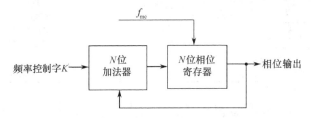

图 4.3.8　DDS 相位累加器原理框图

DDS 正常工作时，在标准参考频率源的控制下，相位累加器不断地进行相位线性累加（每次累加值为频率控制字 K），当相位累加器积满时就会产生一次溢出，从而完成一个周期的动作，这个周期就是 DDS 合成信号的周期。输出信号波形的频率为

$$f_{out} = \frac{\omega}{2\pi} = \frac{\frac{2\pi}{2^N}Kf_c}{2\pi} = \frac{Kf_c}{2^N} \tag{4.3.7}$$

式中，f_{out} 为输出信号频率；K 为频率控制字；N 为相位累加器字长；f_c 为标准参考频率源的工作频率。显然，当 $K=1$ 时输出最小频率，即频率分辨率为 $f_{min} = f_c / 2^N$。

2）AD9835 的应用

AD9835 的内部结构框图如图 4.3.9 所示。它由 1 个 32 位相位累加器，2 个 32 位频率寄存器 F_0 和 F_1（用于设定 K 值），4 个 12 位相位寄存器 P_0、P_1、P_2、P_3 和余弦函数表存储 ROM 组成。程控切换 F_0、F_1 时，可实现 FSK 和扫频功能；程控切换 P_0、P_1、P_2、P_3 时，可实现相位 PSK 调制。

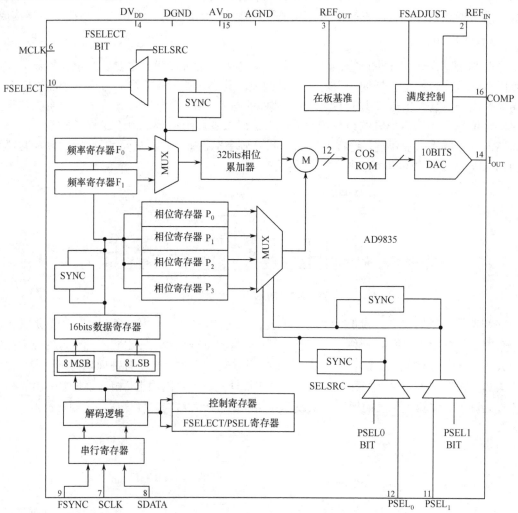

图 4.3.9　AD9835 的内部结构框图

32 位相位累加器的输出值截取高 12 位后与 12 位相位寄存器 P_i（$i = 1, 2, 3, 4$）的值相加，构成 12 位的相位地址，去寻址余弦 ROM 表。寻址得到的幅度值经 10 位高速 D/A 转换后成为合成余弦信号。输出信号对所有 DAC 输出的噪声之比（SNR）主要与 D/A 的位数有关，即与数字量化噪声有关。理论分析可知 10 位 D/A 的 SNR 可达 60.2dB，AD 公司资料给出的 AD9835 的实际 SNR 优于 50dB。输出信号总谐波分量畸变量与两个主信号的频率之比 $m = f_c/f_{out}$ 有关，m 值越大，谐波畸变越小；m 值较小时，谐波畸变较大。为消除 m 较小的谐波畸变，输出端采用 LC 高阶低通滤波器滤除高次谐波。

AD9835 可设定为 SLEEP 和 RESET 工作方式，在 SLEEP 工作方式下功耗仅为 1.75mW。

根据题意，可求 AD9835 的设置参数。

设 $f_c = 50$MHz，最小分辨率设为 $f_{min} = f_c / 2^{32} = 0.01164$kHz < 1kHz，则产生信号的频率为 5Hz 时，$K = 430$，此时实际输出频率 $f_{out} = 5.006$Hz，满足题目精度要求；产生信号频率为 40kHz 时，$K = 3435974$，此时实际输出频率 $f_{out} = 40.002$kHz；产生信号频率为 4MHz 时，$K = 343597384$，此时实际输出频率 $f_{out} = 4.004$MHz；扫描频率步进为 1kHz 时，K 步进步长为 85899，此时实际输出频率步长 $f_{step} = 0.999996$kHz。

AD9835DDS 的电路原理如图 4.3.10 所示。

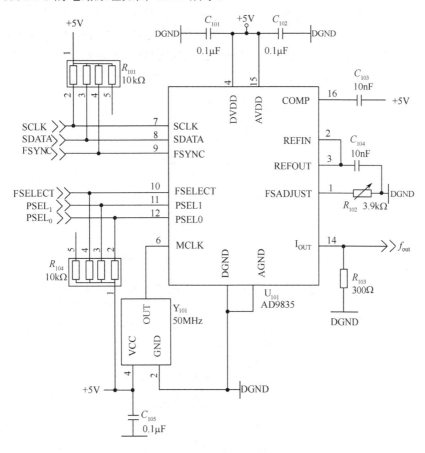

图 4.3.10 AD9835DDS 电路原理图

3）AD9835 输出低通滤波器的设计

AD9835 合成的频率直接来自内部 DAC，其输出信号的频谱分布如图 4.3.11 所示。

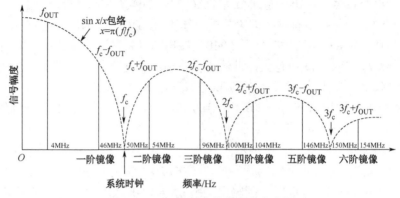

图 4.3.11　DDS 输出信号频谱分布图

由图 4.3.11 可以看出，要尽可能抑制第一镜像频率以上的谐波频率，系统时钟应尽可能高。这里系统频率取 50MHz，输出频率最大达到 4MHz 时，第一镜像频率最小，其大小为 46MHz。因此，低通滤波器选取通带内具有最大平坦度的二阶有源巴特沃斯低通滤波器。因为 AD9835 输出的最大电压为 1.35V，本题要求输出电压有效值分别为 4V（频率 5Hz）和 2V，频率范围为 40kHz～4MHz，于是低通滤波器的放大倍数应首先满足扫频信号源的幅度要求，低通滤波器的截止频率选为 5MHz。二阶有源巴特沃斯低通滤波器的电路图如图 4.3.12 所示。

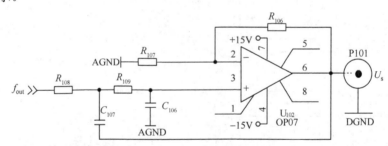

图 4.3.12　二阶有源巴特沃斯低通滤波器电路

图中，通带内的放大倍数为 $1 + \dfrac{R_{106}}{R_{107}} > 1.5$，即 $\dfrac{R_{106}}{R_{107}} > 0.5$；为使滤波器输出 U_s 为 2V，可调节图 4.3.12 中的 R_{106} 值。

于是，图 4.3.12 中的元件应满足

$$\begin{cases} R_{106} / R_{107} > 0.5 \\ R_{106} /\!/ R_{107} = R_{108} + R_{109} \\ R_{108} = R_{109} \\ C_{107} = C_{106} \\ \dfrac{1}{2\pi R_{108} C_{107}} = 5\text{MHz} \end{cases} \tag{4.3.8}$$

该滤波器可将 50MHz 以上的高次谐波降低至-40dB 以下，满足本题的要求。

3．测量电路设计

本题所要测试的参数有 V_{IO}、I_{IO}、A_{udo}、K_{CMR} 和 BWG，前 4 个参数是本题的基本要求，对电路的要求较为苛刻；BWG 参数为电路的发挥部分，相对于前 4 个参数的测量，对电路的要求不是很高。为此，在测试电路中，采用本题提供的标准电路。如前所述，测试电路的重点是考虑环路的稳定性。本电路中辅助运放的选择直接影响环路的稳定性，因此应选取失调电压、失调电流、输入偏置电流小，共模抑制比高、性能优异的运放。本电路的辅助运放选用 Analog 公司的 OP07。消除环路的自激振荡采用两级补偿方法，其电路原理图如图 4.3.13 所示。考虑双电源供电的模拟开关芯片的导通电阻都大于 80Ω，本测量电路采用模拟开关芯片与继电器开关混合的方式进行电路和量程的自动转换，以保证测量的精度，减小电路尺寸。运放 U_3 将 DDS 信号源产生的 2V 信号放大到 4V，并起隔离 DDS 电路与测试电路的作用。模拟开关 U_5 接入 $R_{K1}\sim R_{K3}$ 电阻，以便在测量失调电流时，自动调节不同失调电流的电压取样值；同时，两级补偿措施的第一级补偿由 C_1 完成，第二级补偿由 C_{f1}（C_{f2}）完成。电路中还设计有校准电路，VD_6 既是数模转换电路的参考电源，又是标准直流校准信号源，通过拨码开关 S_1 将标准信号、5Hz/4V 测量信号源信号经检波接入控制电路的数模转换电路，完成对测量电路的校准。

测量失调电压时，R_i 通过继电器 K_3 接地；继电器 K_1 将 R_K 短路；模拟开关 U_7 将反馈电阻 R_{f1}、C_{f1}（R_{f2}、C_{f2}）和输入平衡电阻接入电路。辅助运放的输出经继电器 K_4 输出检波后去控制电路进行量化和处理。

测量失调电流时，R_i 通过继电器 K_3 接地；继电器 K_1 将合适的失调电流的电压取样电阻接入电路；模拟开关 U_7 选择相应的闭环增益。辅助运放的输出经继电器 K_4 输出检波后去控制电路进行量化和处理。

开环增益测量时，继电器 K_3 将 R_i 接地，并将测试信号源信号接入 R_2；继电器 K_1 将 R_K 短路，其他电路与失调电压测试电路一样。

共模抑制比测量电路仅通过继电器 K_3 将开环增益测量电路的信号源与地对换。

增益带宽积测量时，继电器、模拟开关将测试运放从上述测量环路中脱离，单独进行测试以降低电路自激的概率。由 DDS 产生的 2V 扫频信号经 R_{10}、U_7 的 Z_1 端接至被测运放的反向输入端，U_5 将 X 通道全部断开，Y 通道接平衡电阻 R_{K4} 至被测运放的同相输入端，继电器 K_2 将原测量环路断开，并将反馈电阻 R_9 接入被测运放，继电器 K_4 将被测运放的输出接至检波输出电路。

4．模数转换及控制电路

模数转换及控制电路主要由模数转换电路、微处理器、显示电路构成。由于测量电路已将测量控制信号、测量量通过 20 芯插座 P201 全部引出，因此可以采用带以上功能电路的最小系统成品板完成对测量电路的控制、测量计算及结果显示，也可采用图 4.3.14 所示的简单电路完成本题的要求。

图中，微处理器采用 AT89S51，采用 4 位数码管显示测量量，电路还设计了 6 个功能键和与之相对应的 6 个发光数码管，器件可采用带发光二极管的组合按键。打印机接口采用 RS-232 接口，可连接串行微型打印机，完成对所有测量量的打印输出。模数转换采用 Analog 公司的 10 位串行 ADC 芯片 AD7910，可以减少对微处理器 I/O 口的占有数和电路板面积。

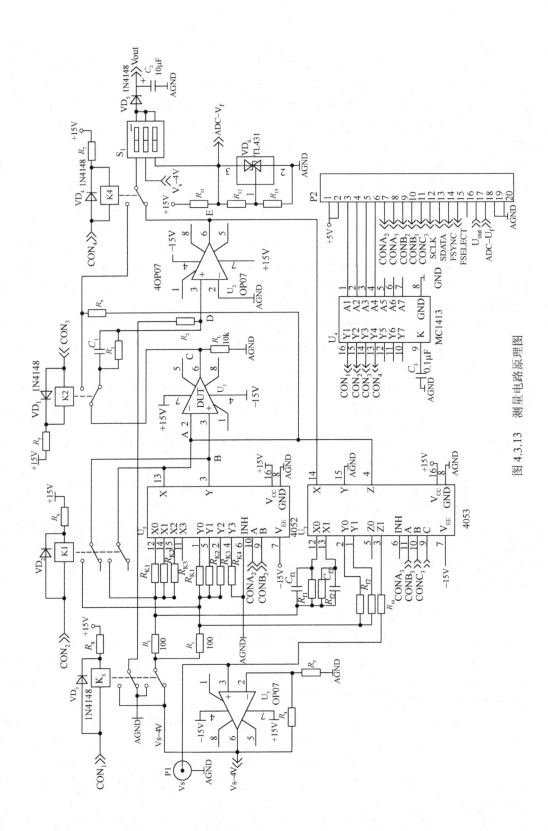

图 4.3.13　测量电路原理图

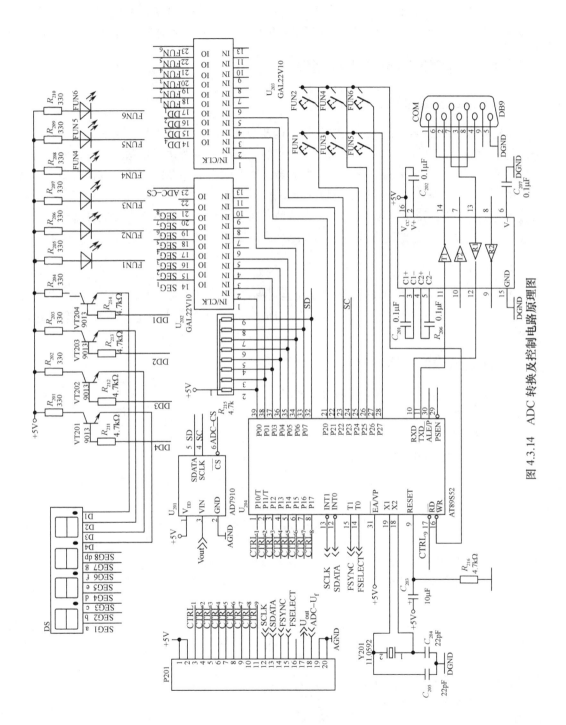

图 4.3.14　ADC 转换及控制电路原理图

微处理器的 P0.0～P0.4 经可编程逻辑电路 GAL22V10 完成数码管的八段码编码，其中 P0.4 为小数点的编码。八段码占用 P0.4～P0.0 的 00H～18H，AD7910 的转换使能信号 CS 可由 P0.4～P0.0 大于 18H 的任意两个码字完成。数码管扫描选择信号通过 P0.5、P0.6 经可编程逻辑电路译码完成。P2.0～P2.2 经可编程逻辑电路译码完成对功能指示灯的选择。

4.3.3　电路的抗干扰措施及调试

1. 元件的选择及电路板的工艺

电路自激和分布参数是影响系统正常测量及测量精度的主要因素。干扰源主要来自电源、空间感应、信号源。为此，选择整个电路的元件时，应考虑选择贴片元件以减小由元器件引脚的分布参数带来的干扰。电源中应考虑电源的去耦，在每块集成电路电源上加装去耦电容，电源滤波采用钽电容，模拟电路与数字电路分板安装，模拟地采用大面积接地，与数字地通过高频隔离电感或滤波器一点接地。对有对称要求的电路，应选择精度高、性能稳定的高质量元件，电路布线也应尽可能对称，以提高电路对共模信号的抑制作用。

2. 标定

电路调试时，应首先用高精度测量仪器对标准直流校准信号源标校至 ADC 电路参考电压值，并由测试电路实测该标准源经 ADC 电路后的实际量化值，作为所有量化值的量化基准。

3. 防止自激的电路补偿

由图 4.3.5 可知，整个电路是两级运放级联、高增益的闭环系统，系统至少存在两个极点。系统补偿不好，不可避免地会造成系统自激。为分析造成系统不稳定的因素，将图 4.3.5 简化成图 4.3.15 的反馈放大形式。

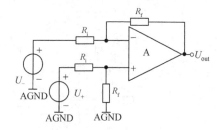

图 4.3.15　测量电路简化图

图中增益为

$$A = A_{\text{DUT}} \cdot A_{\text{AOP}} \cdot \frac{R_2}{R_1 + R_2} \tag{4.3.9}$$

式中，A_{DUT}、A_{AOP} 分别为被测运放、辅助运放的开环增益。

由图 4.3.15 得到闭环差模电压增益为

$$A_{\text{f}} = \frac{U_{\text{out}}}{U_+ - U_-} = \frac{\dfrac{R_{\text{f}}}{R_{\text{i}} + R_{\text{f}}} A}{1 + \dfrac{R_{\text{i}}}{R_{\text{i}} + R_{\text{f}}} A} \tag{4.3.10}$$

因为 $R_{\text{f}} \gg R_{\text{i}}$，式（4.3.10）简化为

$$A_{\text{f}} = \frac{U_{\text{out}}}{U_+ - U_-} = \frac{A}{1 + \dfrac{R_{\text{i}}}{R_{\text{i}} + R_{\text{f}}} A} \tag{4.3.11}$$

由式（4.3.11）可知，电路的闭环增益 $A_{\text{f}} \approx \dfrac{R_{\text{i}} + R_{\text{f}}}{R_{\text{i}}}$，由题意其值大于 60dB；反馈系数 $K_{\text{f}} = \dfrac{R_{\text{i}}}{R_{\text{i}} + R_{\text{f}}}$；

环路增益 $K_f = FA = \dfrac{R_i}{R_i + R_f}A$。

1）第一级超前补偿

由于放大器开环增益 A 中 R_1、R_2 的作用只是衰减开环增益，而不影响其波特图的折点频率，为便于分析问题，在波特图分析中暂不考虑 R_1、R_2 的影响。

由数据手册可得 LM741、OP07 的开环频率响应曲线，幅频响应的波特图如图 4.3.16 所示。图中曲线 1、曲线 2 和曲线 3 分别为 LM741、OP07 的开环幅频曲线和电路闭环增益 $1/F$ 的曲线，曲线 4 为曲线 1、曲线 2 的合成曲线。由图可知，在深度负反馈条件下，电路很容易自激。

第一级超前补偿是在 R_f 上并联电容 C_f，其电路如图 4.3.17 所示。补偿后，电路的环路增益为

$$K_f = FA = \frac{R_i}{R_i + R_f} \cdot \frac{1 + SR_fC_f}{1 + S(R_f // R_i)C_f}A \tag{4.3.12}$$

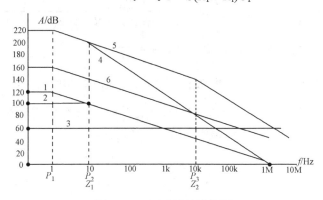

图 4.3.16　环路增益波特图

由式（4.3.12）可知，接入补偿电容 C_f 后，新增极点 $\omega_{P3} = \dfrac{1}{(R_f // R_i)C_f}$，新增零点 $\omega_{Z1} = \dfrac{1}{R_fC_f}$ 将零点 ω_{Z1} 补偿至图 4.3.16 的 P_2 极点位置，若 R_f、R_i 的取值满足 $\dfrac{R_f}{R_i} \approx 10^3$，则整个放大器的闭环增益 A_f 可达到 60dB 左右，补偿后的波特图如图 4.3.16 的曲线 5 所示。由图可见，放大器闭环增益为 60dB 时，同样存在自激的可能性。

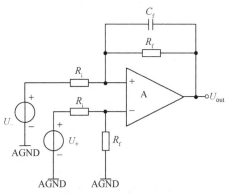

图 4.3.17　第一级超前补偿电路

2）第二级超前补偿

第二级超前补偿在图 4.3.5 的 R_2 上并联电容 C_1，其简化原理图如图 4.3.18 所示。

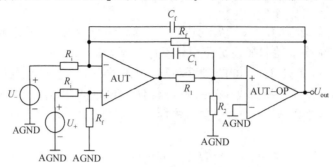

图 4.3.18 第二级超前补偿电路

由式（4.3.9）和式（4.3.11）可知，第二级超前补偿后，电路的环路增益为

$$K_f = FA = \frac{R_i}{R_i+R_f} \frac{R_2}{R_1+R_2} A_{AUT} A_{AOP} \frac{1+SR_fC_f}{1+S(R_f /\!\!/ R_i)C_f} \frac{1+SR_1C_1}{1+S(R_1 /\!\!/ R_2)C_1} \qquad (4.3.13)$$

新增极点 $\omega_{P4} = \dfrac{1}{(R_1 /\!\!/ R_2)C_1}$，新增零点 $\omega_{Z2} = \dfrac{1}{R_1C_1}$。

将零点 ω_{Z2} 补偿至图 4.3.16 中的 P_3 极点位置，若 R_1、R_2 的取值满足 $\dfrac{R_1}{R_2} \approx 10^3$，考虑 $\dfrac{R_2}{R_1+R_2}$ 因子对开环增益 A 的影响，第二级超前补偿后的波特图曲线如图 4.3.16 中的曲线 6 所示，可见此时放大电路在较宽的动态范围内有较好的稳定性。

第⑤章
频域测量仪设计

由线性系统频域分析发展而来的频域测量技术，是当前对模拟系统进行测量的基本技术。本章只介绍频域测量仪的设计。

频域测量仪主要有扫频仪、网络分析仪和频谱分析仪等。因为网络分析仪涉及的频率偏高，所以本章重点介绍扫频仪和频谱分析仪的设计。

5.1 频域测量仪设计基础

5.1.1 线性系统幅频特性的测量

频率特性的基本测量方法，取决于加到被测系统的测试信号。经典的测量方法以正弦波点频法为基础，这是一种静态测量方法。正弦波扫频测量（或动态测量）被制成扫频仪，广泛用于测量低频、高频线性系统的幅频特性。

在线性电路系统中，加入正弦波激励信号时，输出响应仍是正弦信号，但与输入正弦信号相比，其幅度和相位发生了变化，一般情况下其幅度和相位都是频率的函数。在电路分析基础课程中我们已经知道，正弦稳态下的系统函数或传输函数 $H(\mathrm{j}\omega)$ 反映了该系统激励与响应的关系：

$$H(\mathrm{j}\omega) = \frac{U_\mathrm{o}(\mathrm{j}\omega)}{U_\mathrm{i}(\mathrm{j}\omega)} = H(\omega)\mathrm{e}^{\mathrm{j}\varphi\omega} \tag{5.1.1}$$

式中，$H(\omega)$ 也可写成 $H(f)$，它是下面要测量的幅频特性；$\varphi(\omega)$ 是相频特性。

1. 静态频率特性测量——点频法

点频法是指逐点测量幅频特性的方法，如图 5.1.1（a）所示。图中正弦信号源接于被测电路的输入端，由低到高不断地改变信号源频率，信号电压不应超过被测电路的线性工作范围，且尽量保持不变。用测量仪器（如低频或高频电压表）在各个频率点上测出输出信号与输入信号的幅度比，即可得幅频特性。以 f 为横坐标，以幅度比为纵坐标，就可逐点画出类似于图 5.1.1（b）所示的频率特性曲线。若测量仪器为相位计，能测出各个频率点上输出信号与输入信号的相位差，则可画出相频特性。

点频法原理简单，需要的仪器也不复杂，测出的幅频特性是电路系统在稳态情况下的静态特性曲线。但由于要逐点测量，操作烦琐、费时，并且由于频率离散而不连续，因此可能会遗漏某些特性突变点。这种方法一般只用于实验室测试研究，用于生产线时效率太低。

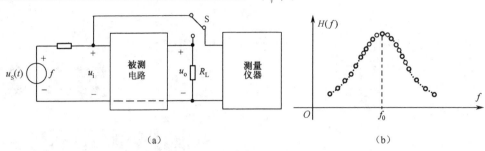

图 5.1.1　点频法测量系统原理框图及的幅频特性示意图

在测试过程中如果能使信号源输出的信号频率自动地从低到高连续变化，并且周期性重复，那么利用检波器将输出包络检出并送到示波器上显示，就能自动画出幅频特性曲线。

2．动态频率特性测量——扫频法

1）扫频法的工作原理

扫频法测量电路幅频特性的原理如图 5.1.2 所示。在图 5.1.2（a）所示的原理框图中，除被测电路外，其余部分为频率特性测试仪（扫频仪）。扫频振荡器在技术基础课中介绍过，即在扫频信号作用下的压控振荡器（VCO），扫频信号可以设计为锯齿电压波［图 5.1.2（a）中的 u_1 和 u_2］，它同时加到示波管的 X 偏转板和扫描信号发生器上。幅度不变而频率在一定范围内连续变化的正弦波［图 5.1.2（a）中的 u_3］加到被测电路（如调谐放大器）的输入端。由于调谐放大器的增益随频率变化，因此其输出信号 u_4 的幅度也随频率变化。u_4 的包络反映了该放大器的幅频特性，经峰值检波器取出其包络［图 5.1.2（a）中的 u_5］加至示波管的 Y 偏转系统，在荧光屏上就会直接显示该调谐放大器的幅频特性。图 5.1.2（b）和（c）分别给出了两种扫频显示的方式。

从上述原理可知，扫频法不仅能实现频率特性的自动测绘，而且不会像点频法那样遗漏某些细节。值得注意的是，扫频法是在一定扫频速度下获得被测电路的动态频率特性，比较符合被测电路的实际应用情况。

2）动态频率特性

随着扫描速度的提高，频率特性将向扫频方向偏移，如图 5.1.3 所示。图中曲线 I 为静态特性，曲线 II、曲线 III 为依次提高扫速时的动态特性曲线。可以看出动态频率特性有以下特点：①顶部最大值下降；②特性曲线被展宽；③扫速越高，偏移越严重。

原因是通常与频率特性有关的电路，实际上是由动态元件 L、C 等组成的（如调谐电路），信号在其上建立或消失都需要一定的时间，扫频速度太快时，信号因 L、C 等器件存在而来不及建立或消失，因此谐振曲线滞后且展宽，出现"失敏"或"钝化"现象。

在实际应用中，要注意处理好这种动态频率特性与静态频率特性变异。在扫频仪中，因选用的扫频速度较低（如 50Hz），故基本上可认为测绘的是静态频率特性。在后面介绍的频谱仪中，这种变异会使频谱仪分辨率变低，灵敏度下降，故在频谱仪的设计与应用中要认真考虑动态频率特性带来的影响。

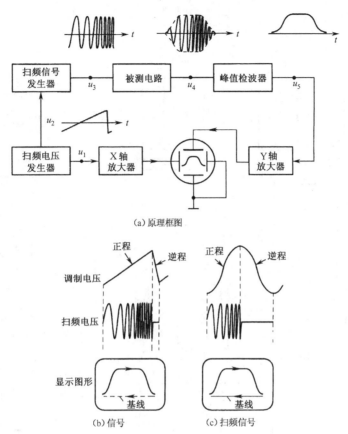

（a）原理框图

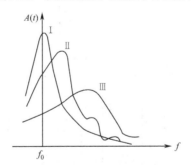

（b）信号　　　　　　（c）扫频信号

图 5.1.2　扫频法测量电路频率特性原理

图 5.1.3　动态特性曲线

3．扫频仪举例——BT-3 型频率特性测试仪

BT-3 型扫频仪主要用来测试宽带放大器、雷达接收机的中频放大器、调频广播与电视接收机的视频频率特性及鉴频器特性，是一种较为典型的频率特性测试仪，其框图如图 5.1.4 所示，主要由扫频信号发生器、频标发生器、显示器和电源 4 部分组成；面板图如图 5.1.5 所示。

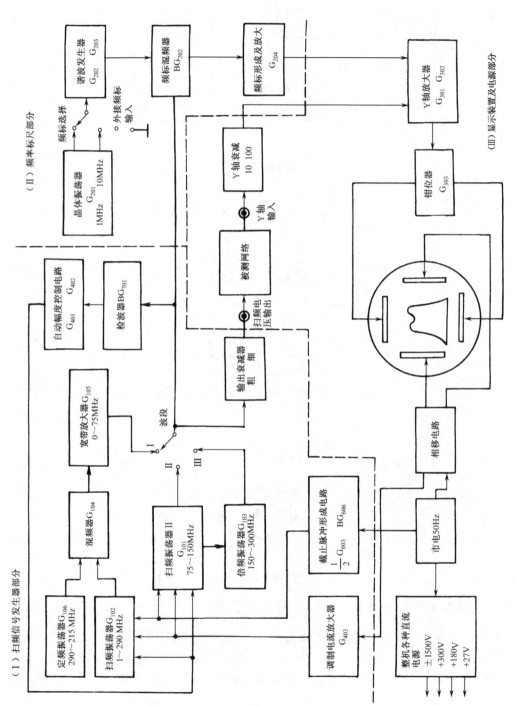

图 5.1.4 BT-3 型扫频仪原理框图

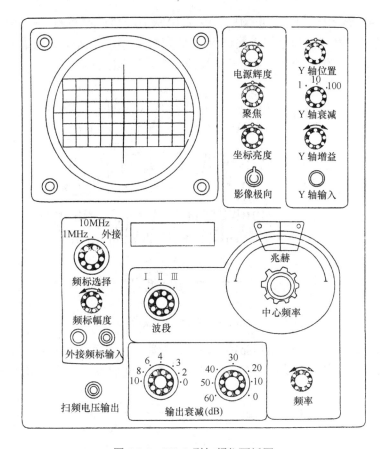

图 5.1.5　BT-3 型扫频仪面板图

1）BT-3 型扫频仪的主要技术性能

- 中心频率：在范围 1～300MHz 内可任意调节，分 1～75MHz、75～150MHz 和 150～300MHz 三个波段。
  - 扫频频偏：最大频偏±7.5MHz。
  - 扫频信号输出：输出电压大于等于 0.1V（有效值），输出阻抗为 75Ω。
  - 寄生调幅系数：最大频偏时小于±7.5%。
  - 调频非线性系数：最大频偏时小于 20%。
  - 频标信号：有 1MHz、10MHz 和外接频标三种信号。

2）中心频率和扫频范围

本扫频仪工作时是以某中心频率为中心进行扫频的。

中心频率可调整的范围很宽，分为三个波段。第 I 波段的中心频率可从零调到 75MHz；第 II 波段是一个调感式扫频振荡器，其中心频率可从 75MHz 调到 150MHz；第 III 波段是第 II 波段的倍频，中心频率可从 150MHz 调到 300MHz。

3）频标产生的原理

图 5.1.4 右侧框图所示为频标产生电路的组成，现以 1MHz 频标为例进行说明。1MHz 晶振输出的正弦波加到谐波发生器，进行限幅、整形、微分，形成含有丰富谐波成分的尖

脉冲,再与扫频信号混频得到菱形频标。设在 100MHz 谐波处与扫频信号混频,其波形图如图 5.1.6 所示。混频后的信号在零差点附近两频率之差迅速变小,经低通滤波器后高频成分被滤去,使零差点附近的信号幅度迅速衰减而成为菱形频标。

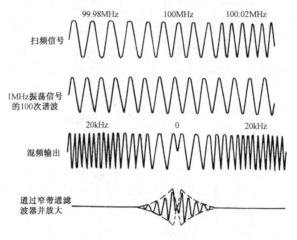

图 5.1.6 频标的形成过程

同理,当扫频信号经过一系列晶振频率的谐波时,会产生一列频标,形成频率标尺。把这些频标信号加至 Y 轴放大器与检波后的频率特性曲线叠加,得到加有频标的幅频特性曲线,如图 5.1.7 所示。

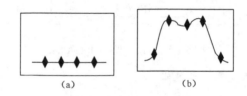

(a) (b)

图 5.1.7 加有频标的波形

4）扫频信号与回扫处理

本仪器为简化设计、节约成本,利用 50Hz 市电经降压后作为扫频信号,如图 5.1.2（c）所示。用 50Hz 正弦波负峰到正峰的上升沿进行正程扫频,调制压控振荡器产生扫频信号（因此其调频非线性系数较大）。从正峰到负峰的下降沿未进行返程回扫,因为该仪器是通过调制磁心电感产生调频的,而磁心电感的磁滞效应会使得回扫不能与正扫重合,因此本仪器采用在回扫间间令振荡停振的办法（图 5.1.4 中的"截止脉冲形成电路"即是加扫频振荡器的停振信号）。

最后,介绍几种典型扫频仪的技术参数供参考,如表 5.1.1 所示。

表 5.1.1 几种典型扫频仪的技术参数

型　　号	频率范围	扫频范围	不平坦度
BT3C-VHF	1～300MHz	±20MHz	±0.25dB
NW1251A	1～300MHz	±1MHz	±0.3dB
NW1256D	1～1000MHz	全扫、窄扫 I/II、单频	±0.35dB
NW1232	2Hz～2MHz	20Hz～20kHz，2kHz～2MHz	≤5%

5.1.2 频谱分析仪概述

1. 信号的时域与频域分析

在"信号与系统"课程中已知,一个电信号的特性可用一个随时间变化的函数 $f(t)$ 表示,同时也可用一个频率 f 或角频率 ω 的函数 $F(\omega)$ 表示。这两种表示之间的关系数学上可表示为一对傅里叶变换关系:

$$f(t) = \frac{1}{2\pi} \int_{-\infty}^{\infty} F(\omega) e^{j\omega t} \, d\omega \qquad (5.1.2)$$

$$F(\omega) = \int_{-\infty}^{\infty} f(t) e^{-j\omega t} \, dt \qquad (5.1.3)$$

上述关系可由图 5.1.8 形象地表示。图中从时域 t 方向描述的电信号就是示波器上看到的波形 $f(t)$。从频域 f 方向看到的这个信号,可表示为一组沿频率轴排列的正弦信号频率的集合,即 $F(\omega)$,也就是 $f(t)$ 中包含的各频率分量。各频率分量沿 f 轴按大小排列的图形,称为频谱图。频谱仪(常称频谱分析仪)能测量和显示电信号的频谱,通常只给出振幅谱或功率谱,而不直接给出相位信息。

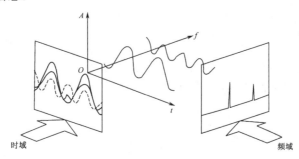

图 5.1.8 时域与频域观测之间的关系

示波器和频谱仪是从不同角度观测同一个电信号的,各有不同的特点。示波器在时域中很容易区分电信号的相位关系。例如,图 5.1.9(a)所示为基波与二次谐波起始峰值对齐的合成波形(线性相加),图 5.1.9(b)是基波与二次谐波起始相位相同合成的波形,两个合成波形相差很大,在示波器上可以明显地看出,而在频谱仪上它们仍然是两个频率分量,看不出差异。然而,如果合成电路(如放大器)有非线性失真,即基波和二次谐波信号不能线性相加,那么两者会有交互作用,会像混频器那样产生新的频率分量,这在示波器上难以觉察,而在频谱仪上会明显看出非线性失真带来的新频谱分量。可见,示波器和频谱仪各有特点,并能起到互为补充的作用。

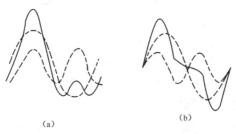

(a)   (b)

图 5.1.9 不同相位合成的波形

2．频谱仪的主要用途

现代频谱仪有着极宽的测量范围，观测信号频率可高达几十吉赫兹，幅度跨度超过140dB，因此有着相当广泛的应用范围，以至于被称为射频万用表，成为一种基本的测量工具。目前，频谱仪主要应用在如下方面。

① 正弦信号的频谱纯度测试：信号的幅度、频率和各寄生频谱的谐波分量。

② 调制信号的频谱测试：调幅波的调幅系数、调频波的频偏和调频系数，以及它们的寄生调制参量。

③ 非正弦波的频谱测试：如脉冲信号、音频/视频信号等。

④ 通信系统的发射机质量测试：如载频频率、频率稳定度、寄生调制及频率牵引等。

⑤ 激励源响应的测量：如滤波器的传输特性、放大器的幅频特性、混频器与倍频器的变换损耗等。

⑥ 放大器的性能测试：如幅频特性、寄生振荡、谐波与互调失真等。

⑦ 噪声频谱的分析。

⑧ 电磁干扰的测量：可测定辐射干扰和传导干扰、电磁干扰，也可以用来侦察敌台或敌方施放的干扰。

3．频谱仪的分类

频谱仪按工作原理可分为模拟式与数字式两大类。模拟式频谱仪以模拟滤波器为基础，数字式频谱仪以数字滤波器或快速傅里叶变换为基础，具体细分如下所示。

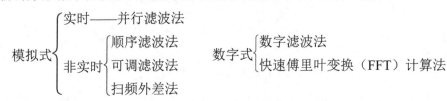

4．频谱仪的工作原理

1）模拟式频谱仪

模拟式频谱仪中并行滤波法的原理框图如图 5.1.10 所示，输入信号经放大后送入一组带通滤波器（BPF），这些滤波器的中心频率是固定的，并按分辨率的要求依次增大；在这些滤波器的输出端分别接有检波器和相应的检测指示仪器。这种方法的优点是各频谱分量能被实时地同时检出，缺点是结构复杂、成本高。

顺序滤波法如图 5.1.11 所示，其原理与并行滤波法相同，只是为了简化电路、降低成本，通过各路滤波器后电子开关轮流共用检波、放大及显示器，但这样不能做到实时分析。可调滤波法如图 5.1.12 所示。

以上两种方法都需要大量的滤波器，使得仪器笨重且昂贵，若采用中心频率可调的滤波器，则系统可大大简化。然而，可调滤波器的通带难以做得很窄，其可调范围也难以做得很宽，而且在调谐范围内难以保持恒定不变的滤波特性，因此只适用于窄带频谱分析。

扫频外差法是最成功的一种方法。以上三种方法都通过改变滤波器来找频谱（以百变对应万变，难度自然大），而扫频外差法将频谱逐个移入不变滤波器（以不变对应万变，是逆向思维设计思想成功的典范）。扫频外差法的简单原理如图 5.1.13 所示，图中窄带滤波器的中心频率不变，被测信号与扫频的本振混频，将被测信号的各频谱分量逐个地移入窄带通滤波器，然后与扫描锯齿波信号同步地加在示波管上显示。具体原理和实现方法将在下节详细讨论。

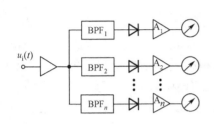

图 5.1.10　并行滤波频谱仪方案

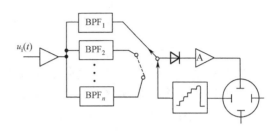

图 5.1.11　顺序滤波频谱仪方案

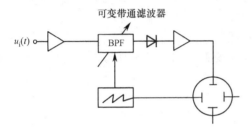

图 5.1.12　可调滤波频谱仪方案

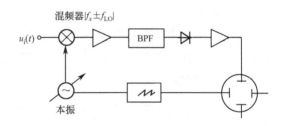

图 5.1.13　外差法频谱仪方案

2．数字式频谱仪

实现数字式频谱仪主要有两种方法，其中数字滤波法仿照模拟频谱仪，用数字滤波器代替模拟滤波器，如图 5.1.14 所示。图中，为了数字化，在滤波器前加入了取样保持电路和模数转换器，控制/时基电路可顺序改变数字滤波器的中心频率。

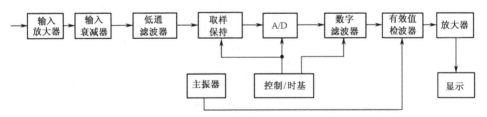

图 5.1.14　数字滤波式频谱仪方案

所谓数字滤波，是指对数字信号进行过滤处理。由于输入/输出都是数字序列，所以数字滤波实际上是一个序列运算加工过程。与模拟滤波器相比，数字滤波器具有滤波特性好、可靠性高、体积小、重量轻、便于大规模生产等优点。但是，目前数字系统的速度还不够高，故在使用上还有局限性。

快速傅里叶变换（FFT）分析法是一种软件计算法。知道被测信号 $f(t)$ 的取样值 f_k 后，就可用计算机按快速傅里叶变换的计算方法求出 $f(t)$ 的频谱。现已有专用 FFT 计算器，配合数据采集和显示电路，可组成频谱仪，如图 5.1.15 所示。图中低通滤波器、取样电路、A/D 转换器和存储器等组成数据采集系统，它将被测信号转换成数字量，送入 FFT 计算器，按快速傅里叶变换计算法算出被测信号的频谱，并在显示器上显示。

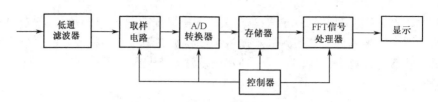

图 5.1.15 快速傅里叶变换式频谱仪方案

通常采用数字信号处理器（Digital Signal Processor，DSP）来完成 FFT 的频谱分析功能，数字信号处理器的速度明显超过传统的模拟式扫描频谱仪，能够进行实时分析，但它当前受 A/D 转换器等器件的性能限制，工作频段较低。但是，现代频谱仪将外差式扫描频谱分析技术与 FFT 数字信号处理结合起来，通过混合型结构集成了两种技术的优点。

快速傅里叶频谱仪通常有多个通道，不但能同时分析多个信号的频谱，而且能测量各个信号之间的相互关系，如可测量信号之间的相关函数、交叉频谱等。

最后应当指出，通常应用的多是外差式模拟频谱仪。较好的现代频谱仪采用模拟与数字混合方案。纯数字式 FFT 频谱仪目前主要用于低频段，但随着数字技术的进步，数字式频谱仪具有良好的发展前景。

5.1.3 外差式频谱分析仪

1. 工作原理

现以一个具体的例子来说明扫频外差频谱仪的工作原理。设被测信号是载频为 700kHz 的标准调幅波，按理论分析它应有 3 根谱线（699kHz、700kHz、701kHz），如图 5.1.16 所示。

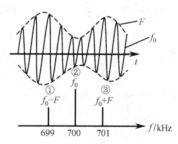

图 5.1.16 调幅波及其频谱图

下面研究如何使这三根谱线显示在屏幕上。图 5.1.17 所示为一个扫频外差式频谱仪的基本原理框图，我们可将其视为由"外差接收机 + 示波器"组成。现在从锯齿扫描电压波开始讨论其工作原理。扫频电压波向右加至示波管的 X 偏转板产生扫描时基线，向左加至扫频本振，产生频率从低到高的线性调频波。设扫频电压扫到图中的①点时，扫频本振输出频率为 759kHz，这时与被测信号的第一根谱线对应的频率 699kHz 混频，得差频 60kHz，正好落入窄带滤波器，输出一个 60kHz 的信号波形（见框图检波器上的波形①），然后经检波器得包络波形①再经放大加到示波管的 Y 偏转板，与扫描时基线①处同步显示第一根谱线。同理，当扫描电压扫到②点时，扫频本振输出频率为 760kHz，与被测信号的第二根谱频混频，也得差频 60kHz 落入窄带滤波器，输出信号波形②，检波放大后与时基线同步在屏幕上显示第二根谱频。以此类推，同样可显示第三根谱线。

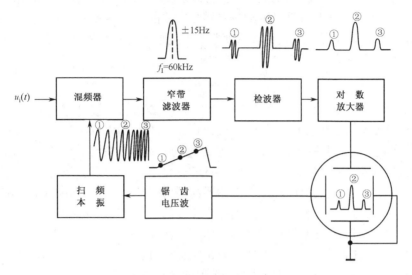

图 5.1.17　外差式频谱仪原理框图

因此，外差式频谱仪的原理可以简述为：扫频的本振与信号混频后，使信号的各频谱分量依次移入窄带通滤波器，检波放大后与扫描时基线同步显示。要点是移频滤波。应该指出的是，实际频谱仪要比图 5.1.16 所示的复杂一些。下面通过两个实例进行说明。

2．实例一：BP-1 型频谱仪

BP-1 型频谱仪是国内生产的早期产品，虽然性能指标不高，但利用它讲解整机工作原理比较简明易懂。图 5.1.18 所示为 BP-1 频谱仪的原理框图。BP-1 的测试频率范围为 100Hz～30MHz，从图中可以看出其具有以下特点。

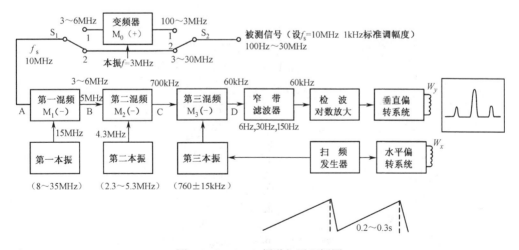

图 5.1.18　BP-1 频谱仪原理框图

1）多级变频

从框图可以看出频谱仪的主要电路是一台超外差接收机。要提高频谱分辨率，就要提高接收机的选择性，而决定选择性的通频带谐振回路的 Q 值提高较困难，使 Δf 减小的主要措施是降低信号频率 f，因此要通过多次变频将被测信号的频谱搬移到较低的中频上，这样窄带滤波器才容易实现，即

$$\Delta f = f/Q \tag{5.1.4}$$

现以被测信号为 10MHz 的标准调幅波说明其工作过程。这时应将图中的开关 S_1、S_2 均扳到 2 处（当被测信号在 3MHz 以下时，扳到 1 处，让变频器将信号频率提升到 3～6MHz），信号经第一变频器（本振和混频合在一起通常称为变频器）变至第一中频 5MHz（第一本振有 10 个波段，这时选 15MHz－10MHz＝5MHz）；然后送至第二变频器，调谐第二本振至 4.3MHz，与第一中频 5MHz 在第二混频器混频后得到第二中频 700kHz，再送至第三变频器变到第三中频 60kHz。注意，第三本振是扫频的，它将三根谱线依次移入窄带滤波器，其工作过程已在讲解图 5.1.17 所示的频谱仪原理时讨论过。图中的窄带滤波器实际上就是第三中频放大器，其带宽有 6Hz、30Hz、150Hz 三挡可选。上述工作过程在图 5.1.18 中 A、B、C、D 各点的时域波形图及对应的频谱图如图 5.1.19 所示。

2）多级放大

在多级变频的同时，实际上信号也是经各级中频放大的，主要目的是提高频谱仪的灵敏度，以便能测量微弱信号的频谱。BP-1 的灵敏度为 1～20mV。

3）对数放大

检波后的视频放大器通常串入对数放大器，目的是防止被测信号较强时使放大器饱和，提高抗过载能力，使频谱仪输入信号具有较大的动态范围，并同时显示大信号与小信号的频谱。

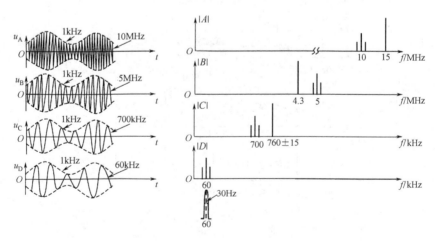

图 5.1.19　BP-1 各点的波形图

4）磁偏转光栅显示

BP-1 型频谱仪不采用静电偏转式示波管，而采用黑白电视机中的磁偏转光栅显示 9 英寸显示屏管，以获得较大的显示屏幕。

应当指出，BP-1 型频谱仪是早期的产品，为易于扫频并获得较高的分辨率，设计中采用在第三本振进行扫频，通常称为扫中式。若在第一本振进行扫频，则可在更宽的频率范围内看到更多的信号频谱，通常称为全景式。早期全景式频谱仪（如 BP-12 型频谱仪）为了看全景频谱分布，导致看不清楚各频谱内的谱线结构。但现代频谱仪由于电子技术的进步，大多采用全景式方案，因此分辨率可以做得很高。

以上通过 BP-1 型频谱仪介绍了频谱仪的组成原理，它和现代频谱仪相比在组成原理上类似，但现代频谱仪的具体电路技术要先进一些。例如，本振电路采用了锁相技术或频率合成技术，大大提高了本振频率稳度指标，同时中频滤波器的通频带也做得很窄，使得频谱仪的性能大为提升。

3．实例二：AV4301/2 系列频谱仪

图 5.1.20 所示为现代 AV4302 系列频谱仪的原理简化框图，它是一台由微处理器控制的外差式频谱仪。从电路原理上讲，它是一种采用了 4 次变频技术的超外差接收机，频率范围为 9kHz～26.5GHz，本振采用了跟踪锁频技术，分辨带宽为 30Hz～3MHz，显示平均噪声电平为-125dBm（灵敏度指标）。下面对框图中的几个主要电路进行说明。

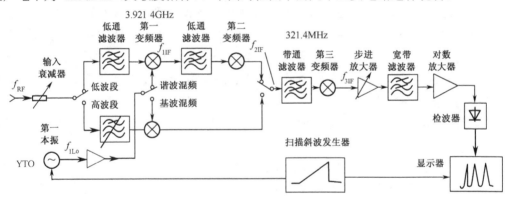

图 5.1.20　AV4302 系列频谱仪原理框图

1）输入衰减器

这是一个 0～70dB 的以 10dB 为步进的程控衰减器，主要用途是扩大频谱仪的幅度测量范围，使幅度测量上限扩展到+30dBm。它不仅用于防止第一变频器过载，而且用于优化混频器电平，以实现最大的测量动态范围。该衰减器的默认状态设置是 10dB，用于改善频谱仪和被测源之间的匹配。

2）低通滤波器

低通滤波器的作用是防止宽带外差式频谱仪中特有的镜像频谱的混淆。在宽带频谱仪设计中，抑制镜像有两种方案可供选择：一是采用预选器，二是采用上变频。由于预选器频率下限的限制，宽带频谱仪总是被划分成高低两个波段。低波段采用高中频（上变频）方案，它只要一个固定的低通滤波器，而不是可调的低通或带通滤波器，就能对镜像进行抑制。图 5.1.21 说明了加入低通滤波器能有效抑制镜像的原理。本机低波段频率范围为 9kHz～2.95GHz，第一本振 YTO（YIG Tuned Oscillator）是钇铁柘榴石调谐的扫频振荡器，

经第一变频器基波混频部分（MXR1）得第一中频 f_{1IF} = 3.9214GHz。从图中可以看出，若在第一变频器前不加入低通滤波器，则高波段的信号中与低波段镜像对应的频谱分量也能与第一本振混频进入第一中放，成为镜像干扰（例如，当第一本振扫频到 4.9214GHz 时，低波段中的 1GHz 信号和高波段中的 8.8428GHz 镜像信号均能进入第一中放）。加入低通滤波器后，只有低波段信号能进入第一中放，再经第二变频器得到第二中频 f_{2IF} = 321.4MHz。

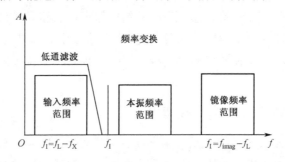

图 5.1.21　加入低通滤波器可以有效抑制镜像的原理

3）预选器 YTF

在高波段，频率为 2.75～26.5GHz 的信号被切换到预选器 YTF，在系统的控制下，预选后的信号输入第一变频器中的谐波混频器部分（MXR2），与第一本振的谐波变频得到第二中频 f_{2IF}。f_{2IF} 经第三变频器变换得到第三中频 f_{3IF} = 321.4MHz。在该中频上，对信号进行处理，使信号经不同带宽滤波器（本机提供 3Hz～3MHz 多种分辨率的带宽）的选择，再经线性及对数放大、检波、数字量化和显示。预选器的引入将极大地抑制镜像和多重响应，带外抑制可达 70～90dB。同时也可改善二次谐波失真和频率间隔较宽的三阶交调失真的动态范围。

第一变频器是宽带频谱仪中最关键的微波部件，其中的衰减器、单刀双掷开关及匹配网络等，都是在石英和陶瓷衬底上采用微带技术与集总元件相结合实现的。整机采用了两个 YIG 器件：一个是用于第一本振的扫频振荡器 YTO，由扫描斜波发生器产生 -10～+10V 的扫描电压，变成斜波电流后驱动 YTO 产生 3～6.8GHz 的扫频；另一个是调谐滤波器 YTF，用做预选器，在设计上必须保证它和第一本振同步预选，保证每次只有一个固定频差（f_{2IF}）的信号进入，进而防止镜像的侵入。

4）调谐方程和频率参数

低波段：信号频率 f_{RF} = 9kHz～2.95GHz

$$f_{1LO} - f_{RF} = f_{1IF} = 3.9214\text{GHz}$$

$$f_{1IF} - f_{2LO} = f_{2IF} = 321.4\text{MHz}$$

高波段：信号频率 f_{RF} = 2.7～26.5GHz

$$N \cdot f_{1LO} - f_{RF} = f_{2IF} = 321.4\text{MHz}$$

式中，N 为谐波混频次数；F_{1LO} 为第一本振频率；F_{2LO} 为第二本振频率。

该仪器具有自校准、自适应、自诊断、自动搜索、自动跟踪、最大保持、峰值检测、快速傅里叶变换（FFT）、存储/调用、带宽测试、交调测试等 100 多种功能；还备有存储卡，可以方便地存储和调用测试数据及测试程序。

为了充分实现一机多用的目的，该系列频谱仪可以加上准峰值检波选项进行电磁兼容（EMC）性测试，加上跟踪信号发生器选项进行网络测试，加上外混频和扩频选项实现上限为 110GHz 的扩频测量，还可进行有线电视（CATV）测试、数字移动通信（GSM900）测试、无绳电话（CT2）测试等。

应当指出，现代频谱仪将外差式和 FFT 两种技术结合起来，前端仍然采用传统的外差式结构，而中频处理部分采用数字结构，中频信号由 A/D 量化，FFT 则由通用微处理器或 DSP 实现。这种方案充分利用了外差式频谱仪的宽频率范围和 FFT 的优秀频率分辨率，使得在很高的频率上进行极窄带宽的频谱分析成为可能，整机性能大大提高。例如，Agilent E4440A 型频谱仪的频率范围为 3Hz～26.5GHz，分辨带宽可达 1Hz。

5.2　简易频率特性测试仪

［2013 年全国大学生电子设计竞赛试题（E 题）］

1．任务

根据零中频正交解调原理，设计并制作一个双端口网络频率特性测试仪，包括幅频特性和相频特性，其示意图如图 5.2.1 所示。

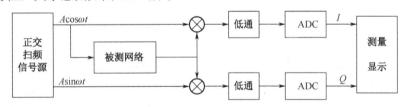

图 5.2.1　频率特性测试仪示意图

2．要求

1）基本要求

制作一个正交扫频信号源。

（1）频率范围为 1～40MHz，频率稳定度≤10^{-4}；频率可设置，最小设置单位为 100kHz。

（2）正交信号相位差误差的绝对值≤5°，幅度平衡误差的绝对值≤5%。

（3）信号电压的峰峰值≥1V，幅度平坦度≤5%。

（4）可扫频输出，扫频范围及频率步进值可设置，最小步进为 100kHz；要求连续扫频输出，一次扫频时间≤2s。

2）发挥部分

（1）使用基本要求中完成的正交扫频信号源，制作频率特性测试仪。

① 输入阻抗为 50Ω，输出阻抗为 50Ω。

② 可进行点频测量；幅频测量误差的绝对值≤0.5dB，相频测量误差的绝对值≤5°；数据显示的分辨率：电压增益 0.1dB，相移 0.1°。

（2）制作一个 RLC 串联谐振电路作为被测网络，如图 5.2.2 所示，其中 R_i 和 R_o 分别为频率特性测试仪的输入阻抗和输出阻抗；制作的频率特性测试仪可对其进行线性扫频测量。

① 要求被测网络通带中心频率为 20MHz，误差的绝对值≤5%；有载品质因数为 4，误差的绝对值≤5%；有载最大电压增益≥-1dB。

② 扫频测量制作的被测网络，显示其中心频率和-3dB 带宽，频率数据显示的分辨率为 100kHz。

③ 扫频测量并显示幅频特性曲线和相频特性曲线，要求具有电压增益、相移和频率坐标刻度。

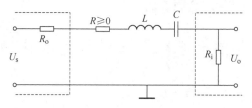

图 5.2.2　RLC 串联谐振电路

（3）其他。

3．说明

（1）正交扫频信号源必须自制，不能使用商业 DDS 开发板或模块等成品，自制电路板上需有明显的覆铜"2013"字样。

（2）要求制作的仪器留有正交信号输出测试端口，以及被测网络的输入、输出接入端口。

（3）本题中，幅度平衡误差指正交两路信号幅度在同频点上的相对误差，定义为 $(U_2-U_1)/U_1\times100\%$，其中 $U_2\geq U_1$。

（4）本题中，幅度平坦度指信号幅度在工作频段内的相对变化量，定义为 $(U_{max}-U_{min})/U_{min}\times100\%$。

（5）参考图 5.2.2，本题被测网络电压增益取 $A_v = 20\lg|U_o/U_s/2|$。

（6）幅频特性曲线的纵坐标为电压增益（dB），相频特性曲线的纵坐标为相移（°）；特性曲线的横坐标均为线性频率（Hz）。

（7）发挥部分中，一次线性扫频测量完成时间≤30s。

4．评分标准

评分标准如表 5.2.1 所示。

表 5.2.1　评分标准

项　目		主　要　内　容	满　分
设计报告	方案论证	比较与选择 方案描述	2
	理论分析与计算	系统原理 滤波器设计 ADC 设计 被测网络设计 特性曲线显示	7
	电路与程序设计	电路设计 程序设计	6
	测试方案与测试结果	测试方案及测试条件 测试结果完整性测试结果分析	3
	设计报告结构及规范性	摘要 设计报告正文的结构图表的规范性	2
	小计		20
基本要求	实际制作完成情况		50
发挥部分	完成第（1）项		16
	完成第（2）项		30
	其他		4
	小计		50
总　　分			120

5.2.1　题目分析

本题是 1999 年赛题"频率特性测试仪"的升级版。主要技术指标升级如下：

- 频率上限：100kHz→40MHz。
- 精度：5%→2.8%（5/180）。
- 频率特性曲线→波特图。
- 一路信号→正交信号。

可见，题目的主要知识点包括：正交解调原理；幅频/相频特性；正交信号产生；放大、滤波、混频；数字信号计算；曲线显示等。题目的难点包括：频率测试点较高（1～40MHz）；两路信号需要幅度平衡、相位正交；每路信号幅度平坦；补偿、校准、曲线显示等。

题目要求采用零中频正交解调方案完成频率特性测试，需要在 1～40MHz 频率范围内产生频率可调的正弦信号；要求在整个频率范围内具有很好的平坦度、稳定度和正交性，扫频信号源的这些指标是整个扫频仪的关键。题目要求输出电压峰峰值大于等于 1V，如果用 DDS（直接数字频率合成）芯片，那么需要用宽带放大器放大和幅度补偿，而且输出正弦波不是很平滑，影响精度，所以需要低通滤波，其截止频率设为 100MHz。I、Q 通道平衡对测量仪的精度至关重要，为保证正交平衡，DDS 后的放大和滤波电路保证完全相同，元件参数一致，PCB 走线一致，由于扫频时间为 2s，步进为 100Hz，整个频率范围内需要391 个频点，对采样速率要求不高，12 位 ADC 可以达到精度，满足系统幅度 0.5dB 波动的测量要求。同时为了能够完成频率范围和步进的动态调整，进而完成高精度局部扫频，液晶屏像素不够，需要对扫频信号的显示进行线性压缩和放大，以完整光滑地显示曲线。如果选择大尺寸的触摸屏，那么显示效果会大大提高。对根据实测和计算得到的特性曲线进行程序补偿，可以得到与真实值更接近的曲线。在测量之初，可以采用短接被测网络即内测校准的方法减小系统误差。

5.2.2　方案论证

1．扫频信号源

方案一：采用锁相环间接频率合成方案。锁相环频率合成在一定程度上解决了既要求频率稳定精确，又要求频率在较大范围可调的矛盾。但输出频率易受可变频率范围的影响，输出频率相对较窄，不能满足题目中 1～40MHz 的高频要求。

方案二：采用 DDS 方案。DDS 技术具有输出频率相对较宽，频率转换时间短，频率分辨率高，全数字化结构便于集成，以及相关波形参数（频率、相位、幅度）均可实现程控的优点。采用集成芯片 AD9854 或 FPGA 可实现题目对扫频信号源的要求。

因此选用方案二。

2．零中频正交解调方案设计

方案一：数字解调方案。利用高速 ADC 对信号源两路正交信号和通过被测网络的输出信号同时进行采样，然后利用 FPGA 或 DSP 对数字信号实现混频和滤波，得到反映幅相信息的直流信号。该方案效果理想，减少了硬件的规模，但要对 40MHz 的高频信号进行采样，对 ADC 的采样速率要求非常高，成本较高。

方案二：模拟乘法器解调。采用集成的模拟乘法器芯片，可以实现四象限乘法，工作频带宽，精度高，外围电路相对简单，不需要复杂的调零和调试。

因此选择方案二。

3．控制平台

方案一：采用 FPGA 或 CPLD 进行控制。利用 PPGA 可以方便地实现 DDS 信号源，但在液晶屏上显示幅频特性曲线和相频特性曲线较为困难，且 FPGA 成本较高。

方案二：采用 C8051F020 单片机进行控制。C8051F020 与 8051 兼容，速度可达 25MIPS；它的内部有两路 ADC，具有 4352B 的内部数据 RAM，64KB 的 Flash 存储器，支持在线编程。选用 C8051F020 作为扫频仪的控制单元，用其实现产生扫频信号、进行数据采集、处理以及波形显示功能，能够满足题目要求，且其性价比高。

因此选用方案二。

4．低通滤波器

方案一：采用有源滤波。有源滤波在实现滤波的同时可实现增益的调节，但电路较为复杂。

方案二：采用无源滤波。无源滤波电路在实现上更加方便、简单。要实现增益可控，直接在其后面加一个同相负反馈放大器即可。

因此，选用方案二。

5．特性曲线显示

本题具有点频和扫频曲线显示功能，为了能够正确并稳定地显示待测网络的频率特性，可以采用模拟或数字方式显示。

方案一：模拟显示。根据示波器显示曲线的原理，采用 X-Y 方式显示，即在 Y 轴上加曲线信息，并根据示波器屏幕上的位置要求叠加直流电平。同时，X 轴加锯齿波扫描，锯齿波的扫描递增速度与 Y 轴的信息同步，即 Y 轴每来一个信息，X 轴锯齿波递增，优点处是不需要进行数字处理。

方案二：数字液晶屏显示。直接采用数字化的 I、Q 信号，通过编程完成幅频和相频特性的计算，采用点阵式图像彩色液晶屏实时显示，可通过编程完成扫描范围、步进可调的缩放功能、数字化显示中心频率和 3dB 带宽。

因此选择更为方便、灵活的方案二。

6．方案描述

系统总体框图如图 5.2.3 所示。采用 DDS 芯片 AD9854 及 C8051F020 单片机作为控制单元产生扫频信号，辅以按键控制实现 1～40MHz、最小步进 100kHz 范围内的连续扫频输出和点频测量，RLC 串联谐振电路用做被测网络。经 AD835 乘法器和低通滤波器得到同相分量和正交分量的直流信号，经 ADC 转换后送入单片机，在单片机内进行数据处理，计算得到相位和幅度，通过液晶显示幅频特性曲线和相频特性曲线。

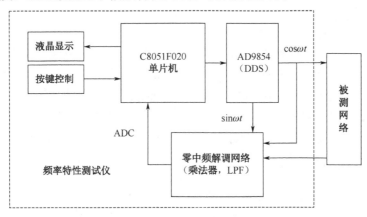

图 5.2.3　系统总体框图

5.2.3　理论分析与计算

1．系统原理

设正交信号源产生的信号 $A\cos\omega t$ 经被测网络后的输出为 $B\cos(\omega t+\phi)$，则同相分量支路为

$$I = A\sin(\omega t)\cdot B\cos(\omega t+\phi) = \frac{AB}{2}\left[\cos(2\omega t+\phi)-\cos\phi\right] \quad （5.2.1）$$

低通滤波后（假设滤波器对幅度的影响为 C）有

$$I = \frac{ABC}{2}\cos\phi \tag{5.2.2}$$

类似地，得到正交分量支路为

$$Q = A\cos(\omega t) \cdot B\cos(\omega t + \phi) = \frac{AB}{2}\left[\sin(2\omega t + \phi) - \sin\phi\right] \tag{5.2.3}$$

低通滤波后（假设滤波器对幅度的影响为 C）有

$$Q = -\frac{ABC}{2}\sin\phi \tag{5.2.4}$$

由式（5.2.2）和式（5.2.4），可得相位为

$$\phi = \arctan(-Q/I) \tag{5.2.5}$$

幅度为

$$B = \frac{\sqrt{2(Q^2 + I^2)}}{AC} \tag{5.2.6}$$

2. 滤波器设计

经乘法器输出的信号如式（5.2.1）和式（5.2.3）所示，需要设计低通滤波器滤除高频分量而留下直流分量。根据式（5.2.1）和式（5.2.3）的分析，滤波器截止频率低于 1MHz 即可。但考虑到电路会不可避免地产生其他频率干扰，因此低通滤波器的截止频率越小，滤波效果越好，测量精度越高。

3. ADC 设计

C8051F020 单片机自带两路 ADC，其中 ADC0 为 12 位，最高传输速率为 100KS/s；ADC1 为 8 位，最高传输速率为 500KS/s。出于精度考虑，两路 ADC 均选用 12 位 ADC0。题目要求频率范围为 1～40MHz，最小步进为 100kHz，可连续扫频输出，且一次扫频时间小于等于 2s，因此 2s 内需要 ADC 采样 390 个点，即完成单次 ADC 采样的时间不能超过 5ms，而利用 ADC0 采样一次仅需 10μs，中间切换通道约需要 22μs，满足题目要求。

4. 被测网络设计

被测网络采用 RLC 串联谐振电路，如图 5.2.2 所示。
中心频率为

$$f_0 = \frac{1}{2\pi\sqrt{LC}} \tag{5.2.7}$$

有载品质因数为

$$Q_r = \frac{\omega_0 L}{r} = \frac{1}{\omega_0 Cr} \tag{5.2.8}$$

式中，ω_0 为中心角频率，r 为环路总电阻。

回路带宽为

$$B_{0.7} = f_0 / Q_r \tag{5.2.9}$$

题目要求被测网络的中心频率为 20MHz，有载品质因数为 4。取电容 $C = 18\text{pF}$，为满足中心频率 20MHz，将 f_0 和 C 代入式（5.2.7），计算得到 $L = 3.52\mu\text{H}$。将 $Q_r = 4$，$C = 18\text{pF}$ 代入式（5.2.8），计算得到 $r = R_o + R_i + R = 110\Omega$。

5. 特性曲线显示

频率特性曲线包括幅频特性曲线和相频特性曲线。首先用矢量网络分析仪测试 RLC 被测网络的幅频特性和相频特性，得到相应的图像和数据；然后测试零中频解调网络的 ADC_I 和 ADC_Q 采样值，导入 MATLAB 进行处理，得到经频率特性测试仪计算得到的幅频与相频特性曲线；最后根据实测和计算得到的特性曲线进行程序校准，得到与真实值更接近的曲线，在液晶屏上显示。为方便读数，将坐标网格化，对数值进行归零显示。由于液晶屏的像素不够，需要对扫频信号的显示进行线性压缩和放大，以便完整、光滑地显示曲线。

5.2.4 电路与程序设计

1. DDS 信号源

采用 AD9854 数字合成器，它由差分放大电路、AD9854 集成电路、单片机 C8051F020 控制电路和电平转换电路构成。自制 DDS 电路框图如图 5.2.4 所示。

图 5.2.4　自制 DDS 电路框图

认真阅读 AD9854 的 PDF 数据手册，并多方面查询资料后，设计了如图 5.2.5 所示的电路。选用 AD9854 器件参考手册中的经典应用电路对输出信号进行滤波，使得正弦波更加平滑，滤波之后再把输出峰峰值为 850mV 的信号放大 2 倍到 1.7V。

2. RLC 被测网络

被测网络采用 RLC 串联谐振回路，根据前述对被测网络的理论分析，确定的 R, L, C 取值分别为：$R = 10\Omega$，$L = 3.52\mu\text{H}$，$C = 18\text{pF}$。经实验调试，最终电路参数为 $R = 6\Omega$，$L = 3.36\mu\text{H}$，$C = 18\text{pF}$（其中 L 为自绕电感），如图 5.2.6 所示。被测网络幅频特性和相频特性的理论仿真如图 5.2.7 所示。

3. 乘法器

采用乘法器专用芯片 AD835，它是一个电压输出四象限乘法器，能完成 $W = XY + Z$ 功能；其带宽高达 250MHz，满足题目 1～40MHz 信号输入的要求，且其输出噪声典型值小，能保证输出信号的失真尽可能小。此外，AD835 所需外围电路少，配置方便。

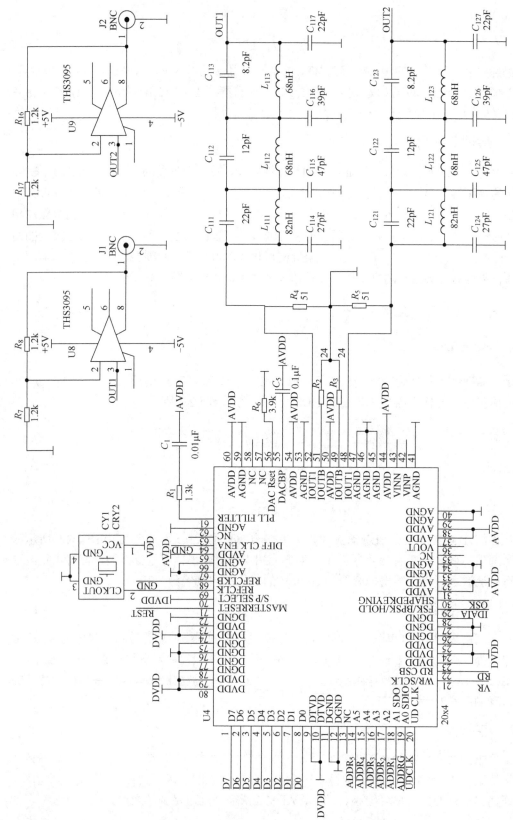

图 5.2.5　DDS 电路

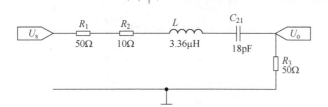

图 5.2.6 被测电路

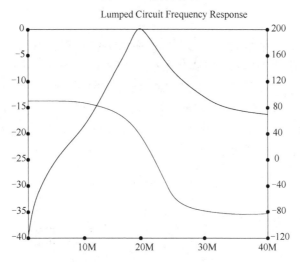

图 5.2.7 被测网络的幅频、相频特性曲线（仿真）

信号经乘法器和低通滤波器后，输出的直流信号范围是-1～+1V，为保证送入单片机的直流信号为正极性，必须在进行 A/D 转换前加 1V 以上的直流偏置，本设计选择在乘法器模块加 125mV 的直流偏置（即 $Z = 125mV$），经后级 10 倍的同相比例放大可满足上述要求。其中 125mV 的直流偏置采用 TL431 稳压输出 2.5V 后经过电阻分压得到。同相比例放大选用 OPA227 实现，具体乘法器电路如图 5.2.8 所示。

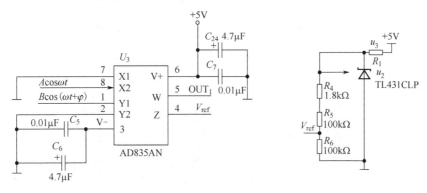

图 5.2.8 乘法器电路

4. 低通滤波器

设计采用二阶无源低通滤波器，电路图如图 5.2.9 所示。其截止频率为

$$f_{\mathrm{H}} = 0.37 f_{\mathrm{o}} = 0.37 \cdot \frac{1}{2\pi RC} = 0.37 \times 338.8 = 125.4\mathrm{Hz} \qquad (5.2.10)$$

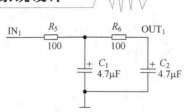

图 5.2.9　低通滤波器

5．程序设计

本题的设计软件部分采用 C 语言编写。为使 AD9854 输出的正交信号的频率稳定度高、幅度平坦度好，选用单片机内部的 25MHz 晶振作为时钟。总程序由调度模块、键盘服务程序、ADC 模块和显示服务子程序构成。自动校准时将被测网络短接，经过一次扫频将系统误差存储在单片机中，然后接入被测网络，对应的每个频率点的误差将被纠正，得到误差较小的值，进而计算得到幅频和相频。主程序流程图如图 5.2.10 所示，ADC 采样流程图如图 5.2.11 示，按键处理流程图如图 5.2.12 所示。

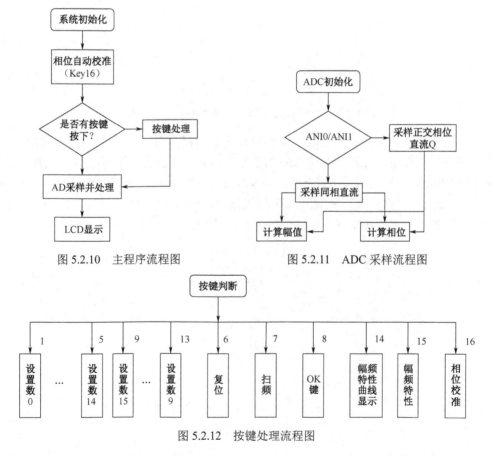

图 5.2.10　主程序流程图　　　　图 5.2.11　ADC 采样流程图

图 5.2.12　按键处理流程图

5.2.5　测试方案与测试结果

1．测试仪器

测试仪器如表 5.2.2 所示。

表 5.2.2 测试仪器

仪　　　　器	型　　号
混合信号数字示波器	Tekeronix MSO 2012
程控直流电源	MYWAVE MPD-3303
台式万用表	UNI-T UT802
多功能计数器	绿扬 YB3371
矢量网络分析仪	Agilent Technologies E8362B

2．测试方案

（1）采用混合信号数字示波器和多功能计数器，测量正交扫频信号源的性能。

（2）将被测网络接入制作完成的简易频率特性测试仪进行测试，将测得的幅频特性曲线和相频特性曲线与理论值进行对比，检验此仪器的性能。

3．测试数据

（1）基础部分。

I、Q 通道输出频率、幅度及误差测试如表 5.2.3 所示。

表 5.2.3 I、Q 通道输出频率、幅度及误差测试

按键输入频率/MHz	I 通道输出频率（频率计测量）/MHz	Q 通道输出频率（频率计测量）/MHz	I 通道输出幅度/V	Q 通道输出幅度/V	幅度平衡误差
1	1.0000003	1.0000003	1.70	1.70	0.000%
5	4.9999989	4.9999989	1.68	1.70	1.190%
10	10.000010	10.0000101	1.72	1.72	0.000%
15	15.0000020	15.0000020	1.72	1.74	1.163%
20	5.9999889	19.9999889	1.70	1.74	2.353%
25	25.0000030	25.0000030	1.70	1.76	3.529%
30	30.0000050	30.0000050	1.72	1.76	2.326%
35	35.0000100	35.0000100	1.70	1.70	1.176%
40	40.0000001	40.0000001	1.72	1.72	1.176%

（2）发挥部分。

频率特性测试仪测试的参数和 RLC 网络的特性分别见表 5.2.4 和表 5.2.5。

表 5.2.4 频率特性测试仪测试的参数

输入电阻	50Ω
输出电阻	50Ω
是否可以进行点频测量	是
RLC 被测网络中心频率	20.35MHz，误差 1.750%
RLC 被测网络 3dB 带宽	5.05MHz
RLC 被测网络有载品质因数	4.03，误差 0.700%
RLC 被测网络有载最大增益	0.7443dB（>-1dB）

表 5.2.5 RLC 网络特性

按键输入频率	幅度测量/dB	相位测量/度
1MHz	−43.2	−76.0
5MHz	−24.7	87.6
10MHz	−16.3	82.3
15MHz	−9.3	69.3
20MHz	−0.9	7.2
25MHz	−6.8	−57.2
30MHz	−11.9	−75.2
35MHz	−14.9	−80.6
40MHz	−16.0	−83.6

利用制作的简易频谱特性测试仪对待测网络的幅频特性和相频特性进行测量，得到相应的输出曲线，如图 5.2.13 所示。

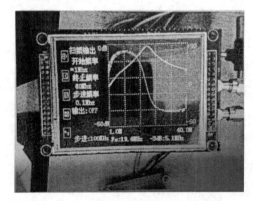

图 5.2.13　实测幅频、相频特性曲线

（3）其他部分。

本设计的一大创新是在测量之初采用了短接被测网络即内侧校准的方法，因此减小了系统误差。

4. 测试结果分析

对上述测量数据进行分析计算可知，信号源的频率稳定度均小于 10^{-4}；I 路信号幅度平坦度为 2.381%，Q 路信号幅度平坦度为 3.529%；正交信号幅度平衡误差最大为 3.529%；RLC 被测网络中心频率误差为 1.750%；有载品质因数误差为 0.700%。各项指标均在误差允许范围内，很好地完成了简易频率特性测试仪的设计任务。

5.3　简易频谱分析仪设计

［2005 年全国大学生电子设计竞赛（C 题）］

1. 任务

采用外差原理设计并实现频谱分析仪，其参考原理框图如图 5.3.1 所示。

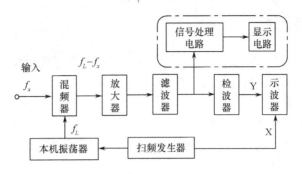

图 5.3.1　简易频谱分析仪原理框图

2. 要求

1）基本要求

（1）频率测量范围为 10～30MHz。

（2）频率分辨率为 10kHz，输入信号电压有效值为 20mV±5mV，输入阻抗为 50Ω。

（3）可设置中心频率和扫频宽度。

（4）借助示波器显示被测信号的频谱图，并在示波器上标出间隔为 1MHz 的频标。

2）发挥部分

（1）频率测量范围扩展至 1～30MHz。

（2）具有识别调幅、调频和等幅波信号及测定其中心频率的功能，采用信号发生器输出的调幅、调频和等幅波信号作为外差式频谱分析仪的输入信号，载波可选择频率测量范围内的任意频率值，调幅波调制度 $m_a = 30\%$，调制信号频率为 20kHz；调频波频偏为 20kHz，调制信号频率为 1kHz。

（3）其他。

3. 评分标准

	项　　目	满　　分
基本要求	设计与总结报告：方案比较、设计与论证，理论分析与计算，电路图及有关设计文件，测试方法与仪器，测试数据及测试结果分析	50
	实际制作完成情况	50
发挥部分	完成第（1）项	20
	完成第（2）项	20
	其他	10

4. 说明

（1）原理框图虚线框内的"信号处理电路"和"显示电路"模块适用于"发挥部分"（2）项，可采用模拟或数字方式实现。

（2）制作与测试过程中，该频谱分析仪对电压值的标定采用对比法，即首先输入幅度为已知的正弦信号（如电压有效值为 20mV、频率为 10MHz 的正弦信号），以其在原理框图中示波器纵轴显示的高度确定该频谱分析仪的电压标尺。

5.3.1　题目分析

根据题目任务和要求，要设计一个采用超外差体制的频谱分析仪。主要技术指标如下：

（1）频率范围：10～30MHz，可扩展为 1～30MHz。

（2）频率分辨率为 10kHz。

（3）输入信号电平为 20mV±5mV，输入阻抗为 50Ω。

（4）借助示波器显示被测信号的频谱图，并在示波器上标出间隔为 1MHz 的频标。

系统完成的功能如下：

（1）可设置中心频率和扫频宽度。

（2）显示被测信号的频谱图。

（3）具有识别调幅、调频和等幅信号及测定其中心频率的功能。

本题的重点是设计并制作一台简易频谱分析仪。难点有两个：一是在扫频范围 1～30MHz 内如何保证分辨率为 10kHz；二是如何实现识别调幅、调频和等幅信号的能力。

5.3.2　方案论证

频谱仪按工作原理可分为模拟式和数字式两大类，具体细分见 5.1.2 节的相关介绍。

模拟式实时并行滤波法、非实时顺序滤波法、可调滤波法采用的硬件数量（特别是滤波器）太多，加之可调滤波器的频率范围太宽（指可调滤波法），因此已很少使用。对模拟式而言频谱仪而言，扫频外差法是最成功的方法。

纯数字式 FFT 频谱仪目前主要用在低频段，高频段主要受到 A/D 采样速度的限制，但随着数字技术的发展，数字式频谱仪的发展前景光明。根据题目要求，不能采用纯数字频谱仪方案。

通常应用的频谱仪大多数是外差式模拟频谱仪。然而，现代频谱仪将外差式扫描频谱分析技术与 FFT 数字信号处理结合起来，通过混合型结构集成了两种技术的优点。

下面介绍几种切实可行的总体方案。

1．扫频外差模拟频谱仪

扫频外差模拟频谱仪的总体框图如图 5.3.2 所示。

（1）低通滤波器。

低通滤波器的作用是防止宽带外差式频谱仪中特有镜像频谱的混淆。在宽带频谱仪设计中，抑制镜像的方法有两种：一是采用预选器，二是采用上变频。现将宽带频谱仪划分为两个波段。低频段采用上变频方案；将它转变成 15～29MHz，这恰好就是高频段。

（2）预选器。

在高频段，频率为 15～30MHz 的信号被切换到带通滤波器。

（3）第 1 混频器。

第 1 本振频率由稳定度较高的石英晶体振荡器产生，或通过单片机或可编程器件分频得到，混频之后可得 15～29MHz 的信号。

（4）第 2 混频器。

因高低频段均转换到 15～30MHz，故可采用同一个本振源。经第 2 级混频后得到

10.7MHz±200kHz 的中频信号。10.7±0.2MHz 的带通滤波器可选 10.7MHz 的陶瓷滤波器。

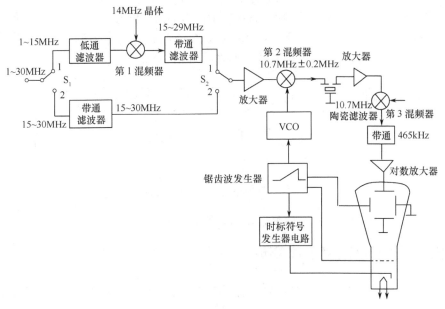

图 5.3.2　扫频外差模拟频谱仪总体框图

（5）第 3 混频器。

10.7±0.2MHz 的信号经过第 3 级混频后可以方便得到 465±5kHz 的低中频信号，这样就能达到频率分辨率为 10kHz 的基本要求。465kHz 的滤波器可以采用 465kHz 的中频变压器，也可以采用 465kHz 的陶瓷滤波器。这两种器件在市面上容易买到，因此能省去自己制作滤波器的麻烦，而且性能指标容易满足。

这种方案的优点是技术成熟，元器件容易采购，且软件设计简单。缺点是硬件设计工作量大，调试工作量大。综合来看，这个方案符合题意。

2．数字式频谱仪

数字式频谱仪的原理框图如图 5.3.3 所示。信号经过放大后，直接进行 A/D 采样，然后由 FPGA 进行数据处理。市面上的高速 A/D 转换器、FPGA 均容易购置，完全能满足题目的各项技术指标，而且硬件设计量小、软件设计量大。然而，该方案并不是题目任务要求的。

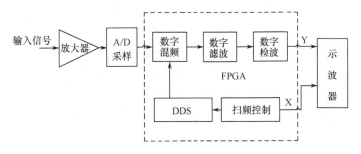

图 5.3.3　数字式频谱仪总体框图

3．数模混合型频谱仪

数模混合型频谱仪原理框图如图 5.3.4 所示。图中扫频信号（本振）由直接数字频率合成器（DDS）产生，放大器、混频器、滤波器、A/D 转换器均采用模拟电路，数字检波、数字滤波器、扫频控制等由 FPGA 完成，通过软件编程完成各项功能。

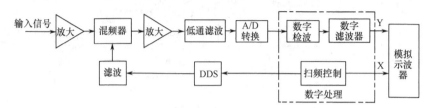

图 5.3.4　数模混合型频谱仪原理框图

上述三种频谱仪均可行，下面只介绍第三种。

5.3.3　系统组成及工作原理

系统组成如图 5.3.5 所示，它由输入通道部分、基带信号处理部分和频谱显示等组成。

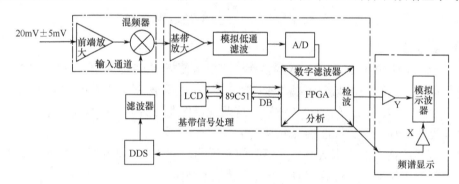

图 5.3.5　系统实现框图

下面根据本系统框图对各部分进行具体介绍。

1．输入通道部分

频谱仪的输入通道的作用是，控制加到后续部分的信号电平，并对输入信号取差频以获得基带频率。输入通道也称前端，主要由放大器和混频器两部分组成。

（1）前置放大器。

对前置放大器增益带宽积的考虑如下：因为输入信号频率为 1～30MHz，峰峰值为 $(20mV \pm 5mV) \times \sqrt{2}$，而混频器的输入要求信号峰峰值为 1V，因此需要前置放大器将输入信号放大 29～34dB。分析不同型号的宽带放大器后，选择 AD 公司的可变增益宽带放大器 AD603 作为前置放大器，其带宽取 0～40MHz 时，增益在 0～40dB 范围内可调，完全满足题目的要求。

（2）混频器。

由于模拟混频器是非线性器件，为了达到较好的混频效果，必须保证混频的输入电平满足一定的幅度要求（对 AD835 而言为 1V），另外要起到阻抗匹配的功能，尽可能降低有源负载与混频器之间的失配误差。

2．基带信号处理部分

（1）低频模拟放大器。

对混频器产生的差频信号（基带信号）进行放大，对其产生的和频信号（为高频分量）具有滤波功能。

（2）模拟基带滤波器。

设计一个 10kHz 带宽的低通模拟滤波器，去除混频后的倍频分量及 10kHz 外的信号，具体设计参见理论分析部分。

（3）A/D 转换。

将模拟信号转化为数字信号，此处因信号带宽为 10kHz，故采样率设为 100kHz。

（4）数字低通滤波器。

数字低通滤波器采用 FIR 结构，采用数字方式对信号进行进一步的滤波。

（5）数字检波器。

滤波器的输出接到检波器上，由检波器产生与信号电平成正比的直流电平，提取幅度信息。

（6）单片机人机交互。

单片机提供较好的人机交互界面，通过与 FPGA 互传数据，控制中心频率和扫描宽度，显示信号类型。

3．频谱显示部分

由于要同时显示频谱数据和光标，所以采用让 X 轴和 Y 轴轮流扫描的方式。频谱值显示时，X 轴输入扫描电压，Y 轴输入频谱值；光标显示时，Y 轴输入扫描电压，X 轴输入光标对应的电压值。

5.3.4　硬件设计

1．前端放大电路

设计提供的输入信号幅度有效值为 20 ± 5mV，为了达到混频器的输入要求，必须使前端放大器增益达到 50 倍，而输入信号频率为 1～30MHz，因此要求选用宽带增益放大器。通过实际实验比较，采用 AD 公司的 AD603 可变增益放大器，它可将输入信号放大约 40dB，且在 1～30MHz 范围内不失真。具体设计电路如图 5.3.6 所示，可通过调整滑动变阻器 R_{P1}，使放大倍数在 0～40dB 之间变化，从而满足本设计对前置放大器的要求。

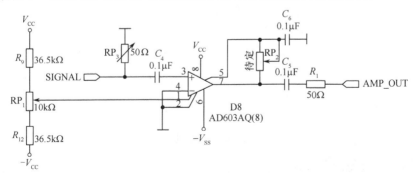

图 5.3.6　前置放大电路

2．本机振荡信号发生电路

要使混频器产生稳定的输出，本机振荡信号必须具有很高的稳定度和特定的输出幅度；因为输入信号频率为 1～30MHz，若采用压控振荡器（VCO）产生本机信号，则不仅难以调试而且难以获得稳定的输出，故采用集成的 DDS 芯片。分析并比较不同型号 DDS 芯片的性能后，选择 AD 公司的 DDS 芯片 AD9851 配合 FPGA 作为本机振荡信号发生器；由 FPGA 提供系统时钟和控制信号来控制 AD9851 芯片产生 1～30MHz 的本机振荡信号，步进为 10kHz。该部分电路如图 5.3.7 所示。

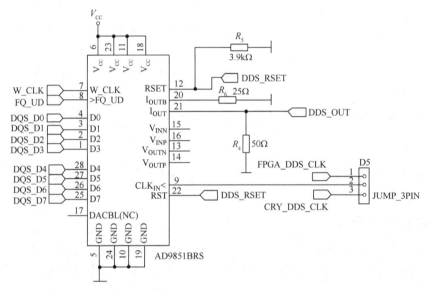

图 5.3.7　本机振荡信号发生电路

3．混频电路

通过模拟乘法器 AD835 将放大的输入信号与 DDS 产生的本机振荡信号进行混频，产生差频信号与和频信号。该部分电路如图 5.3.8 所示，其中正负电源都加有两个退耦电容，用以提高混频电路的性能。

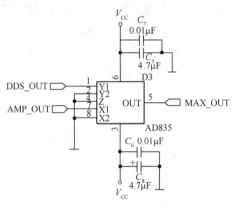

图 5.3.8　混频电路

4．模拟低通滤波电路

使用滤波器设计软件 FilterLab 2.0 设计 4 阶巴特沃斯模拟滤波器对混频器产生的和频

信号进行预滤波，其低通截止频率设定为 10kHz，阻带最小衰减为-65.8dB；通过 EWB 仿真验证，最后确定电阻电容参数如图 5.3.9 所示。

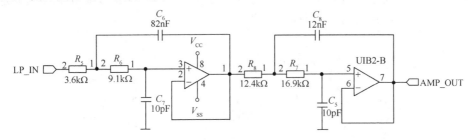

图 5.3.9 模拟低通滤波电路

5．中端放大电路

因为模拟滤波器输出的信号电平与其后 A/D 采样所需电平不匹配，故加一级放大电路调整信号电平，使其满足 A/D 采样所需的电平要求。中端放大电路如图 5.3.10 所示。

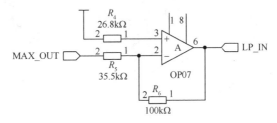

图 5.3.10 中端放大电路

6．A/D 采样电路

该部分电路实现模拟信号到数字信号的转换，ADC 采用 8 位 TLC5510。A/D 采样电路如图 5.3.11 所示，其中使用 LM336_2.5 为 TLC5510 提供 2.5V 的参考电压。

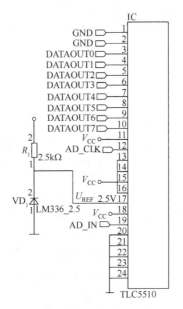

图 5.3.11 A/D 采样电路

7. 显示输出电路

显示电路分路显示 X 轴与 Y 轴，通过两个 D/A 转换将 X 轴、Y 轴的数据信息送至模拟示波器显示。显示输出电路如图 5.3.12 所示。

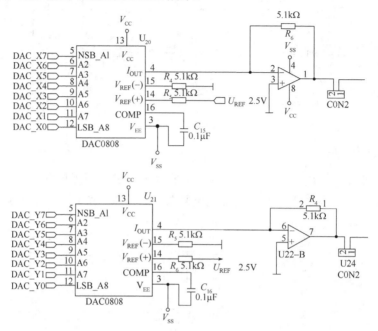

图 5.3.12　显示输出电路

5.3.5　软件设计

1. FPGA 实现功能

数字滤波：经过模拟低通滤波后，为了提高分辨率，对采样信号再进行一次滤波，使频率分辨率提高到 1kHz。基带滤波器采用切比雪夫数字滤波器，用 MATLAB 进行辅助设计，得到理想低通滤波器的频谱特性和相频特性如图 5.3.13 所示。

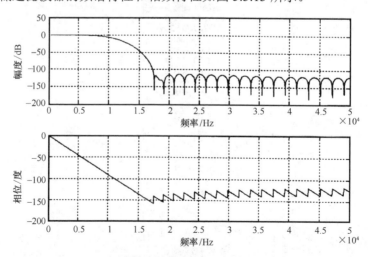

图 5.3.13　双精度 FIR 滤波器

　　将得到的双精度浮点滤波器的系数进行量化，同时考虑输入信号的量化效应及输出数据的截短造成的影响，通过仿真确定滤波器量化后的系数为

$$f(z) = 257 + 1321z^{-1} + 3046z^{-2} + 4947z^{-3} + 6290z^{-4} + 6290z^{-5} +$$
$$4947z^{-6} + 3046z^{-7} + 1321z^{-8} + 257z^{-9}$$

　　仿真 8 位量化的 5kHz 和 25kHz 混叠信号，经过量化滤波器后，得到 24 位的信号，取滤波器输出的前 8 位作为有效输出，得到输入/输出信号的频谱图如图 5.3.14 所示。

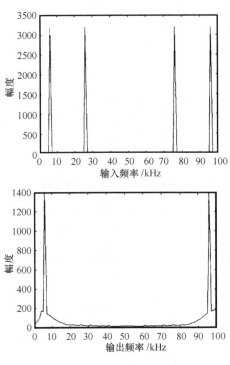

图 5.3.14　输入/输出信号的频谱图

　　由以上两图可以看出，数字滤波器具有较好的滤波效果。

2．数字检波

　　数字检波直接采用加权检波。这里我们对 FIR 滤波器的输出进行平均加权，即采用如下计算：

$$Sp = \sum_{i=1}^{N} FIR\_out(i)$$

综合考虑到数据的采样速率及数据的频率带宽，我们取 $N = 10$。

　　单片机最小系统的功能如下。

　　页面设置：通过键盘中断在 1～30MHz 范围内实现任意中心频率和扫描宽度控制，采用单片机最小系统液晶显示设置结果，并将结果读入 FPGA 寄存器。

　　类型检测：通过读 FPGA 来显示输入波形的类型。

3．单片机程序流程

　　单片机程序流程图如图 5.3.15 所示。

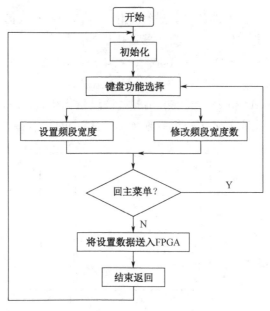

图 5.3.15　单片机程序流程图

5.3.6　测试结果

测试系统的连接图如图 5.3.16 所示，它将我们的频谱分析仪的输出结果与其他频谱分析仪的结果进行比对。

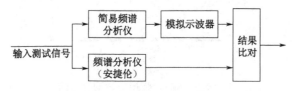

图 5.3.16　系统测试连接图

1. 测试方法与数据

采用信号发生器输出的调幅、调频和等幅波信号作为外差式频谱分析仪的输入信号，载波可选择在频率测量范围内，测试信号调幅波调制度为 30%，调制信号频率为 20kHz；调频波的频偏为 20kHz，调制信号频率为 1kHz。将得到的频谱和商业扫描频谱仪的结果进行比对，得到测试结果如下。

输　入　信　号	简易频谱仪	商用频谱分析仪
1MHz，峰峰值 30mV	990kHz 调幅波、调频波、等幅波识别正常，谱线清晰	1000kHz 无
10MHz，峰峰值 30mV	9990kHz 调幅波、调频波、等幅波识别正常，谱线清晰	10000kHz 无识别

续表

输 入 信 号	简易频谱仪	商用频谱分析仪
20MHz，峰峰值 30mV	19990kHz 调幅波、调频波、等幅波识别正常，谱线清晰	20000kHz 无识别
30MHz，峰峰值 30mV	30010kHz 调幅波、调频波、等幅波识别正常，谱线清晰	30000kHz 无识别

2．测试结果分析

测试结果表明，简易频谱分析仪能够进行带宽为 1～30MHz 信号的频谱扫描，完全能够达到题目所要求的精度。

5.4 音频信号分析仪

[2007 年全国大学生电子设计竞赛（A 题）（本科组）]

1．任务

设计并制作一台可分析音频信号频率成分并可测量正弦信号失真度的仪器。

2．要求

1）基本要求

（1）输入阻抗：50Ω。

（2）输入信号电压范围（峰峰值）：100mV～5V。

（3）输入信号包含的频率成分范围：200Hz～10kHz。

（4）频率分辨力：100Hz（可正确测量被测信号中，频差不小于 100Hz 的频率分量的功率值）。

（5）检测输入信号的总功率和各频率分量的频率与功率，检测出的各频率分量的功率之和不小于总功率值的 95%；各频率分量功率测量的相对误差的绝对值小于 10%，总功率测量的相对误差的绝对值小于 5%。

（6）分析时间：5s。应以 5s 为一个周期刷新分析数据，信号各频率分量应按功率大小依次存储并可回放显示，同时实时显示信号总功率和至少前两个频率分量的频率值与功率值，并设暂停键保持显示的数据。

2）发挥部分

（1）扩大输入信号动态范围，提高灵敏度。

（2）输入信号包含的频率成分范围：20Hz～10kHz。

（3）增加频率分辨力 20Hz 挡。

（4）判断输入信号的周期性，并测量其周期。

（5）测量被测正弦信号的失真度。

（6）其他。

3．说明

（1）电源必须自备，可用成品，也可自制。

（2）设计报告正文中应包括系统总体框图、核心电路原理图、主要流程图、主要测试结果。完整的电路原理图、重要的源程序和完整的测试结果用附件给出。

4．评分标准

设 计 报 告	项　　目	主 要 内 容	分　　数
设计报告	系统方案	比较与选择，方案描述	5
	理论分析与计算	放大器设计、功率谱测量方法、周期性判断方法	15
	电路与程序设计	电路设计、程序设计	10
	测试方案与测试结果	测试方案及测试条件、测试结果完整性、测试结果分析	12
	设计报告结构及规范性	摘要、设计报告正文的结构、图表的规范性	8
	总　　分		50
基本要求	实际制作完成情况		50
发挥部分	完成第（1）项		10
	完成第（2）项		10
	完成第（3）项		10
	完成第（4）项		10
	完成第（5）项		5
	其他		5
	总　　分		50

5.4.1　题目分析

此题采用 FFT 算法（软件）设计一台音频信号频谱仪。根据题目的任务和要求，对原题的任务、要完成的功能和技术指标归纳如下。

1．任务

设计并制作一台可分析音频信号频率成分、判断输入信号周期性、测量正弦信号失真度的仪器。

2．功能

仪器应具有高灵敏度、宽频带（相对频宽）、高频率分辨率、高分析精度、短分析时间等功能，能判断输入信号的周期性，能测定周期信号的周期，能测量正弦信号的失真度并显示相关信息。

3．主要技术指标

主要技术指标如表 5.4.1 所示。

表 5.4.1　主要技术指标一览表

技术指标	基本要求	发挥部分	备注
1．输入阻抗	50Ω		
2．输入信号电压范围（峰峰值）	100mV～5V	扩大动态范围	
3．输入信号包含的频率范围	200Hz～10kHz	20Hz～10kHz	
4．频率分辨率	100Hz	20Hz	
5．各频率分量的功率之和	≥95%（总功率）		相对总功率而言
6．各频率分量功率的相对误差	≤10%		
7．总功率相对误差	≤5%		
8．分析时间周期	5s		

音频信号分析仪又称低频信号频谱仪，那么频谱分析仪有哪几类？各类的基本结构及基本原理是什么？根据题目要求应选择哪种类型的频谱分析仪？

我们在"信号与系统"和"数字信号处理"的课程学习中得知，一个音频信号的特性可用一个随时间变化的函数 $f(t)$ 表示，也可用一个频率 f 或角频率 ω 的函数 $F(\omega)$ 表示。这两种表示之间的关系在数学上可以表示为一对傅里叶变换关系：

$$f(t) = \frac{1}{2\pi} \int_{-\infty}^{\infty} F(\omega) e^{j\omega t} \, d\omega \qquad (5.4.1)$$

$$F(\omega) = \int_{-\infty}^{\infty} f(t) e^{-j\omega t} \, dt \qquad (5.4.2)$$

上述关系可以由图 5.4.1 形象地表示。

音频信号的时域波形可用示波器进行观测，而频域函数可用频谱仪进行观测。

频谱仪按工作原理可分为模拟式和数字式两大类。模拟式频谱仪以模拟滤波器为基础，数字式频谱仪以数字滤波器或快速傅里叶变换为基础，详见 5.1 节。

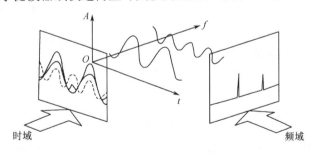

图 5.4.1　时域与频域观测之间的关系

FFT 算法也有多种，常见的有基-2FFT 算法（包括按时间抽选的基-2FFT 算法和按频率抽选的基-2FFT 算法）、混合基算法、基-4FFT 算法、WFTA 算法（Winograd Fourier Transform Algorithm）等。20 世纪 60 年代中期，库利和图基提出了一种离散傅里叶变换的快速算法（基-2FFT 算法），它的运算量约为 $\frac{N}{2} \log_2 N$ 次复数乘法和 $N \log_2 N$ 次复数加法。继库利和图基之后，又有许多人致力于进一步减少 DFT 的运算量，相继提出了一些改进算法。其中，最著名的算法是 WFTA 算法。WFTA 算法进一步将运算量减少到接近 N 的水平，但由于 WFTA 算法的数据寻址涉及模运算，加之运算结构的规律性不强，因此运算量巨大，阻碍了其推广。迄今为止，基-2FFT 算法的使用仍然比较普遍，原因之一是技术成熟，原因之二是可供利用的资源丰富。关于基-2FFT 算法的原理和利用 FFT 算法分析频谱的原理，已在数字信号处理教科书中做了详细论述，这里不再重复。

5.4.2 系统方案

方案一：基于 ARM ST710 专用芯片的系统方案。基于 ARM ST710 的音频频谱分析仪系统的原理框图如图 5.4.2 所示。

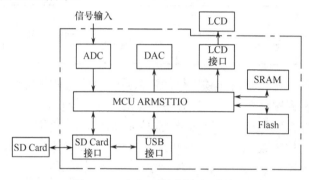

图 5.4.2　方案一的系统原理框图

该方案采用 DSP 专用芯片 ARM ST710 进行控制和 FFT 计算，速度快，具有波形存储和处理后波形的重放功能，还配有输出接口与示波器相连，可从时域和频域观测波形，非常直观、实用。

方案二：基于 FPGA + 单片机的系统方案。该方案选用 Altera 公司 Cyclone 系列的 FPGA（EP1C6）来实现 FFT 运算，利用单片机（AT89C51）进行控制和进一步分析，其系统原理框图如图 5.4.3 所示。

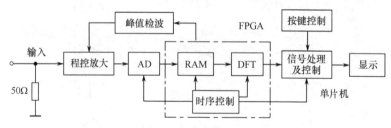

图 5.4.3　方案二的系统原理框图

方案三：以凌阳 16 位单片机 SPCE061A 为核心构成信号分析仪。该方案采用凌阳 16 位单片机 SPCE061A 为核心控制器件，该芯片具有 DSP 功能，可以实现音频信号频谱分析。由于芯片内部加入了硬件乘法器，因此既可用于控制，又可完成数据的信息处理，使 FFT 运算变得比普通 51 单片机更加快速。系统原理框图如图 5.4.4 所示。

方案四：基于单片机 C8051F060 + FPGA 构成信号分析仪。该系统的原理框图如图 5.4.5 所示。单片机 C8051F060 独立完成 4096 点 FFT 运算和信号的失真度分析。虽然这种方案的速度不及采用专用 DSP 芯片快，但采用优化的 FFT 并将优化后的 FFT 在单片机内做实验，利用外扩的 128KB RAM 运算 4096 点 FFT 计算幅度谱，利用 FPGA 进行测频和控制，运算时间不超过 4s，能够达到设计要求。

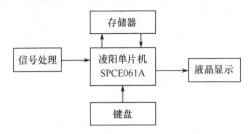

图 5.4.4 方案三的系统原理框图

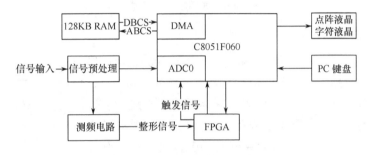

图 5.4.5 方案四的系统原理框图

方案选择：以上 4 种方案均可行，都能达到题目要求。从运算速度方面考虑，方案一最快；从成本方面考虑，方案三最便宜。电子设计大赛要在四天三夜内完成，DSP 专用芯片一时难以购到，既然能采购到某些器件，最后也不一定能得到最佳的实验结果。故本系统最后采用方案四。

5.4.3 理论分析与计算

1. FFT 原理

快速傅里叶变换（FFT）是离散傅里叶变换的快速算法，它是根据傅里叶变换的奇、偶、虚、实特性，对离散傅里叶变换的算法进行改进获得的。DFT 算法的计算量是 N^2 量级，基-2FFT 算法的计算量是 NM（$N = 2^M$）量级。我们在前人算法的基础上对原代码进行了精简，采用 MATLAB 进行仿真试验，使得运算量又降低了四分之一，因此能在单片机上独立完成频谱分析，整个 FFT 的分析过程耗时约 4s。

2. 音频放大器设计

根据题目的基本要求，输入信号电压 U_{pp} 的峰值范围为 100mV～5V，发挥部分要求扩大动态范围，进一步提高灵敏度，现将动态范围定为 10mV～10V，即动态范围为 60dB。对 ADC 器件，一般输入信号 U_{pp} 要求在范围 0.5～2V 内，保证 ADC 器件的最高位和次高位能充分利用，以便拉开量化等级。基于上述思想，输入信号 U_{pp} 高于 2V 时要进行衰减，输入信号 U_{pp} 低于 0.5V 时要进行放大。对于大信号衰减，宜采用无源电阻网络，以便降低后级音频程控放大器的要求。对输入信号 U_{pp} 进行放大，采用程控放大器最理想。这里采用两级由 AD603 构成的程控放大器，其放大增益为

$$G = 80U_g + 20 \tag{5.4.3}$$

当 U_g 在-0.5～0.5V 范围变化时，其增益为-20～60dB。

因 AD603 内部有一个电阻衰减网络，故可以省掉前级无源电阻衰减网络，其原理框图如图 5.4.6 所示。图中前置放大器有两个作用：一是阻抗匹配（与 50Ω 阻抗匹配），二是隔离作用。可调抗混叠低通滤波器的作用是滤除高频干扰信号与噪声。

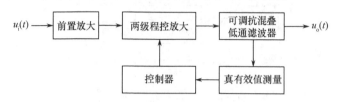

图 5.4.6　音频放大器原理框图

3．功率谱测量方法

在"信号与系统"和"数字信号处理"课程的教材中已经指出，序列的 DFT 就是序列的离散频谱。在本题中，输入的信号是音频连续的模拟信号，要利用 FFT 算法求出信号频谱，首先应对模拟音频信号进行采样。采样后的信号就成为有限长序列 $x(n)$。然后利用 FFT 求得 $X(k)$，于是 $X(k)$ 就代表了序列在区间[0, 2π]上的频谱值，即

$$X(k) = \mathrm{FFT}[x(n)] \, , \, k = 0, 1, \cdots, N{-}1$$

将 $X(k)$ 表示成极坐标形式，有

$$X(k) = |X(k)|\mathrm{e}^{j\varphi(k)} \tag{5.4.4}$$

幅度谱　　　　　　　　$$|X(k)| = \sqrt{X_R^2(k) + X_I^2(k)} \tag{5.4.5}$$

相位谱　　　　　　　　$$\varphi(k) = \arctan\frac{X_I(k)}{X_R(k)} \tag{5.4.6}$$

式中，$X_R(k)$ 和 $X_I(k)$ 分别为 $X(k)$ 的实部和虚部。

通常称两条谱线之间的距离为频率分辨率。对用 FFT 进行频谱分析来说，数字频谱分辨率为

$$\Delta\omega = \frac{2\pi}{N} \tag{5.4.7}$$

式中，N 为 FFT 的长度。

根据采样定理，采样频率必须大于 2 倍的信号最高频率。根据题目要求，信号的最高频率 $f_{smax} = 10\mathrm{kHz}$，故采样频率 $f_c > 2f_{smax}$，即 f_c 必须大于 20kHz。这里要特别指出的是，在测量音频正弦信号的失真度时，要考虑失真度的精度要求，所选采样频率 f_c 必须大于 $2nf_s$（n 为所取谐波次数）。若取 $n = 10$，则 $f_c \geqslant 20f_s$，即 $f_{cmax} = 200\mathrm{kHz}$，故抗混叠滤波器的截止频率也要做相应的调整，否则测试高端音频信号的失真度会产生很大误差。

N 的选取必须根据采样频率 f_c 和模拟信号频率分辨率 $\Delta F = 20\mathrm{Hz}$ 进行，即

$$N_{\min} \geqslant \frac{f_c}{\Delta F} = \frac{20\times10^3}{20} = 1000$$

采用基-2FFT 算法时，要求 $N = 2^{\ln1000+1}$。我们取 $N = 2^n = 2048$。

按确定的参数获得的实际分辨率为

$$\Delta F = \frac{f_c}{N} = \frac{20 \times 10^3}{2048} = 9.7656\text{Hz}$$

下面讨论功率谱的计算方法。功率谱的计算可采用直接方法，即将 FFT 后得到的信号幅度谱平方，得到功率谱，其计算公式为

$$P(f) = \left| \frac{X(k)}{N} \right|^2 / 2 \qquad （5.4.8）$$

4．周期的判断方法

若 $f(t)$ 为周期信号，周期为 T_1，角频率为 $\omega_1 = \dfrac{2\pi}{T_1}$，频率 $f_1 = \dfrac{1}{T_1}$，则 $f(t)$ 可展开成傅里叶级数

$$f(t) = a_0 + \sum_{n=1}^{\infty} [a_n \cos(n\omega_1 t) + b_n \sin(n\omega_1 t)] \qquad （5.4.9）$$

式中，
$$a_0 = \frac{1}{T_1} \int_{t_0}^{t_0+T_1} f(t)\mathrm{d}t \qquad （5.4.10）$$

$$a_n = \frac{2}{T_1} \int_{t_0}^{t_0+T_1} f(t)\cos(n\omega_1 t)\mathrm{d}t \qquad （5.4.11）$$

$$b_n = \frac{2}{T_1} \int_{t_0}^{t_0+T_1} f(t)\sin(n\omega_1 t)\mathrm{d}t \qquad （5.4.12）$$

也可将同频信号进行合并写成另一种形式，

$$f(t) = C_0 + \sum_{n=1}^{\infty} C_n \cos(n\omega_1 t + \varphi_n) \qquad （5.4.13）$$

或
$$f(t) = d_0 + \sum_{n=1}^{\infty} d_n \sin(n\omega_1 t + \theta_n) \qquad （5.4.14）$$

还可写成指数形式，

$$f(t) = \sum_{n=-\infty}^{\infty} F(n\omega_1)\mathrm{e}^{jn\omega_1 t} \qquad （5.4.15）$$

式中，
$$F_n = \frac{1}{T_1} \int_{t_0}^{t_0+T_1} f(x)\mathrm{e}^{-jn\omega_1 t}\,\mathrm{d}t, \ n = 1, 2, 3, \cdots \qquad （5.4.16）$$

由上述分析可知，周期函数的频谱是离散谱。正弦信号只在 ω_1 处有一条谱线，非正弦周期函数有多条谱线，它们的位置落在 $n\omega_1$ 处，显然相邻两条谱线之间的距离为 ω_1。失真的正弦信号可以当做非正弦周期信号处理。利用 FFT 得到的频谱是以 $n\omega_1$ 为核心的一束谱线，但相邻两束谱线之间的距离仍为 ω_1。根据以上分析不难看出信号周期是两束谱线之间的时间间隔，而这样测得的周期会存在误差，误差大小与频率分辨率直接有关。要准确地测出周期信号的周期，可以根据频率计的原理测频和测周。

5．正弦信号失真度的测量方法

失真度定义为

$$D = \sqrt{\frac{U_2^2 + U_3^2 + \cdots}{U_1^2 + U_2^2 + U_3^2 + \cdots}} \qquad (5.4.17)$$

只要测出各个分量的幅度谱，便可求得失真度 D。要特别指出的是，对于音频信号的高端，如频率为 10kHz 的正弦信号，其二次谐波为 20kHz、三次谐波为 30kHz……抗混叠干扰的低通滤波器不应设在 $f_H = 10$kHz 上，根据对失真度精度的要求，可将 f_H 在原来的基础上提高。若考虑 10 次谐波以下的成分，则 f_H 应提高至 100kHz。

5.4.4　电路与程序设计

本系统设计总体框图如图 5.4.5 所示。下面分别对各个部分进行设计。

1．硬件设计

1）单片机最小系统设计

根据题意，音频信号的采集需要精度高、速度快的 ADC，对采集后的数据做 FFT 运算和数据存储，作为分析仪需要有人性化的人机交互界面。基于以上设计要求，系统采用 C8051F060 单片机，其内部集成了 1MHz、16 位 ADC，工作频率高达 25MHz，且可进行 DMA 操作。为了实现大容量的数据存储，外扩了 128KB RAM；为了实现准确的信号采集，ADC 前端做了放大和滤波；为了实现良好的人机交互，除将通用 I/O 接口引出外，扩展两块液晶屏，并提供 PC 键盘和鼠标接口，其原理框图如图 5.4.7 所示。

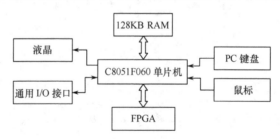

图 5.4.7　单片机最小系统原理框图

2）程控音频放大器设计

程控音频放大器的原理图如图 5.4.8 所示。该放大器由输入缓冲放大器、两级程控放大器组成。第一级采用低噪声电压反馈型运放 OPA642 作为前级，它的作用有两个：一是阻抗匹配（基本要求输入阻抗为 50Ω）；二是隔离。该级不承担电压放大任务。同时在输入端加上了二极管过压保护。若要扩大高端动态范围（> 5V），可在此电路之前再加一个衰减器。第二级、第三级均采用 AD603 构成的程控放大电路。两级的总增益为

$$A_G = 80U_g + 20 \qquad (5.4.18)$$

式中，U_g 为控制电压，由控制器经 DAC 提供，其值为 -0.5～+0.5V，故总增益为 -20～60dB，完全满足题目要求。

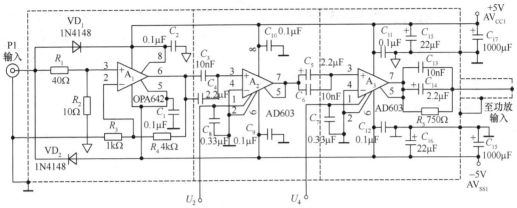

图 5.4.8 程控音频放大器原理图

3）低通滤波器设计

为了抗混叠干扰，要求在程控音频放大器中加装抗混叠低通滤波器，它由一个集成了 8 阶椭圆低通滤波器的芯片（MAX7404）组成，其截止频率 f_H 和预设时钟频率（f_{CLK}）的关系如下：

- 进行音频信号频谱分析时，$f_{H1} = 10\text{kHz} = f_{CLK} / 4$。
- 进行正弦波失真度测量时，$f_{H2} = 10\times10\text{kHz} = f_{CLK} / 4$。

这样做的目的是在进行正常音频信号频谱分析时，保证最高频率成分在一个周期能采样 4 个点，而进行音频正弦波测量时，能够测出 10 次以下的谐波成分，保证失真度测量精度。

4）频率测量电路

在判断音频信号为周期信号后，需要测量该周期信号的周期 T。本系统选用施密特触发器 74LS132 作为整形电路，得到比较理想的方波后，送 FPGA 测周。

根据 74LS132 的特性，该触发器要求单极性输入，且门限电平在 1.2V 左右。这些要求应予以保证。因测周属常规测量方法，这里不再过多重复。

2. 软件设计

软件部分的核心运算是 FFT，它采用了高效的运算代码。由于 FFT 的运算需要大容量RAM资源，超出了 64KB 的存储空间，故本系统用软件将 RAM 容量扩展至 128KB。程序主要分为三部分，即功率谱分析、周期性判断和失真度测量。高速的 060 单片机完成从数据采集到数据处理的过程，程序量较大，内部 64KB 的程序存储器提供了足够的软件空间，具体流程图如图 5.4.9 所示。

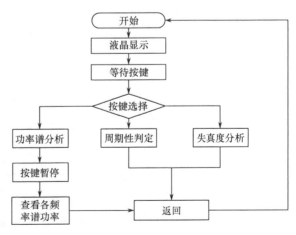

图 5.4.9 程序流程图

5.4.5 测试方案与测试结果

1. 测试仪器

信号源：YB1602 函数信号发生器、Agilent 33250A 函数信号发生器。

示波器：Tektronix TDS1002（60MHz）。

频谱分析仪：R&S FMU360。

失真度测试仪、频率计和数字三用表。

2. 测试方法与结果

1）输入阻抗测量

测量方法：采用电阻分压测试法，测量原理框图如图 5.4.10 所示。计算公式为

$$R_i = \frac{R_1(U_S - U_{R_1})}{U_{R_1}} \qquad (5.4.19)$$

测试结果如表 5.4.2 所示。

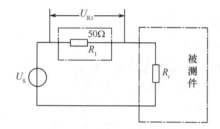

图 5.4.10 R_i 测量原理框图

表 5.4.2 内阻测量一览表

U_S/V	U_{R_1}/V	R_i/Ω
2.0	1.01	49.9
0.2	0.099	50.1
0.02	0.0102	49.8

2）功率谱测量

（1）测试方法。

本系统使用一块字符液晶屏显示数据和界面，使用一块点阵液晶屏显示谱线，其测试原理框图如图 5.4.11 所示。信号产生的波形以矩形波、三角波和锯齿波为宜，因为这些波形频谱很宽，且谐波分量可以准确计算出来，便于比较对照。

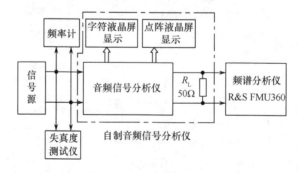

图 5.4.11 测试原理框图

（2）测试结果。

测试结果按表 5.4.3 进行填写，这里以锯齿波为例。

表 5.4.3 锯齿波测量数据一览表

输入信号		理论值与自制音频信号测量值对照								
频率/Hz	V_{PP}/mV	$P_1 P'_1$ $\dfrac{\Delta P_1}{P'_1}$	$P_2 P'_2$ $\dfrac{\Delta P_2}{P'_2}$	$P_3 P'_3$ $\dfrac{\Delta P_3}{P'_3}$	$P_4 P'_4$ $\dfrac{\Delta P_4}{P'_4}$	$P_5 P'_5$ $\dfrac{\Delta P_5}{P'_5}$	$P_6 P'_6$ $\dfrac{\Delta P_6}{P'_6}$	$P_7 P'_7$ $\dfrac{\Delta P_7}{P'_7}$	$P_8 P'_8$ $\dfrac{\Delta P_8}{P'_8}$	$P_\Sigma P'_\Sigma$ $\dfrac{\Delta P_\Sigma}{P'_\Sigma}$
20	10 100 1000 5000									
100	10 100 1000 5000									
1000	10 100 1000 5000									

注：P_i 表示各频率分量的功率值（$i = 1, 2, \cdots$）；P'_i 表示各频率分量的理论功率值（$i = 1, 2, \cdots$）；$\Delta P_i = \left| P_i - P'_i \right|$；$P_\Sigma = \sum\limits_{i=1}^{\infty} P_i$，测出 P_i 的值，自然就测出该分量的频率值。

3）周期性判断与周期 T 的测量

（1）测试方法。

测试原理框图与图 5.4.11 相同，只不过在音频信号分析仪的信号输入端再加了一个低阻抗（50Ω）话筒。分别输入矩形波、三角波、锯齿波、正弦波和话筒讲话信号。

（2）测试结果。

测试结果如表 5.4.4 所示。

表 5.4.4 周期性判断与周期 T 的测量结果

输入信号类型	测试结果		测试条件
	周期性判断	实测周期	
正弦波	是	0.202ms	$f = 5\text{kHz}$，$U_{pp} = 1\text{V}$
方波	是	0.201ms	$f = 5\text{kHz}$，$U_{pp} = 1\text{V}$
三角波	是	0.203ms	$f = 5\text{kHz}$，$U_{pp} = 1\text{V}$
锯齿波	是	0.199ms	$f = 5\text{kHz}$，$U_{pp} = 1\text{V}$
话筒信号	否	无	200～3000Hz，$U_{pp} = 1\text{V}$

4）失真度测试

以失真度专用测试为标准，与自制音频信号分析仪测试结果进行比较，测试原理框图如图 5.4.11 所示，测试结果如表 5.4.5 所示。

表 5.4.5　失真度的测试结果一览表

输入信号（正弦波）		用自制音频信号分析仪测试	用专用失真仪测试
频率	U_{pp}	实测失真度 D	失真度 D
20Hz	1V	1.1%	0.97%
50Hz	2V	2.0%	1.5%
1kHz	3V	0.89%	0.83%
10kHz	4V	0.841%	0.81%

3．测试结果分析

通过系统自测，各项技术指标均已满足题目要求，且部分指标超出题目要求，整个系统集成度高，稳定可靠。唯独在测试正弦信号为 50Hz 时，失真度较大。主要原因是市电干扰，排除干扰后，在这个频点附近失真度还是偏高。若该系统能加装一个 50Hz 的陷波器，则可能会使这项指标测试更顺利一些。

附录 A　三角波、锯齿波及方波的傅里叶级数系数 MATLAB 仿真

傅里叶级数分解表达式为

$$f(t) = a_0 + \sum_{n=1}^{\infty} [a_n\cos(n\omega_1 t) + b_n\sin(n\omega_1 t)]$$

1）三角波

三角波的波形曲线，如图 A.1 所示。

傅里叶级数系数表达式为

$$a_0 = \frac{E}{2}, \quad a_n = \frac{4E}{(n\pi)^2}\sin^2\left(\frac{n\pi}{2}\right), \quad b_n = 0。$$

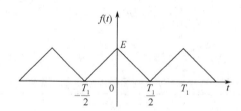

图 A.1　三角波波形曲线

MATLAB 计算的各次谐波分量幅值如下表所示（取 $E=1$），$a_0 = 1/2$。

n	a_n	b_n
1	0.4053	0
2	0.0000	0
3	0.0450	0
4	0.0000	0
5	0.0162	0
6	0.0000	0
7	0.0083	0

n	a_n	b_n
8	0.0000	0
9	0.0050	0
10	0.0000	0

MATLAB 仿真曲线如图 A.2 所示。

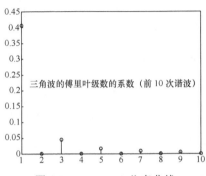

图 A.2   MATLAB 仿真曲线

2）锯齿波

锯齿波的波形曲线如图 A.3 所示。

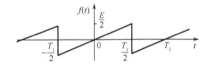

图 A.3   锯齿波曲线

傅里叶级数系数表达式为

$$a_0 = 0, \quad a_n = 0, \quad b_n = (-1)^{n+1}\frac{E}{n\pi}$$

MATLAB 计算的各次谐波分量幅值如下表所示（取 $E = 1$）。

n	a_n	b_n
1	0	0.3183
2	0	−0.1592
3	0	0.1061
4	0	−0.0796
5	0	0.0637
6	0	−0.0531
7	0	0.0455
8	0	−0.0398
9	0	0.0354
10	0	−0.0318

MATLAB 仿真曲线如图 A.4 所示。

3）方波

方波的波形曲线如图 A.5 所示。

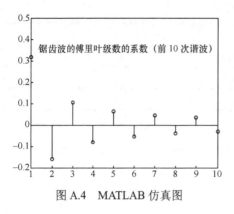

图 A.4　MATLAB 仿真图

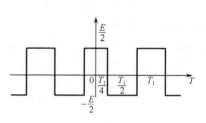

图 A.5　方波曲线

傅里叶级数系数表达式为

$$a_0 = 0, \quad a_n = 0, \quad b_n = \frac{2E}{n\pi} \sin\left(\frac{n\pi}{2}\right)$$

MATLAB 计算的各次谐波分量幅值如下表所示（取 $E = 1$）。

n	a_n	b_n
1	0	0.6366
2	0	0.0000
3	0	−0.2122
4	0	0.0000
5	0	0.1273
6	0	0.0000
7	0	−0.0909
8	0	0.0000
9	0	0.0707
10	0	0.0000

MATLAB 仿真曲线如图 A.6 所示。

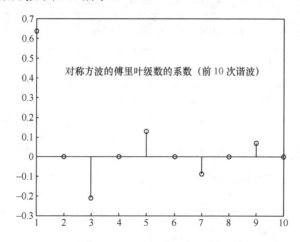

图 A.6　MATLAB 仿真曲线

MATLAB 程序中用于查看表达式是否有误的代码如下。

```
n = 1 : 1 : 10;
```

%%三角波函数傅里叶级数系数（前10次谐波），即求 $a_n = \dfrac{4E}{(n\pi)^2}\sin^2\left(\dfrac{n\pi}{2}\right)$

```
y1 = sin((pi.*n)/2).*sin((pi.*n)/2);
y2 = (pi.*n).*(pi.*n);
tr = 4.*y1.y2;
```

%%锯齿波傅里叶级数系数（前10次谐波），即求 $b_n = (-1)^{n+1}\dfrac{E}{n\pi}$

```
y3 = (-1).^(n+1);
y4 = pi.*n;
juchi = y3./y4;
```

%%方波傅里叶级数系数（前10次谐波），即求 $b_n = \dfrac{2E}{n\pi}\sin\left(\dfrac{\pi}{2}\right)$

```
y5 = sin((pi.*n)/2);
y6 = pi.*n;
fangbo = 2.*y5/y6;
figure(1);
stem(n, tr)
figure(2);
stem(n, juchi)
figure(3);
stem(n, fangbo)
```

5.5　80～100MHz 频谱分析仪

［2015 年全国大学生电子设计竞赛（E 题）（本科组）］

1．任务

设计并制作一个简易频谱仪。频谱仪的本振源用锁相环制作。频谱仪的基本结构图如图 5.5.1 所示。

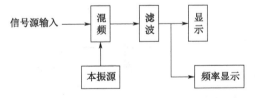

图 5.5.1　频谱仪的基本结构图

2．要求

1）基本要求

制作一个基于锁相环的本振源：

（1）频率范围为 90～110MHz。

（2）频率步进为 100kHz。

（3）输出电压幅度为 10～100mV，可调。

（4）在整个频率范围内可自动扫描；扫描时间在 1～5s 内可调；可手动扫描，还可预置在某一特定频率。

（5）显示频率。

（6）制作一个附加电路，用于观测整个锁定过程。

（7）锁定时间小于 1ms。

2）发挥部分

制作一个频谱分析仪：

（1）频率范围为 80～100MHz。

（2）分辨率为 100kHz。

（3）可在频段内扫描并能显示信号频谱和对应幅度最大的信号频率。

（4）测试在全频段内的杂散频率（大于主频分量幅度的 2%为杂散频率）个数。

（5）其他。

3. 说明

在频谱仪滤波器的输出端应有一个测试端子，便于测量。

4. 评分标准

评分标准如表 5.5.1 所示。

表 5.5.1　评分标准

项　目		主 要 内 容	分　数
设计报告	系统方案	方案选择、论证	4
	理论分析与计算	进行必要的分析、计算	4
	电路与程序设计	电路设计、程序设计	4
	测试方案与测试结果	表明测试方案与测试结果	4
	设计报告结构及规范性	图表的规范性	4
	小计		20
基本要求	完成第（1）项		10
	完成第（2）项		10
	完成第（3）项		5
	完成第（4）项		10
	完成第（5）项		5
	完成第（6）项		5
	完成第（7）项		5
	小计		50
发挥部分	完成第（1）项		15
	完成第（2）项		5
	完成第（3）项		15
	完成第（4）项		10
	其他		5
	小计		50
总　分			120

5.5.1 题目分析

本题是 2005 年竞赛题"简易频谱分析仪设计"的升级版，频率从 30MHz 上升到 100MHz，并限定用锁相环制作本振源。出题者的思路是：第一，将仪器类的频率提高到 100MHz 以上，培养学生设计高频电子线路的能力；第二，熟练掌握锁相技术；第三，了解混频器产生的组合频率干扰。

题目基本要求中增加了测捕捉时间电路和测捕捉时间，目的是检验学生对锁相环基本知识的掌握情况；锁相环在失锁时鉴相器的输出为交流，理论上是鉴相器输入电压的差拍频率的正弦波，靠环路的牵引作用，两个频率不断靠近，最后锁定，鉴相器输出为直流。只要用示波器观测这一过程，就可大致测出捕捉时间。捕捉时间为失锁到锁定所需的时间，一般由频率牵引时间加快捕时间组成，快捕时间很短，一般不到 1ms，因此加在压控振荡器上的预置电压保证预置在快捕带内即可。要缩短捕捉时间，就要提高环路的总增益；混频电路建议用模拟乘法电路，输入幅度小于 26mV 可减少组合频率分量个数；频率分辨率是频谱仪的重要指标，它主要取决于带通滤波器的带宽，若用晶体滤波，其带宽可做到 25kHz，分辨率不成问题；组合频率干扰是衡量混频器做得好坏的一个重要指标，混频器是一个非线性电路，虽然用模拟乘法器，但它是一个近似乘法，因此混频器会产生很多组合频率分量，若这些分量落在带通滤波器的带宽内，就会组成组合频率干扰；若基本要求用数字锁相环，由于其输出为方波，则其组合频率分量很多，导致杂散频率增多，影响发挥部分要求的第（4）项。

频谱分析仪大体可以分为模拟式和数字式两大类。模拟式频谱分析仪以扫频外差式为代表，数字式频谱分析器又分为数字滤波法和 FFT 计算法，这两类频谱分析仪各有优缺点，将它们结合起来构成混合型结构是一种理想的选择。

根据题目要求，本振的频率范围为 90~110MHz，频谱分析仪的频率范围为 80~100MHz，两者的频差为 $f_i = f_L - f_S = 10$MHz，这说明频谱分析仪应采用高中频超外差体制。若选择 $f_i = 10.7$MHz，则其中频滤波器可选择 10.7MHz±100kHz 的陶瓷滤波器或石英晶体滤波器，它们均是标准件，市面上容易购买且价格便宜，更重要的是可避免自制中频滤波器的麻烦。我国无线电调频广播频段为 88~108MHz，FM 接收机的本振频率范围为 $(88 + 10.7) ~ (108 + 10.7)$MHz，其中频 $f_i = 10.7$MHz。这样做的目的是有利于抑制镜像干扰。

根据发挥部分第（2）、（3）、（4）项的要求，设计的频谱分析仪不仅要能显示频谱，而且要能精确算出有用信号的频率 f_S 和全频段内的杂散频率（大于主频分量幅度 2%的杂散频率）个数。要完成上述任务，必须采用数字信号处理（DSP）技术。因此，必须将(10.7±0.1)MHz的中频信号进一步降低为低中频或零中频，然后采用快速傅里叶算法（FFT）求得各频率分量的幅值。系统总体原理框图如图 5.5.2 所示。

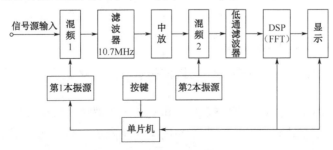

图 5.5.2 频谱仪原理框图

5.5.2 系统方案

1．锁相环部分的论证与选择

方案一：由变容二极管、MC145152、MC1648、MC12022、运放等模块组成。分模块实现锁相环系统的鉴相、环路滤波、压控振荡器、倍频器、分频器等功能。此方案电路复杂，调试困难，可编程性能较差。

方案二：使用集成压控振荡器（VCO）的宽带频率合成器 ADF4351。此芯片输出频率范围为 35～4400MHz，拥有小数或整数 N 分频的频率合成器，具有低相位噪声的 VCO，模拟和数字锁定检测，三线式串行接口。此方案可编程性较好，实现相对简单，有利于后续部分对仪器性能的提升。

综合以上描述，选择方案二。

2．混频器部分的论证与选择

方案一：采用分立元件三极管混频。三极管混频电路具有搭建简单、成本低的特点。它的主要工作原理是通过三极管的非线性作用产生不同的高低频频率组合，然后通过带通滤波器滤出中频，实际上是频率的搬移。采用这个设计方案可以获得较宽的通频带和较高的增益。但是，由于在该方案中采用了分立元件，电路中容易产生非线性失真，而且该电路 Q 值较低，性能不稳定，调试非常困难。

方案二：采用模拟乘法器 AD835。其基本功能是实现 $W = XY + Z$，将本振信号和输入信号相乘得到两者频率的和差信号，达到混频的效果。该乘法器芯片可以实现 250MHz 范围内信号的混频，外围电路简单，调试方便，而且电路性能要优于采用三极管实现的混频器电路。

综合以上描述，选择方案二实现混频。

3．滤波电路论证与选择

混频后的信号产生输入信号和本振信号的和频与差频，所以要通过滤波器提取不同频率对应的幅值。

方案一：采用无源滤波的方法。无源滤波电路主要由 LC 元件构成，滤波效果较好，但是对器件取值有较精确的要求，不易于调试，而且根据题目要求滤波器的阶数要求较高。

方案二：采取有源滤波的方法。有源滤波电路主要由 RC 元件和运放构成，由于运放的使用使得有源滤波器具有一定的电压放大和缓冲作用，因此有专门的计算机软件辅助实现，具有很好的平坦性。

因为混频后的信号的幅值要缩减，为保证一定的信号强度，利用有源滤波器的电压放大作用，选择方案二。

4．检波电路方案论证与选择

检波电路提取滤波后信号的幅值，不同的频点对应的幅值不同，进而得出频谱关系，即得到频谱分析图的 y 坐标。

方案一：采用电阻、二极管等分立元件和运算放大器搭建峰值检波电路。电路涉及多个分立元件，调试起来比较困难，对电路的抗噪性能要求较高，而且还涉及元器件的选型问题。

方案二：选取专门的峰值检波芯片。选用集成 AD8361 检波芯片，有三种典型应用电路可供选择，电路搭建简单，输入与输出呈固定倍数的线性变化，检波效果更加优良。在同样的功能下，器件的数量越少，越利于提高电路系统的抗干扰性能，所以方案二更适合本题。

5.5.3 理论分析与计算

1. 锁相环频率合成原理

根据题目要求，本振的频率范围为 90～110MHz，频率步进为 100kHz，而 ADF4351 的 VCO 输出的频率范围为 2.2～4.4GHz，故取射频分频器的分频比为 32，得到输出频率范围为 68.75～137.5MHz，完全满足题目要求。

反过来，射频输出 90～110MHz 对应 VCO 输出的频率范围应是 2880～3520MHz，频率步进为 100kHz，因此 VCO 的输出频率步进应为 100×32kHz = 3.2MHz。

取鉴相器输入的参考频率 $f_{PFD} = 3.2\text{MHz}$，则整数 N 分频范围为

$$N_{\min} = \frac{2880}{3.2} = 900 = (0000\ 0011\ 1000\ 0100)_2$$

$$N_{\max} = \frac{3520}{3.2} = 1100 = (0000\ 0100\ 0100\ 1100)_2$$

令 FRAC = 0，$D = T = 0$，$R = 1$。由 90～110MHz 按 100kHz 频率步进，得总步数为
$$M = (110 - 90)/0.1 = 200$$
$$N_{\max} - N_{\min} = 1100 - 900 = 200$$

根据射频输出公式

$$\begin{cases} \text{RF}_{VCD} = f_{PDF} \cdot \left[\text{INT} + \left(\dfrac{\text{FRAC}}{\text{MOD}} \right) \right] & (5.5.1) \\[3mm] f_{PDF} = \text{REF}_{IN} \cdot \left[\dfrac{1+D}{R \cdot (1+T)} \right] & (5.5.2) \\[3mm] \text{RF}_{OUT} = \dfrac{\text{RF}_{VCO}}{\text{RF}_{Divider}} & (5.5.3) \end{cases}$$

将 FRAC = 0，$D = T = 0$，$R = 1$，$\text{REF}_{IN} = 3.2\text{MHz}$，$\text{RF}_{Divider} = 32$ 代入上述方程组，得

$$\text{RF}_{OUT} = N \times \frac{f_{PFD}}{32} = N \times \frac{\text{REF}_{IN}}{32} = 3.2 \times \frac{N}{32} = 0.1N\text{(MHz)} \quad (5.5.4)$$

经过上述处理后，锁相环的简化原理框图如图 5.5.3 所示。

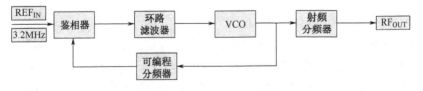

图 5.5.3　简化的锁相环原理框图

2. 频谱测量原理

设信号源输出的待测信号为

$$V_1 = A\cos(\omega_1 t)$$

本振源产生的本振信号为

$$V_2 = K\cos(\omega_2 t)$$

经过乘法器后有

$$V_3 = A\cos(\omega_1 t) \cdot K\cos(\omega_2 t) = \frac{1}{2} AK \left[\cos(\omega_1 - \omega_2)t + \cos(\omega_1 + \omega_2)t \right]$$

经过低通滤波器后，滤除了频率为 $\omega_1 + \omega_2$ 的高频分量，得到频率为 $\omega_1 - \omega_2$ 的低频分量：

$$V_4 = \frac{1}{2} AK (\cos(\omega_1 - \omega_2)t) \tag{5.5.5}$$

由式（5.5.5）可知，$\omega_1 = \omega_2$ 时，V_4 为直流量且幅度最大，为 $AK/2$，此时的频率 ω_2 即为被测信号的频率，待测信号源电压幅度为 $2V_4/K$。因此，为了能达到直流采样的设计，将本振源的频率输出范围定为 80～110MHz，满足零中频法对本振频率的要求。

3．本振源输出幅度可调电路设计

题目要求本振源输出电压幅度在 10～100mV 内可调，实际调测中直接从压控振荡器输出的信号约为 50mV，因此需要设计一个增益可调的放大电路。选择乘法器 AD835 作为调整增益的器件，其 250MHz 带宽完全满足题目要求，将其 X2、Y2、Z 引脚接地后，乘法器输出变为 $W = XY$，通过控制输入乘法器的直流电平即可控制电压增益。

4．观测锁定过程的电路设计

观测锁定过程有以下两种电路。

（1）鉴相器比较两个信号的相位，通过内部电荷泵输出控制电流，经过环路滤波器转化为电压，进而控制压控振荡器。观测锁定过程时可检测环路滤波器输出电压，电压变化，近似按正弦规律摆动，说明 PLL 处于失锁状态；电压固定，输出为某一直流信号，说明 PLL 处于锁定状态。用高性能数字示波器的捕获功能可以准确测定锁定时间。

（2）ADF4351 的 MUXOUT 引脚具有锁相观测功能，当该引脚的模式切换为数字锁定模式后，在失锁时，MUXOUT 输出低电平；而环路处于锁定状态时，引脚输出高电平。因此在 MUXOUT 输出端接一发光二极管，在失锁至锁定过程中，二极管不亮，环路锁定后，二极管发光。

5.5.4 电路与程序设计

1．电路设计

（1）基于锁相环的本振源电路设计。

本模块电路如图 5.5.4 所示。为了使混频器产生稳定的输出，本机振荡信号必须具有很高的稳定度和特定的输出幅度。单片机通过 ADF4351 的三个控制位，输出信号能够自动跟踪输入参考信号，使它们在频率和相位上保持同步。当相环未进入锁定状态时，其输出频率和相位均与输入参考信号不同步，一旦进入锁定状态，其输出频率与相位就会与输入参考信号相同（或有一个固定的相位差）。

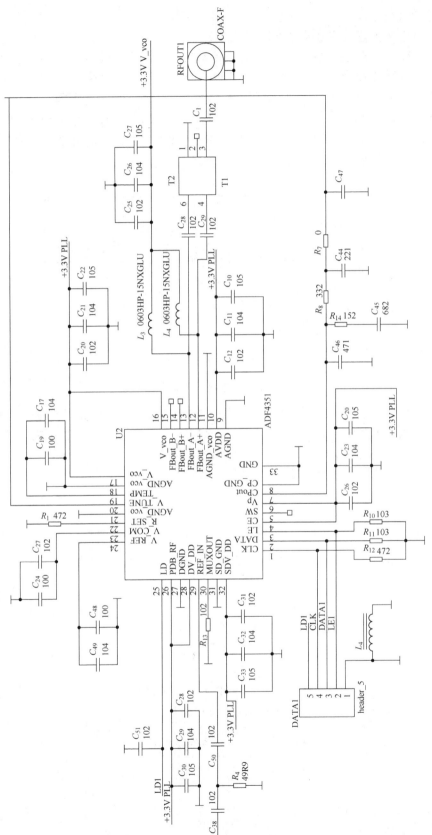

图 5.5.4 锁相环频率合成电路图

（2）放大电路设计。

为达到混频器输入信号的要求和题目的要求，ADF4351产生的信号必须经过放大电路。OPA847是宽带、低噪的电压反馈型运放，增益带宽积高达 3.9GHz，950V/μs 的输入电压噪声压摆率很适合做前级放大。基于 OPA847 设计的前级放大电路如图 5.5.5 所示。采用同相放大不改变信号的极性，设置放大倍数 $A_u = 1 + R_3 / R_2 = 6$，令 $R_2 = 500\Omega$，求出 $R_3 = 250\Omega$，因为电阻没有 250Ω 的标称值，所以 $R_3 = 247\Omega$。$R_1 = R_2 R_3 / (R_2 + R_3) \approx 50\Omega$。$R_2$ 之所以选 50Ω，是为了阻抗匹配，大多数测量仪器和高频接线端口的输出电阻都是 50Ω，合理的阻抗匹配可以预防高频自激的产生。

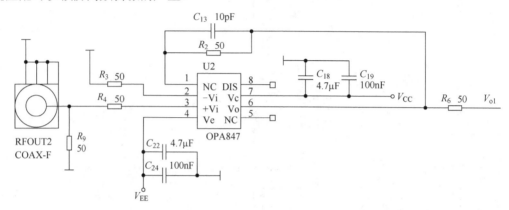

图 5.5.5　前级放大电路图

增益可控放大器由 VCA821 组成，如图 5.5.6 所示。VCA821 是具有宽带、大于 40dB 线性调节范围的可控放大器。在放大倍数 $G = +10\text{V/V}$ 时理论上还有 320MHz 的带宽。通过调节滑动变阻器改变控制电压 V_g 即可改变增益大小，控制电压 V_g 在 0～2V 之间线性变化，放大倍数的变化范围为-20～20dB。

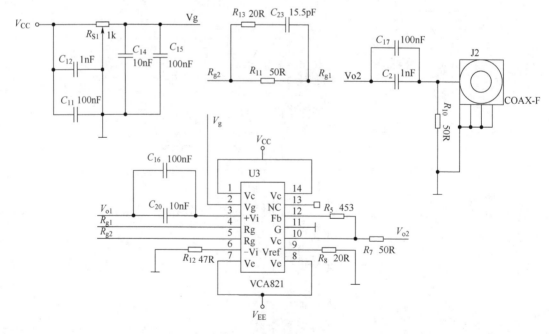

图 5.5.6　增益调节电路

（3）混频电路设计。

混频电路主要使用模拟乘法器 AD835，只需要极少的外部器件就可以达到 250MHz 的带宽。AD835 芯片内部进行模拟乘法运算，公式为

$$W = \frac{(X_1 - X_2)(Y_1 - Y_2)}{U} + Z \tag{5.5.6}$$

此处将 U 设计为 1，令 X_2、Y_2 和 Z 为 0，可以推导出

$$W = X_1 Y_1 \tag{5.5.7}$$

具体设计电路图如图 5.5.7 所示。因为 AD835 有两个通道，本设计只用了一个通道，所以令 X_2、Y_2 接地，在接口处选用 SMA 接口减少高频干扰，R_2 可以调节增益，但调节范围较小。由于是对两个信号的混频，在 PCB 的布局布线上两个输入信号要尽可能保持对称，以减小对输入信号的影响。

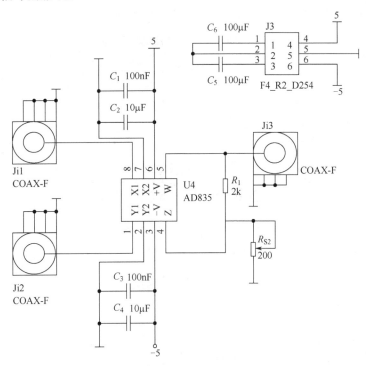

图 5.5.7　混频电路

（4）滤波电路设计。

为了满足 100kHz 步进的要求，设置滤波器的带宽为 100kHz，阻带为 120kHz；为了保证峰值检波信号有一定的强度，放大倍数设定为 2。采用 TI 公司专门设计有源滤波器的软件 Filter Pro 对滤波器进行设计，由设计报告可知，选择巴特沃斯二阶 SallenKey 有源滤波器，如图 5.5.8 所示。

（5）峰值检波电路设计。

峰值检波模块对混频后的波形进行峰值检测，以便于 ADC 采样，把被测信号的不同频率对应的幅值显示到液晶屏上的相应位置。AD8361 是一款均值响应检波器，适用于最高 2.5GHz 的高频接收机和发射机信号链，且该芯片使用起来非常简单，只需要 2.7～5.5V 的

单电源供电。它有三种工作模式，分别为接地参考模式、内部参考模式和电源参考模式。本设计选用接地参考模式，其工作特点是无输入信号时输出为 0V。由芯片手册可知，AD8367 的输入和输出关系式为 $V_o = 7.5V_i$。设计电路如图 5.5.9 所示。

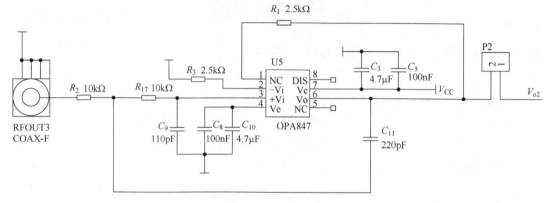

图 5.5.8　滤波器电路

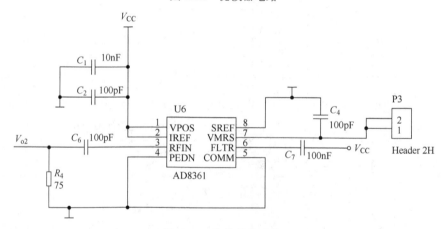

图 5.5.9　峰值检波电路

2．程序设计

（1）程序功能描述。

① 按键设置扫描方式，本振源模块分为自动扫描、手动扫描和预置模式三种。扫描时间可调，并可手动扫描，或预置某一频率。

② 可预置频率上下限，步进。

③ 通过键盘控制输入控制量，控制 PLL 产生本振频率，用液晶屏显示频率、幅度和频谱图。

（2）程序流程。

在主函数中首先初始化用到的各个模块函数，然后判断是扫频模式还是点频模式。如果是扫频模式，那么就通过按键设置扫频时间和范围，接着把 ADC 采样的值通过运算在液晶屏对应的坐标上显示；如果是点频模式，那么就通过按键设置频率，进而点频输出。主程序流程图如图 5.5.10 所示。

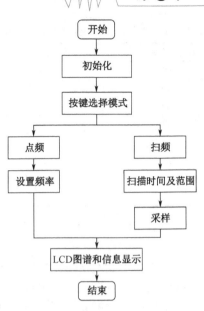

图 5.5.10　主程序流程图

5.5.5　测试方案与测试结果

1．测试仪器

测试仪器如表 5.5.2 所示。

表 5.5.2　测试仪器

序　号	名　　称	型 号 规 格
1	数字示波器	Tektronix MDO3054
2	高频标准信号发生器	NDY EE1462
3	频谱分析仪	RIGOL DSA1030

2．测试方案

（1）首先预置中心频率，观测本振源的频率输出，观测输出幅度是否稳定，并使输出频率可调。

（2）进入手动和自动模式，观测扫频波形，观测显示的频率。

（3）观测附加电路，通过示波器测定锁定时间。

（4）检测频谱分析仪部分，观测频率范围及信号频谱。

（5）观测产生的杂散频率，看个数是否正确。

3．测试数据

（1）本振源的频率范围及步进测试。

通过单片机改变锁相环内的分频系数，用示波器观测本振源输出信号频率的最高频率和最低频率，然后控制输出频率从 90MHz 每次步进 100kHz 至 110MHz，观测示波器输出波形频率是否满足要求。部分测量结果如表 5.5.3 所示。

表 5.5.3　本振源的频率范围及步进测试

设置频率/MHz	输出频率/MHz	设置频率/MHz	输出频率/MHz
80	80.000	90.1	90.101
85	85.001	90.2	90.201
92	92.001	90.3	90.301
100	100.001	100.1	100.101
102	102.002	100.2	100.202
105	105.002	109.8	109.802
113	113.002	109.9	109.902
最低频率：80MHz；最高频率：113MHz			

结果分析：本振源信号频率范围可达 90～110MHz，步进精度满足 100kHz 的要求。

（2）输出电压幅度测试。

调节 AD835 控制电压值，观测 90～110MHz 整个频段内各频点的电压幅度范围。

测量结果：90～110MHz 频段内的输出电压幅度最大值可达 120mV，最小值可达 9mV，且波形良好，满足题目 10～100mV 的幅度可调要求。当输出信号频率为 100MHz、峰峰值电压为 110mV 时，示波器显示如图 5.5.11 所示。

（3）扫描显示测试。

程序内部改变扫描时间、扫描模式及扫描初始频率，观测示波器显示的扫频情况。测量结果：扫描时间可在 1～5s 内设置，且扫描时间准确。手动自动模式可通过按键切换，扫描初始频率可在 90～110MHz 内任意设置。

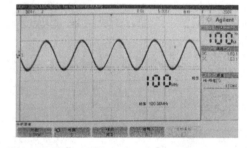

图 5.5.11　示波器显示 100MHz，110mV 的信号

（4）锁定时间的测定。

利用单片机控制选择扫频功能，系统会进入不断的失锁和锁定状态。失锁时，ADF4351 的 muxout 端口输出低电平；锁定时，muxout 端口输出高电平。用示波器观测 muxout 端口，可观测到许多负脉冲，多次测量其宽度对应的时间并求平均值，即可得到锁定时间。经 20 次测量计算，锁定时间平均值为 93μs。锁定过程如图 5.5.12 所示。

（5）频谱显示。

经过实际测量，可以利用基础部分的锁相环本振源完成简单的频谱分析功能，频率测量范围可达 80～100MHz。幅值为 299mV 的正弦信号在频率为 85.1MHz 时的频谱图如图 5.5.13 所示。右上角自上而下显示的分别为输入信号的频率、幅值和杂散频率的个数。

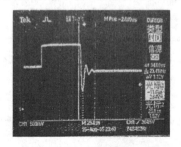

图 5.5.12　锁定过程图

图 5.5.13　频率为 85.1MHz 的频谱图

经过实际测量，可以利用基础部分的锁相环本振源完成简单的频谱分析功能，且人机交互友好。

5.6　远程幅频特性测试仪

［2017 年全国大学生电子设计竞赛（H 题）］

1．任务

设计并制作一个远程幅频特性测试装置。

2．要求

1）基本要求

（1）制作一个信号源。输出频率范围为 1～40MHz；步进为 1MHz，且具有自动扫描功能；负载电阻为 600Ω时，输出电压峰峰值在 5～100mV 之间可调。

（2）制作一个放大器。要求输入阻抗为 600Ω，带宽为 1～40MHz；增益为 40dB，要求在 0～40dB 连续可调；负载电阻为 600Ω时，输出电压峰峰值为 1V，且波形无明显失真。

（3）制作一个用示波器显示的幅频特性测试装置。该幅频特性定义为信号的幅度随频率变化的规律。在此基础上，如图 5.6.1 所示，利用导线将信号源、放大器、幅频特性测试装置三部分连接起来，由幅频特性测试装置完成放大器输出信号的幅频特性测试，并在示波器上显示放大器输出信号的幅频特性。

图 5.6.1　远程幅频特性测试装置框图（基本部分）

2）发挥部分

（1）在电源电压为+5V 时，要求放大器在负载电阻为 600Ω时的输出电压有效值为 1V，且波形无明显失真。

（2）如图 5.6.2 所示，将信号源的频率信息、放大器的输出信号用一条 1.5m 长的双绞线（一根为信号传输线，一根为地线）与幅频特性测试装置连接起来，由幅频特性测试装置完成放大器输出信号的幅频特性测试，并在示波器上显示放大器输出信号的幅频特性、相频特性。

图 5.6.2　有线信道幅频特性测试装置框图（发挥部分）

（3）如图 5.6.3 所示，使用 WiFi 路由器自主搭建局域网，将信号源的频率信息、放大器的输出信号信息与笔记本电脑连接起来，由笔记本电脑完成放大器输出信号的幅频特性测试，并以曲线方式显示放大器输出信号的幅频特性。

图 5.6.3　WiFi 信道幅频特性测试装置框图（发挥部分）

（4）其他。

3．说明

（1）笔记本电脑和路由器自备（仅限本题）。
（2）在信号源、放大器的输出端预留测试端点。

4．评分标准

	项　目	主　要　内　容	分　数
设计报告	系统方案	比较与选择 方案描述	2
	理论分析与计算	信号发生器电路设计 放大器设计 频率特性测试仪器	8
	电路与程序设计	电路设计 程序设计	4
	测试方案与测试结果	测试方案与测试条件 测试结果完整性 测试结果分析	4
	设计报告结构及规范性	摘要 设计报告正文的结构 图表的规范性	2
	报告总分	20	
基本要求	完成第（1）项	20	
	完成第（2）项	17	
	完成第（3）项	5	
	完成第（4）项	8	
	合计	50	
发挥部分	完成第（1）项	10	
	完成第（2）项	20	
	完成第（3）项	15	
	其他	5	
	合计	50	
	作品测试总分	100	

5.6.1　题目分析

此题是集射频宽带放大器、射频信号源、幅频特性测试仪、数据采集与处理、数据的传送及示波器的应用于一体的综合设计题。

题目的重点是扫频信号的产生、射频宽带放大器设计、信息的采集与处理、数据的传送及幅频特性测试仪的设计。难点是数据的传送（含互联网的应用）。互联网的应用第一次出现在全国大学生电子设计竞赛的赛题中，对许多参赛学生而言存在知识盲点。

扫频信号的产生、射频宽带放大器、幅频特性测试仪均是历届竞赛出现过的题。无知识盲点，故学生一般均采用 DDS 集成芯片 AD9854 生成扫频信号。射频宽带放大器是在 2013 年竞赛 D 题的基础上，增加一个 1~40MHz 的带通滤波器幅频特性测试仪的设计，与简易频率特性测试仪（2013 年竞赛 E 题）类似。信息的传输是本题的难点。根据题目的要求，近程（本题的基本要求）采用直连（直接用短路线连接）；远程采用双绞线和无线 WiFi 传输。由于双绞线存在分布参数，阻抗也不匹配，故不宜在高频段传输，只能在低频段传输，将被传信息数字化。互联网传输也必须将被测信息数字化，然后调制成高频信号通过路由器进入局部网络。

一般远程幅频特性测试仪需要传送频率信息和幅度信息，但本题只需传送幅度信息，没有必要传送频率信息。根据基本要求第（1）项，制作一个信号源，输出频率范围为 1~40MHz，步进为 1MHz，具有自动扫描功能。对整个频率范围只需采集 40 个点的幅度信息，而与每个采样点对应的频率信息自然就能知道。若巧妙地调整示波器 X 扫描基线长度，使之显示曲线全程，则其起点的频率为 1MHz，终点的频率为 40MHz，中点的频率为 20MHz。

通过以上对题目的分析，不难画出系统的原理框图，如图 5.6.4 所示。但是，题目的本意是考虑远程幅频特性测试仪具有通用性，应该将幅度和频率信息同时传送。

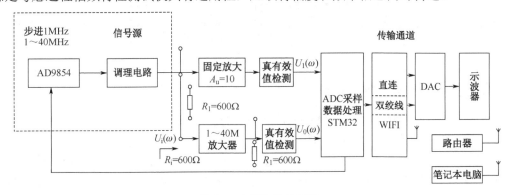

图 5.6.4 系统原理框图

放大器幅频特性计算公式如下：

$$U_1(\omega) = 10U_i(\omega)$$

$$A_u(\omega) = \frac{U_o(\omega)}{U_i(\omega)} = \frac{1}{10} \cdot \frac{U_o(\omega)}{U_i(\omega)} \tag{5.6.1}$$

基于简易频率特性测试仪（2013 年全国大学生电子设计竞赛 E 题）的工作原理，采用零中频技术也可构建远程幅频特性测试仪，其原理框图如图 5.6.5 所示。

主要计算公式为

$$A(\omega) = \sqrt{I_0^2 + Q_0^2} \tag{5.6.2}$$

下面我们从众多的优秀作品中选出荣获全国一等奖的作品作为案例。

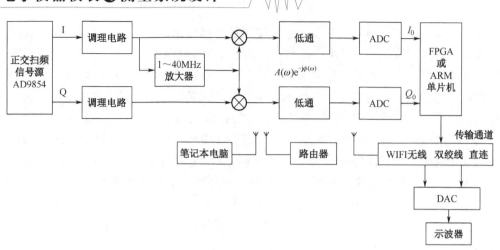

图 5.6.5　采用零中频技术构成的系统原理框图

5.6.2　系统方案论证与选择

根据对题目要求的分析可知，要实现的幅频特性测量系统主要由扫频信号源模块、可调幅度网络、被测网络模块、峰值检波模块、ADC 采样模块、计算显示模块及电源模块组成，如图 5.6.6 所示。下面论证部分模块的选择。

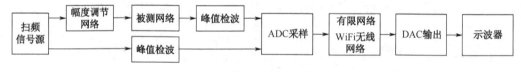

图 5.6.6　系统总框图

1．扫频信号源模块的选择

题目要求对被测网络在 1～40MHz 频率范围内进行幅频特性的测量，故需要一个可以产生 1～40MHz 范围内步进 1MHz 的正弦信号。

方案一：采用可编程器件产生扫频信号。利用可编程器件实现直接数字频率合成（DDS），采用这种纯数字化的方法，产生信号的频率准确，频率分辨率高，但需要外接 DAC 和滤波电路，难以在题目要求的频带内做到完全正交。

方案二：使用 DDS 专用芯片 AD9854。该芯片功能强大，通过配置 AD9854 内部寄存器，可以方便地实现 1～120MHz 频率范围内步进 1MHz 的扫频输出，满足题目需求。

综上所述，考虑到题目的需求及制作的难易程度，我们选择 AD9854 方案制作扫频信号源。

2．有效值转换电路的选择

方案一：采用乘法器专用芯片 AD835。该芯片对小信号的乘法精度较高，且不易输出新的频率分量，同时具有 250MHz 的混频带宽，满足题目要求。

方案二：采用真功率有效值专用芯片 AD8361。该芯片的频率响应范围为 0.1～2.5GHz，可以直接将输入信号转换为线性的直流信号。AD8361 电路稳定性高、制作简单，且在 5V 单电源供电下能输出最大电压 4V，满足 STM32 的 ADC 采样范围，信号响应频率范围满足 1～40MHz 的要求。

综上所述，AD835 与 AD8361 性能都能满足要求，在测试时 AD835 芯片一直有-0.7V 的偏置电压且短时间无法解决，故使用两路 AD8361 来测量两路信号的有效值，电路更简单，所以选择方案二。

3．被测网络滤波器的选择

方案一：采用巴特沃斯滤波器电路实现宽带滤波器功能。巴特沃斯滤波器电路的特点是通频带内的频率响应曲线最大限度平坦，没有起伏，而在阻频带则逐渐下降为零，并且可用简单的电阻、电容、电感组成滤波电路。

方案二：采用专用滤波器芯片实现窄带滤波功能。这种芯片在应用中几乎不用外接器件，其中心频率、Q 值及工作模式都可通过对引脚编程来控制。器件可以工作于带通、低通、高通、带阻或全通模式，但多数芯片在高频率下都难以实现预期值。

根据以上的分析和比较可知，两种方案都符合题目要求，但短时间内无法购买到专用滤波器芯片，且方案一制作简单、成本低廉，故选择方案一。

4．被测网络衰减器的选择

方案一：选用 HMC472 数控衰减器，可通过对引脚编程来控制衰减系数。衰减范围为-0.5～31.5dB。该芯片工作稳定，可编程精准控制衰减系数，但衰减最小步进为-0.5dB。

方案二：使用π形电阻衰减网络。本方法可通过电位器调节衰减系数，便于制作，工作比较稳定，但噪声系数稍大，且衰减倍数连续可调。

根据题目要求衰减连续可调，因此最终选择π形固定衰减电路和 HMC472 数控衰减器共用的衰减器网络，HMC472 衰减稳定、波形较好；π形电阻衰减电路连续可调，满足题目要求。

5.6.3　系统理论分析与硬件电路设计

1．扫频信号源分析与设计

对频率特性测试装置来说，在整个扫频范围内扫频信号必须具有很好的平坦度、稳定度，这是整个系统稳定工作的关键。对于扫频信号的频率稳定度来说，有外接有源晶振的稳定度来保证。对题目输出电压峰峰值在 5～100mV 之间可调的要求，则需要测试 AD9854 在负载电阻为 600Ω时的输出能力。对 DDS 模式的信号源芯片来说，其输出电压随频率升高时会下降，同时 AD9854 官方给出的参考电路输出匹配网络为 50Ω，需要再次转换以匹配 600Ω负载。经测试，该芯片在 50Ω负载时输出峰峰值 800mV，但在匹配 600Ω负载后，频率为 40MHz 时输出峰峰值降低至 100mV 以下，不满足题目要求。因此，需要在其后级增加一级自动稳幅电路，使其在 600Ω负载时满足要求。经多方考虑，选择 AD8367 的 AGC 模式将电压稳定输出为 1V 左右，再接π形网络进行可调衰减。

我们按照 AD9854 芯片官方给出的硬件电路进行设计，使用 0805 封装电阻电容设计阻容滤波网络，故不再给出硬件设计图。

AD8367 是一款具有 45dB 控制范围的高性能可变增益放大器，输入信号从低频到 500MHz 带宽内增益均线性变化。这里 AD8367 设置为 AGC 模式，即电压自动控制模式，把输出峰峰值稳定在 1V，其设计电路如图 5.6.7 所示。AD8367 内部输入阻抗为 200Ω，输出阻抗为 50Ω。为了在级联做到前后级阻抗匹配，我们将输入阻抗和输出阻抗都匹配成 50Ω，以方便后级电路的阻抗匹配。

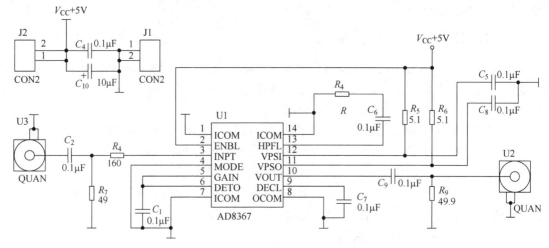

图 5.6.7　AD8367 芯片 AGC 模式电路

2. 被测网络分析与设计

题目要求被测网络输入阻抗为 600Ω，且在 0～40dB 增益范围内连续可调，故设计电路框图如图 5.6.8 所示。

图 5.6.8　被测网络电路框图

大多数运算放大器芯片都很容易实现 50Ω 阻抗，但题目要求被测网络的输入阻抗为 600Ω，所以我们在电路前端加一级 600Ω 与 50Ω 阻抗转换电路，使得被测网络内部电路间可以按照 50Ω 阻抗进行设计。由 OPA690 构成的阻抗转换电路如图 5.6.9 所示。

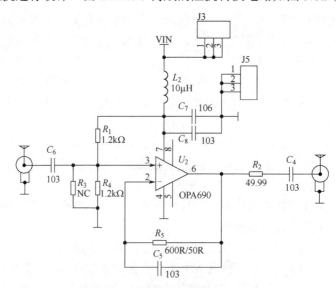

图 5.6.9　OPA690 阻抗转换电路

在阻抗转换电路后接入由 HMC472 设计的衰减网络,以实现对输入的大信号进行衰减,其电路如图 5.6.10 所示。

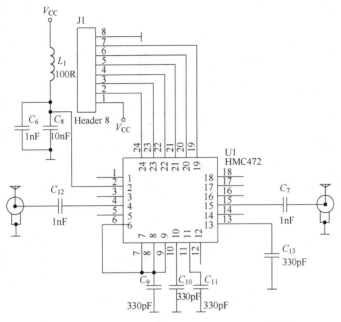

图 5.6.10 HMC472 电路

之后接入如图 5.6.11 所示的两级 ABA52563 构成的固定增益放大电路,再经过一级工作在 VGA 模式的 AD8367 电路进行增益调整,其电路如图 5.6.12 所示。ABA52563 的电源电压为 5V,采用 SOT-363 封装。工作频率范围为直流~3.5GHz,增益为 21.5dB,两级级联可以实现 30dB 以上的增益。最后接 1~40MHz 的带通网络滤除频带外信号,可实现 0~40dB 增益范围内连续可调。经测试,该设计电路可在峰峰值 5mV~1V 的输入范围内实现最大峰峰值 3V 的输出,且能保证波形无失真。

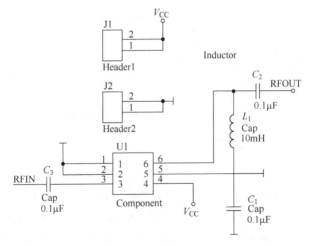

图 5.6.11 ABA52563 放大电路

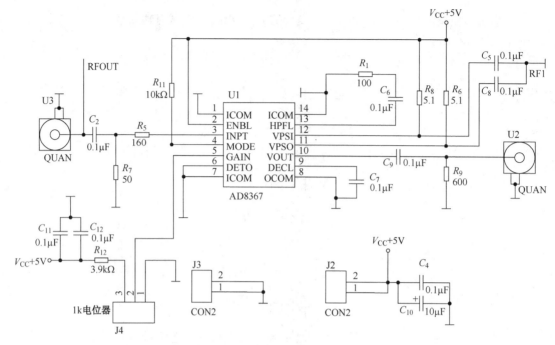

图 5.6.12　AD8367 芯片 VGA 模式电路

3. 真有效值转换电路设计

真有效值转换电路如图 5.6.13 所示。将经过被测网络后的输出信号，与进入被测网络前的扫频信号分别送入两路 AD8361 真有效值检测电路中，转换为对应的直流电压信号，送入 STM32 自带的 ADC 端口进行采样，并对其进行计算，得到 1～40MHz 对应的幅频特性值。

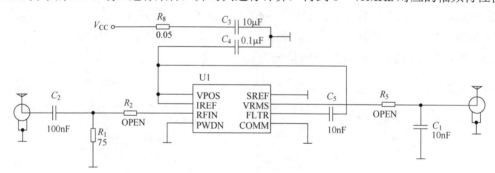

图 5.6.13　AD8361 有效值转换电路

4. 幅频特性曲线的分析与设计

本题要求在示波器上显示幅频特性曲线，因此需要使用示波器的 X、Y 输入模式。根据示波器显示原理，Y 通道输入对应的幅频特性值，即在 Y 轴上加曲线信息，并根据在示波器屏幕上的位置要求，叠加直流电平；同时，X 通道加锯齿波产生扫描信号，锯齿波的扫描递增速度与 Y 轴的信息同步，即 Y 轴每来一个数据信息，X 轴锯齿波递增，即可在示波器上显示曲线。题目要求使用双绞线、WiFi 传输幅频特性值，故设置两种显示模式。

模式一：通过双绞线在示波器上显示［发挥部分第（2）项］。

双绞线通信可以采用 RS485 模式，即将 STM32 的串口通过 MAX485 芯片实现 RS232

电平与 RS485 电平的转换。采集端 STM32 将 ADC 采集数据通过串口送入 MAX485 芯片转为 A、B 两路信号，再通过双绞线传输到另一端 MAX485 芯片，转为串口数据送入另一个 STM32 芯片，并通过 STM32 自带的 DAC 输出两路模拟信号，分别连接示波器的 X、Y，从而显示幅频特性曲线。

模式二：用 WiFi 模块在计算机上显示 [发挥部分第（3）项]。

与模式一不同的是，模式二需要采集端 STM32 芯片通过由 ES2866 构成的 WiFi 模块接入以太网，并通过 WiFi 网络把数据送到路由器进行转发，进而让计算机端架设的服务器接收数据，通过计算机端的软件界面上显示。

5.6.4　软件设计

根据题目要求，可以将整个装置分为幅频特性采集端与幅频特性曲线显示端。

幅频特性采集端在系统初始化完毕后，判断系统的工作模式，同时完成扫频信号的产生，随后系统等待 ADC 采样结束标识，即数据准备就绪。启动发送流程后，根据系统当前是工作在有线模式还是工作在 WiFi 模式来转换数据，其程序工作流程如图 5.6.14 所示。

在有线模式下，采集端 STM32 将数据通过串口通信转 RS485 的方式实现与显示端 STM32 的通信。显示端 STM32 将数据通过自带 DAC，产生送入示波器 Y 轴的显示信号，另一路自带 DAC 产生匹配的锯齿波扫描信号送入示波器的 X 轴，从而实现曲线的显示。

在无线模式下，采用 QT 平台设计了计算机端程序。该程序运行后建立 TCP Server 服务，地址为笔记本计算机的 IP 地址，此处为 192.168.31.232，端口号设置为 8888，计算机端程序的流程如图 5.6.15 所示。配置好波形输出界面后，监听 8888 号端口是否有客户端加入，若有则执行建立连接操作，并监听是否有数据传输过来。当 TCP 客户端有数据传输过来时，对数据进行处理，并更新绘图窗口，完成绘图。采集端的 STM32 通过 WiFi 模块作为 TCP Client 向服务器发起连接请求，并建立连接。随后数据通过 WiFi 模块送入计算机端的 GUI 并显示。

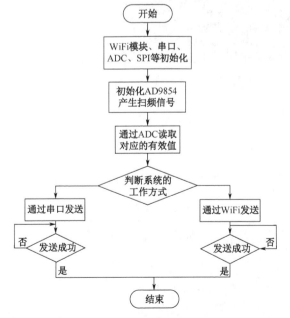

图 5.6.14　幅频特性采集端程序流程图

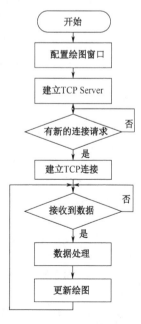

图 5.6.15　计算机显示程序流程图

5.6.5 测试结果

（1）扫频信号源测试：在频率 1～40MHz 范围内，负载为 600Ω时，实现了 5mV～100mV 的电压峰峰值可调，如表 5.6.1 所示。

（2）被测网络性能测试：在带宽 1～40MHz 内，实现了 0～40dB 连续可调，在输入幅值为 5～100mV 时，该电路能达到最小到原值的输出，输出能力最高达 40dB，且波形无明显失真。

表 5.6.1　信号源输出特性测试

频率/MHz	1	5	10	15	20	25	30	35	40
是否达到 5mVpp	是	是	是	是	是	是	是	是	是
是否达到 100mVpp	是	是	是	是	是	是	是	是	是

表 5.6.2　放大器性能测试（$R_L = 600Ω$，$V_{DD} = 5V$）

频率/MHz	1	5	10	15	20	25	30	35	40
输入 5mV 信号实现 0～40dB 输出	是	是	是	是	是	是	是	是	是
输入 100mV 是否达到 1Vpp	是	是	是	是	是	是	是	是	是

（3）被测网络幅频特性测试：将系统连接好，分别使用双绞线模式、WiFi 模式进行测试，得到如图 5.6.16 和图 5.6.17 所示曲线，通过对比两图可知，测试结果一致。

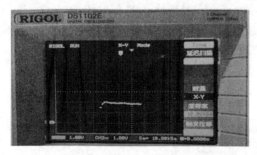

图 5.6.16　示波器显示的幅频特性曲线

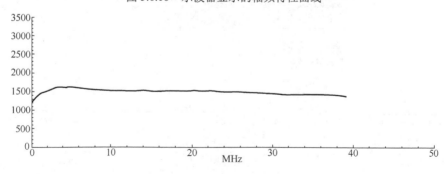

WiFi 通信信息，终端连接成功！

图 5.6.17　计算机端显示的幅频特性曲线

最后测试整个系统，指标均能满足题目要求，其中每个模块的增益、带宽及带外衰减都与理论值相差不大，误差很小。

5.6.6　测试结果分析

作品达到了题目所有基本和发挥部分的功能及指标的要求：

（1）系统最大的特点是噪声非常小，小于20mV，电压增益 A_u 大于40dB。在0～40dB范围内连续可调，动态范围较大。

（2）最大输出正弦波电压有效值 $U_o > 1V$，输出信号波形无明显失真。

存在的问题及改进措施：

（1）实际调试过程中，在1～40MHz频带内，部分频带增益起伏大于2dB，根据实际情况调整级间耦合电容，最终达到题目要求。

（2）被测网络与信号源之间的电源出现供电不稳现象，由于AD9854是耗电大户，我们把扫频信号源与被测网络电源分开供电。

第⑥章
数据域测试仪设计

6.1 数据域测试仪设计基础

时域、频域和调制域的测量方法是测试模拟电路与系统的行之有效的经典方法，但对于复杂的数字电路和系统却难以奏效。因为在数字电路和系统中，处理的信息是用离散的二进制信息来表示的。这种二进制信息常用高电平表示 1，低电平表示 0，多个二进制位的组合就构成一个数据。因此，在现代数字电路和系统中，对其数据信息的测试技术就称为数据域测试技术，简称数据域测试。本章重点介绍逻辑分析仪的组成、原理及设计方法。

6.1.1 数据域测试概述

1. 数据域的基本概念

1）数据信息——数据流

在数据域测试中首先要明确所测试信号的种类。

信息：只有两种逻辑状态的二进制符号（1/0 或高/低电平）。

数据字：多位二进制信息组合构成的一个数据。

数据流：大量数据字的有序集合。

图 6.1.1 所示为一个十进制计数器数据信息序列，输入量是图下面的时钟（CLK）信号，输出值是计数器的状态。这个计数器的输出是由 4 位二进制码组成的数据流。这个数据流可以用高低电平表示两种逻辑状态，如图 6.1.1（a）所示的逻辑定时显示方式，随着时钟脉冲的进入，每个脉冲的下降沿使数据流的高低电平产生依次的计数变化。也可以用数据字表示，如图 6.1.1（b）所示的逻辑状态显示方式，这种数据字是由各信号状态的二进制码组成的。这两种表示方法的形式虽然不同，但所表示的数据流内容却是一致的。

数据信号除用离散的时间作为自变量外，还可以用事件序列作为自变量。当然，上述计数器中计数时钟的出现也可视为一种事件，但这种时钟往往是等周期的，计数器的输出通常是等间隔时间的数据流。但是，在不少情况下，所研究的数据流并不是等间隔时间出现的。

在数据域分析中，通常关注的不是每条信号线上电压的确切数值，而只需知道电压是处于低电平还是处于高电平，以及各信号互相配合在整体上表示什么意义。通常认为数据域分析是研究数据流、数据格式、设备结构和用状态空间概念表征的数字系统的特征。

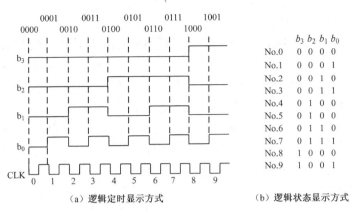

图 6.1.1   数据流的表示方式

2) 数字系统的特点

① 数字信号通常按时序传递。

② 信号几乎都是多位传输的。

③ 信息的传递方式多种多样。

④ 数字信号的速度变化范围很宽。

⑤ 信号往往是单次的或非周期性的。

⑥ 数字系统故障判别与模拟系统不同。

2. 数据域测试的任务与故障模型

1) 数据域测试的任务及相关术语

（1）对数字电路或系统的故障诊断。

具体可分两步进行：①故障侦查，或称故障检测，判断被测系统或电路中是否存在故障；②故障定位，查明故障原因、性质和产生的位置。

被测件因构造特性的改变而产生一个缺陷（Defect），称为物理故障。缺陷是指物质上的不完善性。例如，在制造期间焊点开路，接线开路或短路，引脚短路或断裂，晶体管被击穿等。缺陷导致系统或电路产生错误的运作，称为失效（Failure）。缺陷所引起的电路异常操作称为故障（Fault），故障是缺陷的逻辑表现。例如，电路中某与门的一个输入端开路，这一缺陷可等效于该输入端固定为 1 的故障。但缺陷和故障两者之间并不是一一对应的，有时一个缺陷可等效于多个故障。

由于故障而导致电路输出不正常，称为出错或错误（Error）。电路中出现故障并不一定立即引起错误，例如，其电路中某引线发生固定为 1 的故障，而该引线的正确逻辑值也为 1，则电路虽发生故障，却未表现出错误。

（2）对数字电路或系统的性能测试。

具体可分为两类：①参数测试，对表征被测器件性能的静态（直流）、动态（交流）参数的测试；②功能测试，对表征被测器件性能的逻辑功能的测试。

参数测试是指测量出被测对象的某些参数的实际值或极限值，或对被测对象工作时的传播时延、脉冲宽度、前后沿等参数进行验证，看它们是否符合预期的指标。这类测试一般是在元件制造完成后进行的。参数测试往往需要借助传统的时域和频域测试技术（非本章讨论的内容）。

逻辑功能测试是检查被测对象是否能实现其预期逻辑功能的一大类测试，这类测试不仅在被测对象设计、制造之中及之末进行，而且经常被用于被测对象的实际运行中，作为一种维护和检修手段。实际上，所谓数据域测试，主要是指逻辑功能测试。

通常，测试器通过集成电路的引脚或电路板的边缘连接器，向被测对象施加测试激励，并检测被测对象的响应。那些可由测试器直接驱动的输入称为主输入，可由测试器直接检测的输出称为主输出。比如，引线并封装在芯片外的芯片输入、输出引脚就是被测芯片的主输入和主输出。如果在被测对象的主输入处同时施加一组数据，侦查或诊断出了故障a，那么称这组数据是故障a的测试图形（Test Pattern）或测试矢量（Test Vector），或简称为一个测试。借助一定的算法或工具，获得电路测试矢量的过程称为测试生成。常将一个测试集所侦查的故障数与电路总故障数之比定为故障覆盖率。使用尽可能少的硬件成本和时间开销获得尽可能大的故障覆盖率，是数字系统或电路测试的追求目标。

综上所述可以得出，在数字系统或电路的故障诊断中，核心问题是确定施加什么样的激励（对应为测试生成）能使故障激活，即使故障能够反映出来（对应故障传播），同时能在可测端测量出来，因此还要确定在什么地方施加激励，在什么地方进行测量。

在测试数字系统或电路中，如果测试频率（以测试时钟频率来衡量）低于被测系统或电路功能性操作频率，那么有时会遇到低速测试时电路功能性操作正常，而高速测试时不正常的现象，比如高速的异步时序电路对通路延迟和动态及竞争的敏感，使得通过低速测试为正常的电路在高速运行时功能失常。因此，为确保可靠性，这些被测电路或系统的测试频率应维持在被测系统或电路的功能性操作频率水平，这种测试便称为真速测试。

2）故障模型

在一个系统中，故障的种类是各种各样的，而在各种系统中故障数目的差异是很大的，多种故障组合的方式更多。因此，为了便于研究故障，对故障进行分类，归纳出典型的故障，这个过程就称为故障的模型化。模型化故障是一类对电路或系统有类似影响的典型故障。一个好的故障模型化方案往往能发展和完善故障诊断的理论与方法。一个模型化故障应能准确地反映某类故障对电路或系统的影响，应既具有典型性，又具有一般性。此外，模型化故障应尽可能简单，以便做各种运算和处理。下面介绍几种常用的模型化故障。

（1）固定型故障。

固定型故障（Stuck Faults）模型主要反映电路或系统中某一信号线的不可控性，即在系统运行过程中总是固定在某一逻辑值上。如果该线（或该点）固定在逻辑高电平上，那么称之为固定1故障（Stuck-at-1），简记为s-at-1；如果该线固定在逻辑低电平上，那么称之为固定0故障（Stuck-at-0），简记为s-at-0。

电路中元件的损坏、线的开路和相当一部分的短路故障，都可以用固定型故障模型描述，它对这类故障的描述简单，处理也较方便。需要注意的是，故障模型 s-at-1 和 s-at-0 是就故障对电路的逻辑功能的影响而言的，而与具体的物理故障（缺陷）没有直接对应关系。因此s-at-1故障绝不能简单地认为是节点与电源的开路故障，s-st-0故障也不单纯指节点与地之间的短路故障，而指节点不可控，使节点上的逻辑电平始终停留在逻辑高电平或逻辑低电平上的各种物理故障的集合。

（2）桥接故障。

桥接故障可以表达两根或多根信号线之间的短接故障，是一种 MOS 工艺中常出现的缺陷。按桥接故障发生的物理位置分为两大类：一类是元件输入端间的桥接故障，另一类是元件输入端和输出端之间的桥接故障，后者常称反馈式桥接故障。

一个电路中发生的短路故障完全有可能改变电路的拓扑结构，甚至使电路的基本功能发生根本性变化，这将使自动测试与故障诊断变得十分困难。

（3）延迟故障。

在工程实际中往往遇到这种情况，即一个电路的逻辑是正确的，但却不能正常工作。究其原因，是电路的定时关系出现了故障。所谓延迟故障，是指因电路延迟超过允许值而引起的故障。

电路中的传输延迟一直是限制数字系统时钟频率提高的关键因素，对于高频工作的电路，任何细小的制造缺陷都可能引入不正确的延时，导致电路无法在给定的工作频率下正常工作，时延测试需要验证电路中任何通路的传输延迟均不能超过系统时钟周期。

（4）暂态故障。

暂态故障是相对固定型故障而言的。它有两种类型：瞬态故障和间歇性故障。

瞬态故障往往不是由电路或系统中的硬件引起的，而是由电源干扰和 α 粒子的辐射等原因造成的，因此这一类故障无法人为地复现。这种故障在计算机内存芯片中经常出现，但一般说来，这类故障不属于故障诊断的范畴，但在研究系统的可靠性时应予充分考虑。

间歇性故障是可复现的非固定型故障。产生这类故障的原因有：元件参数的变化，接插件的不可靠，焊点的虚焊和松动及温度、湿度和机械振动等其他环境原因等。这些时隐时现、取值非固定的故障，其侦查和定位通常是十分困难的。

对故障模型的认识和研究，是集成电路测试领域的基础性工作之一。随着集成电路工艺的发展，还需不断改进已有的故障模型并研究新的故障模型。

3）被测对象与测试方法

数据域测试按被测对象可分为如下几种：

① 组合电路测试，通常有敏化通路法、D 算法、布尔差分法等。

② 时序电路测试，通常采用叠接阵列、测试序列（同步、引导和区分序列）等方法。

③ 数字系统测试，如大规模集成电路常用随机测试（用伪随机序列信号作为激励）技术、穷举测试技术等。

限于篇幅，不能展开进行具体讨论，可参阅有关书籍[5]。

3. 数据域测试系统与仪器

1）数据域测试系统组成

数据域测试系统的组成框图如图 6.1.2 所示。一个被测的数字系统可用其输入和输出特性及时序关系描述，其输入特性可用数字信号源产生的多通道时序信号激励，而其输出特性可用逻辑分析仪测试，获得对应通道的时序响应，进而得到被测数字系统的特性。

依测试内容的不同，可采用不同的测试方法和测试设备。如果还需要进一步测试被测系统信号的时域参数，如数字信号（脉冲）的上升时间、下降时间及信号电平等，那么可在被测系统的输出端接一台数字存储示波器。这样既能测试数字系统的时序特性，又能测试时域参数。为便于使用，出现了同时具有逻辑分析和数字存储示波器功能的逻辑示波器。

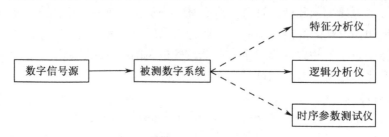

图 6.1.2　数据域测试系统的组成框图

如果要测试系统中是否存在故障（功能性测试），或对被测数字系统进行故障诊断，那么此时采用特征分析是一种有效的方法，这时依据不同的测试原理和方法，数字信号源既可提供确定性的测试激励，也可提供伪随机的测试激励，将被测系统测试响应的实际特征与在同样测试激励下的无故障特征进行比较，判明被测系统是否有故障，并定位故障的位置。

图 6.1.2 中只画出了 4 种典型的数据域测试仪器，有些仪器图上未画出，下面分别介绍。

2）数据域测试仪器

（1）逻辑笔。

逻辑笔虽然算不上仪器，但却是数字域检测中方便实用的工具。它像一支电工用的试电笔，能方便地探测数字电路中各点的逻辑状态。例如，笔上红色指示灯亮为高电平，绿灯亮为低电平，红灯绿灯轮流闪烁表示该点是时钟信号。

（2）数字信号源。

数字信号源又称数字信号发生器，是数据域测试中的一种重要仪器，可产生图形宽度可编程的并行和串行数据图形，也可产生输出电平和数据速率可编程的任意波形，以及一个可由选通信号和时钟信号来控制的预先规定的数据流。

数字信号源为数字系统的功能测试和参数测试提供输入激励信号。功能测试测出被测器件在规定电平和正确定时激励下的输出，就可知道被测系统的功能是否正常；参数测试可用来测试诸如电平值、脉冲的边缘特性等参数是否符合设计规范。

① 数字信号源的组成

目前的数字信号源常采用模块式仪器结构，即由主机和多个模块组成，如图 6.1.3 所示。主机包括机箱、中央处理单元、电源、信号处理单元（时钟和启动/停止信号产生器）和人机接口。模块包含序列和数据产生部件及通道放大器。一台仪器由多个数据模块组成，而每个模块又具有多个数据通道。用户可根据实际需要的通道数目购买，若需增加通道数，则还可扩充。

数字信号源的内部标准时钟源是一个由压控振荡器（VCO）控制的中央时钟发生器，它通过可编程的二进制分频器产生低频数字信号，在高性能的数字信号源中，还使用锁相环来控制压控振荡器，以获得稳定性和精确度高的时钟。许多数字信号源还提供一个外部时钟输入端，以便用被测系统的时钟来驱动。

时钟分离电路可提供多个不同的时钟，分别送到各数据模块的时钟输入端。为减小抖动和降低噪声，可用同轴电缆或微带线来传输时钟信号。

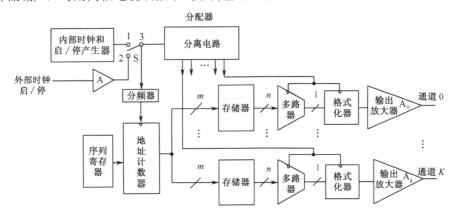

图 6.1.3　数字信号源的原理框图

信号处理单元为各时钟同时提供一个启动/停止信号，该信号使数字信号源各模块的工作同步地启动或同步地停止。通常，简单的数字信号源就用时钟的开和关来启动和停止各数据通道。

②　数据的产生

图 6.1.3 中的序列存储器在初始化期间写入每个通道的数据，数据存储器的地址由地址计数器提供。在测试过程中，在每个作用时钟沿上，计数器将地址加 1。数据存储器输出的数据与地址是一一对应的，这是产生线性数据流的一种简单方法，这种方法提供的最大数据率大于 100Mb/s。

一个 8:1 的多路器可将运行频率为 F/8 的 8 个并行输入位转换成频率为 F 的串行数据流。对于低速的数字信号源，多路器可以不要，从数据的每位数输出可直接产生一个串行数据流，该数据流加到格式化器的输入端，通过格式化器将数据流与时钟同步。在简单情况下，格式化器就是一个 D 触发器。数据的逻辑电平加在 D 输入端，在时钟信号沿的作用下输出。

格式化器的输出直接驱动输出放大器，放大器的输出电平是可编程的。在某些数字信号源中，通过在每个数据模块上提供外部时钟和启动/停止输入，以便产生不同的异步数据流。

（3）逻辑分析仪。

若数字系统测试中关心的是多个信号之间的逻辑关系及时间关系，则传统的通用测试设备如示波器等由于受通道数较少等因素的限制，已无法满足数字系统的测试要求，而逻辑分析有效地解决了复杂数字系统的检测和故障诊断。逻辑分析仪具有通道数多、存储容量大、可以多通道信号逻辑组合触发、数据处理显示功能强等特点。这是本章重点讨论的内容，将单辟一节进行介绍。

（4）特征分析仪。

为了识别一个电路或系统是否有故障，可以把电路各节点的正常响应记录下来，在进行故障诊断时，把实测的响应与正常电路的响应进行比较。如果两者一致，那么认为电路没有故障；各节点的响应中只要有一个节点不同，就可断定电路有故障。然后根据不正常响应的情况来分析故障的位置和种类。这样对各节点逐一地测试与分析显然会使测试成本剧增，且随着集成电路集成度的提高，并受封装的限制，上述从多节点观测测试响应的方法往往受到限制，而且相应测试集更加庞大。由于内测试的广泛使用，对每一测试激励下的响应逐一分析不仅是不必要的，有时甚至是难以实现的。因此，出现了特征分析技术，这种技术从被测电路的测试响应中提取"特征"（Signature），通过对无故障特征和实际特征进行比较，进行故障的侦查和定位。

特征分析由特征分析器实现。由线性反馈移位寄存器（Linenr Feedback Shift Register，LFSR）便可构成一个常用的单输入特征分析器，如图 6.1.4 所示。图中 $h_i = 0$（$1 \leqslant i \leqslant n$）表示连线断开；$h_i = 1$ 表示连线接通。

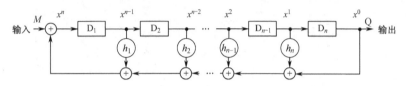

图 6.1.4　LFSR 组成的特征分析器

特征分析的基本原理是，用一个已知的二进制数（序列）去除被检验的二进制数（序列）M，所得到的余数即为特征。由于二进制序列可用二元域上的多项式表示，因此特征分析过程对应为二元域上的多项式除法。在基于 LFSR 的特征分析中，被除数为输入测试响应位流对应的多项式，除数为该线性反馈移位寄存器的特征多项式。相除后，商对应线性反馈移位寄存器的输出位流，余数（该线性反馈移位寄存器中的留数）即为测试响应的特征。

理论分析表明，特征分析技术具有很高的检错率。测试序列足够长时，特征分析的故障侦出率不低于 $1 - \dfrac{1}{2^m}$，m 是用于特征分析的 LFSR 的长度。$m = 16$ 时，故障侦出率高达 99.998%，侦查失误率是一个很小的概率。

特征分析器，如 LFSR，除图 6.1.4 所示的单输入外，还有多输入特征寄存器（Multiple Input Signature Register，MISR）。在 MISR 中，每位线性反馈移位寄存器单元皆接收被测电路的一个输出位流，如图 6.1.5 所示。

基于特征分析方法的数字系统故障诊断原理如图 6.1.6 所示。被测电路的无故障特征或某种故障下的特征，可通过电路的逻辑模拟或故障模拟获得。但要通过事先的模拟建立特征-故障字典，才能用于故障诊断，这样就限制了它的使用范围。

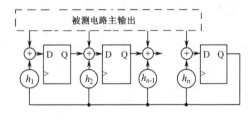

图 6.1.5　多输入特征寄存器（MISR）

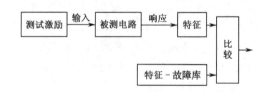

图 6.1.6　基于特征分析的数字系统子故障诊断原理

（5）规约分析仪。

规约分析仪是常用的数字通信测试仪器。规约（Protocol）是描述不同器件之间相互进行数据通信的规则和过程。规约分析仪可仔细地检查器件之间的通信过程中所发生的一切事件，同时对其是否符合通信规约做出测试。规约分析仪不仅可用于监测，而且还能发送信息。

规约分析仪的前面板和后台支持都是由一台专用计算机来完成的，它可对通信线路上的串行数据进行采集和处理，并可以格式化或模拟输出串行数据。

（6）误码率测试仪。

误码率测试仪更是常用的数字通信测试仪器。图 6.1.7 所示为它的组成框图，它包含两大部分：发送部分是图形发生器，向被测试数字系统提供测试图形作为激励信号；接收部分是误码检测器，能对误码的位数进行计数，它和传输的总位数之比是误码率。关于误码率测试的原理与应用将在本节最后（数据域测试的应用）介绍。

图 6.1.7 误码仪测试数字传输系统的组成框图

6.1.2 逻辑分析仪的组成原理

在数字系统测试中，我们关心的是多个信号之间的逻辑关系及时间关系，传统的测试设备，如示波器等，由于其通道数少等因素的限制，已无法满足数字系统的测试要求。为了对复杂数字系统进行功能检测和故障诊断，1973 年研制出了一种专用于数字系统测试的仪器——逻辑分析仪（Logic Analyzer）。逻辑分析仪具有通道数多、存储容量大、多通道逻辑信号的组合触发、数据处理和多种显示等特点，已成为数据域测试的主要仪器之一。

1．逻辑分析仪的特点和分类

1）特点

逻辑分析仪与传统的时域测试仪器（如示波器等）不同，是专门针对数字系统的测试仪器，它具有以下特点：

① 输入通道多，可以同时检测 16 路、32 路甚至上千路信号。

② 数据捕获能力强。具有多种灵活的触发方式，能确保观测窗口在被测数据流中的准确定位。

③ 具有较大的存储能力，能观测单次及非周期性数据信息，并能进行随机故障的诊断。

④ 具有多种显示方式。不仅可以同时显示多通道信号的伪方波，可用二进制、八进制、十六进制、十进制或 ASCII 码显示数据，而且还可用反汇编等进行程序源代码显示。

⑤ 具有可靠的毛刺检测能力。

2）分类

逻辑分析仪按照其工作特点可分为逻辑状态分析仪和逻辑定时分析仪两类，它们的组成原理基本相同，区别主要是数据的采集方式及显示方式有所不同。

逻辑状态分析仪用于系统的软件分析。它在被测系统的时钟（即外时钟）控制下进行数据采集，检测被测信号的状态，并用 0 和 1、助记符或映射图等方式显示。由于它与被测系统同步工作，采集到的状态数据与被测信号数据流是完全一致的，借助于反汇编等方法可以直接观测程序的源代码，因此它是进行系统软件测试的有力工具。

逻辑定时分析仪主要用于分析信号逻辑时间关系，一般用于硬件测试。它在自身时钟的作用下，定时采集被测信号状态，以伪方波等形式显示以进行观测分析。定时分析仪的数据采集采用的是仪器自身的时钟（即所谓的内时钟），因此它与被测系统的工作是异步的。为了能分辨信号间的时序关系，通常要求用于数据采集的内时钟要高于被测系统时钟频率5～10 倍。在该方式下，通过观测电路输入、输出的各个信号的逻辑变化及时序关系，即可进行硬件故障诊断。

目前的逻辑分析仪一般同时具有状态分析和定时分析能力。按照逻辑分析仪的结构特点，逻辑分析仪还可以分为台式、卡式、外接式等。

2. 逻辑分析仪的基本组成原理

逻辑分析仪的种类繁多，在通道数量、分析速率、存储深度、触发方式及显示方式等方面各不相同，但其基本组成结构是相同的。逻辑分析仪的组成原理框图如图 6.1.8 所示，它主要包括数据捕获和数据显示两大部分。

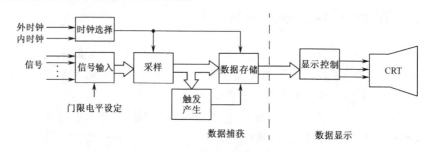

图 6.1.8　逻辑分析仪组成原理框图

由于数字系统的测试一般要观测较长时间范围的信号间逻辑关系或较长的数据流才能进行分析，因此逻辑分析仪一般先进行数据捕获并存储数据，然后进行数据显示并观测分析。

数据捕获部分包括信号输入、采样、数据存储、触发产生和时钟电路等。外部被测信号送到信号输入电路，与门限电平进行比较，通过比较器整形为符合逻辑分析仪内部逻辑电平的信号（如 TTL 电平信号）。采样电路在采样时钟控制下对信号进行采样，采样获得的数据流送到触发产生电路进行触发识别，根据数据捕获方式，在数据流中搜索特定的数据字（触发字），当搜索到符合条件的触发字时，就产生触发信号。数据存储电路在触发信号的作用下进行相应的数据存储控制，而时钟电路可以选择外时钟或内时钟作为系统的工作时钟。数据捕获完成后，由显示控制电路将存储的数据以适当的方式（波形或字符列表等）显示，以便对捕获的数据进行观测分析。

3. 逻辑分析仪的触发方式

在电子测量仪器中，触发的概念来自模拟示波器。在模拟示波器中，仅当触发信号到来后，X 通道才产生扫描信号，Y 通道信号才能被显示，即从触发点打开了一个显示窗口。

数字系统运行时，其数据流是无穷无尽的。逻辑分析仪的存储器的容量总是有限的，我们所能观测到的数据只是存储器中存储的数据，即数据流中的一部分，如图 6.1.9 所示，它相当于在数据流上开启了一个观测窗口。该观测窗口的长度就是存储器的存储深度，要在数据流中找到对分析有意义的数据，就必须将观测窗口在数据流中适当定位，而定位是通过触发与跟踪来实现的，因此触发方式的多寡及灵活程度就决定了逻辑分析仪的数据捕获能力。

触发在逻辑分析仪中的含义是，由一个事件来控制数据获取，即选择观测窗口的位置。这个事件可以是数据流中出现的一个数据字、数据字序列或其组合，某个通道信号出现的某种状态、毛刺等。以某一通道状态作为触发条件称为通道触发，即当选择的通道出现状态 1 或 0 时触发；以毛刺作为触发条件称为毛刺触发，它在信号中出现毛刺时触发；以数据字作为触发条件则称为字触发，该数据字称为触发字，即当数据流中出现该触发字时触发。字触发是逻辑分析仪特有的，也是最常用的触发方式。一些常见的触发方式如下。

1）组合触发

逻辑分析仪具有多通道信号组合触发（即字识别触发）功能。当输入数据与设定触发字一致时，产生触发脉冲。每个输入通道都有一个触发字选择设置开关，每个开关有三种触发条件：1, 0, x。1 表示高电平，0 表示低电平，x 表示任意值。例如，某逻辑分析仪有 8 个通道，如果触发字设为 $011001x0$，那么在 8 个输入数据通道中出现下面两种组合中的任何一种时都会产生触发：01100100 或 01100110。组合触发是逻辑分析仪最基本的触发方式。

采用何种触发跟踪方式来控制数据的采集过程，还会影响到窗口的定位。通常把采集并显示数据的一次过程称为一次跟踪，或将窗口中的全部数据称为一次跟踪。触发决定了跟踪在数据流中的位置。最基本的触发跟踪方式有触发起始跟踪和触发终止跟踪，其原理如图 6.1.9 所示。

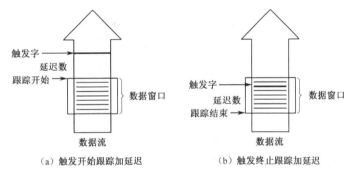

（a）触发开始跟踪加延迟　　　　　（b）触发终止跟踪加延迟

图 6.1.9　逻辑分析仪的基本触发跟踪方式

触发起始跟踪是当触发时即开始数据采集和存储，直到存储器存满为止，因此触发字位于窗口的开始位置。触发终止跟踪是触发时即停止数据采集，触发前一直采集并存储数据，如果存储器满时仍未触发，那么在存入最新数据的同时排除最早存储的数据，即存储器采用先进先出（First In First Out，FIFO）方式。

2）延迟触发

延迟触发是在数据流中搜索到触发字时，并不立即跟踪，而是延迟一定数量的数据后才开始或停止存储数据，它可以改变触发字与数据窗口的相对位置。无延迟触发的跟踪如图 6.1.9 所示，有延迟触发时的跟踪如图 6.1.10 所示，设置不同的延迟数，就可以将窗口灵活定位在数据流中的不同位置。

触发开始跟踪加延迟后，触发字出现时并不立即跟踪，而是延迟时间到后才开始存储数据，因此数据窗口中是触发字出现并延迟一段时间后的数据，触发字位于窗口外面。而触发终止跟踪加延迟后，如果适当设置延迟数，那么可使触发字位于数据窗口中的任何位置。

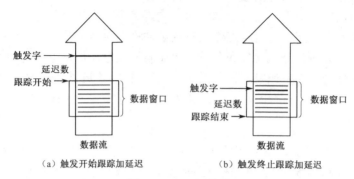

图 6.1.10　延迟触发

3）序列触发

序列触发的触发条件是多个触发字的序列，它在数据流中按顺序出现各个触发字时才触发，即顺序在前的触发字必须出现后，后面的触发字才有效。序列触发常用于复杂分支程序的跟踪，图 6.1.11 所示为一个两级序列触发的工作原理。

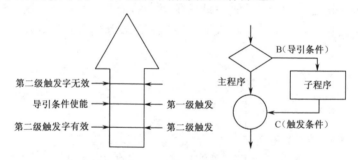

图 6.1.11　两级序列触发工作原理

在两级序列触发中，第一级触发字为导引条件，当其满足（即数据流中出现第一级触发字）后，第二级触发字才使能，如果数据流中这时出现第二级触发字，那么触发。如果在导引条件未满足前出现第二级触发字，那么不会触发。图 6.1.11 中将子程序入口作为导引条件（第一级触发字），子程序返回主程序作为触发条件（第二级触发字），这样就可以把窗口准确定位在经过子程序的通路上。

4）手动触发

手动触发是一种人工强制触发。该方式下，只要设置分析开始，即进行触发并显示数据。它是一种无条件的触发，由于该方式下观测窗口在数据流中的位置是随机的，因此也称随机触发。

5）限定触发

限定触发是对设置的触发字再加限定条件的触发方式。如果选定的触发字在数据流中出现得较为频繁，为了有选择地捕获特定的数据流，那么可以给触发字附加一些约束条件。这样，即使数据流中频繁出现触发字，只要这些附加的条件未出现，也不能进行触发。图 6.1.12 所示为限定触发的原理框图。

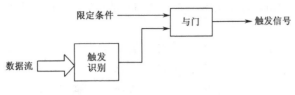

图 6.1.12　限定触发原理框图

4．逻辑分析仪的数据捕获和存储

1）输入探头

逻辑分析仪的探头将若干探极集中起来，触针细小，便于探测高密度集成电路。对于多通道的逻辑分析仪而言，各通道的输入探头电路完全相同。图 6.1.13 所示为数据探头的一种简化形式，探头设计为高速和高输入阻抗的有源探头。输入的数据信号通过比较电路与阈值电平比较，若高于阈值则输出为逻辑 1，反之则为逻辑 0。为检测不同逻辑电平的数字系统（如 TTL、CMOS、ECL 等），门限电平可以调节，一般范围为-10～+10V。

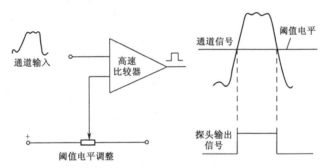

图 6.1.13　数据输入探头的响应

2）数据捕获

从数据探头得到的信号，经电平转换延迟变为 TTL 电平后，在采样时钟的作用下，经采样电路存入高速存储器，如图 6.1.14 所示。这种将被测信号进行采样并存入存储器的过程就称为数据捕获。在逻辑分析仪中，数据捕获的方式通常有以下两种。

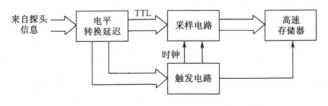

图 6.1.14　数据捕获

（1）采样方式。

该方式是在采样时钟到来时，对探头中比较器输出的逻辑电平进行判断：若比较器输出是高电平，即被测电平高于所设定的门限电平，则采样电路就将 1 送到存储器；若比较器输出是低电平，则将 0 送到存储器。采样电路的输出在时钟脉冲到来时才变化。

图 6.1.15 所示为采样方式原理波形图。比较器的输出和采样输出是不一样的，比较器

的输出决定于被测波形的电平值，而采样输出不仅受被测波形影响，而且取决于采样脉冲到来的时刻。由数字逻辑电路的知识可知，用 D 触发器可完成这个采样过程。

（2）锁定方式。

锁定方式用来捕捉出现在两个采样脉冲之间的毛刺。毛刺往往是逻辑电路误动作的主要原因。在锁定方式下，逻辑分析仪内的锁定电路能把一个很窄的毛刺展宽。一般可以捕捉到 2ns、250mV 的窄脉冲，并能用一个与采样时钟周期相同的宽度显示毛刺，便于测试人员观测与分析。

锁定电路主要由毛刺锁存器和控制电路组成。毛刺锁存器与数据锁存器并行工作。数据锁存器在采样脉冲下不仅能锁存输入数据，还可不予理睬采样时钟之间的毛刺。毛刺锁存器不仅能锁存输入数据，而且能锁存输入数据中的毛刺。

图 6.1.16 所示为毛刺捕获电路，图 6.1.17 所示为毛刺捕获方式的波形。当方式选择开关拨至低电平 L 时，与非门 G_1、G_2 被关闭，FF_1、FF_2 按一般 D 触发器工作。由于毛刺发生在采样时钟之间，采样电路不能对毛刺采样，故输出电平不反映毛刺。因此，采样方式发现不了在采样时钟之间的毛刺。

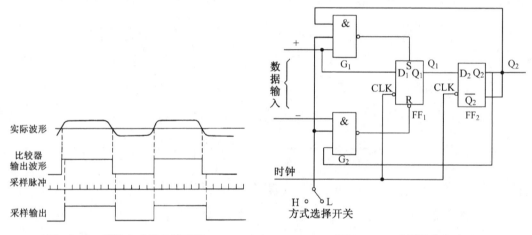

图 6.1.15　采样方式原理波形图　　　　　　图 6.1.16　毛刺捕获电路

当方式选择开关拨至高电平 H 时（为锁定方式），可以发现发生在时钟脉冲之间的毛刺。假如在毛刺到来前 D 触发器 FF_1、FF_2 输出为低电平，在采样时钟 t_0 与 t_1 之间发生正向毛刺时，G_1 输出低电平，G_2 输出高电平，使 FF_1 复位，它使数据先行位采样值变反（即由低电平变为高电平，与毛刺脉冲的极性保持一致）。此时，$Q_1 = 1$、$Q_2 = 0$，毛刺结束后 FF_1、FF_2 仍保持上述状态。时钟脉冲 t_1 到来时，由于毛刺脉冲早已结束，故 $Q_1 = 0$、$Q_2 = 1$；当 t_2 到来时，毛刺脉冲引起的 Q_1 变化传送到 Q_2，即 Q_2 输出恢复到原来正常采样方式的状态。类似地，对于发生在 t_5、t_6 间的负向毛刺，在毛刺到来时强迫 FF_1 复位，使 $Q_1 = 0$，它同样起到使先行位的采样值变反的作用。在 t_6 时，这个电位向 FF_2 过渡，在 t_7 时 Q_1 电平变化传到 Q_2。由此可见，锁定方式可以捕捉发生于时钟脉冲之间的毛刺。应该指出，无论毛刺宽度如何，在 FF_2 输出端"复现"的毛刺，其宽度和时钟脉冲周期相等。逻辑分析仪只有在定时分析时对检查毛刺才有意义。

逻辑分析仪采用被测系统时钟脉冲作为采样脉冲的采样方式称为同步采样，使用其内部产生的时钟对被测系统的输入数据进行采样的方式称为异步采样。由于逻辑分析仪内部时钟频率一般较被测系统高得多，这样就使单位时间内得到的信息量增多，提高了分辨率，从而显示的数据更为精确。图 6.1.18 所示为同步采样和异步采样的工作波形比较，同步采样无法检测两相邻时钟间的干扰波形，而异步采样可以检测出波形中的毛刺干扰，并将它存储到存储器中。

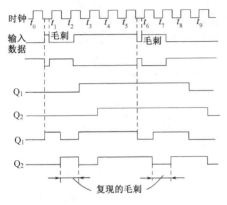

图 6.1.17 毛刺捕获方式的波形

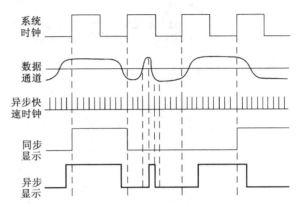

图 6.1.18 同步采样和异步采样的工作波形比较

3）数据存储

逻辑分析仪的存储器主要有移位寄存器和随机存储器（RAM）两种。移位寄存器每存入一个新数据，以前存储的数据就移位一次，待存满时最早存入的数据就被移出。随机存储器是按写地址计数器规定的地址向 RAM 中写入数据的。每当写时钟到来，计数值加 1，并循环计数。因而在存储器存满后，新的数据将覆盖旧的数据。可见这两种存储器都是以先入先出的方式进行存储的。

5．逻辑分析仪的显示

数据采集完成后，逻辑分析仪即进入数据处理与显示周期，它将捕获的数据以便于分析的方式显示出来。常见的基本显示方式有波形显示和字符列表显示。由于要同时显示多个通道的数据波形或字符，传统的逻辑分析仪显示控制电路非常复杂，且速度较慢。当前的逻辑分析仪均采用计算机为硬件平台，显示控制简单方便，数据处理和显示能力大大加强，除波形显示与数据字符列表显示外，还有图解显示和反汇编源代码显示等方式。

1）波形显示

时间波形显示是定时分析最基本的显示方式，它将各通道采集的数据按通道以伪方波形式显示出来，每个通道的信号按照采集存储的数据状态，用一个波形显示，如果在某一采样时刻采得的数据为 1，那么显示为高；如果数据为 0，那么显示为低，多个通道的波形可以同时显示。显示的波形与示波器不同，它不代表信号的真实波形，只代表采样时刻信号的状态。图 6.1.19 所示为一个定时分析的波形显示图，定时分析一般用于观测信号间的时序关系，因此该显示窗口中一般有两个时标 C1 和 C2，利用它可以测量两个信号跳变沿之间的时间关系。

2）数据列表显示

数据列表显示常用于状态分析时的数据显示，它将数据以列表方式显示，数据可以显示为二进制、八进制、十六进制、十进制及 ASCII 码等形式。图 6.1.20 将每个探头的数据按照采样顺序以十六进制方式显示，移动光标可以观测捕获的所有数据，因此能方便地观测分析被测系统的数据流。

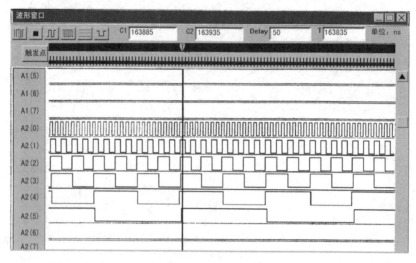

图 6.1.19　定时分析的波形显示

数据窗口

触发点 32767

	探头 A1	探头 A2	探头 B1	探头 B2
0	08	08	00	00
1	08	08	00	00
2	09	03	00	00
3	07	07	00	00
4	06	06	00	00
5	06	06	00	00
6	07	07	00	00
7	05	05	00	00
8	04	04	00	00
9	04	04	00	00
10	05	03	00	00

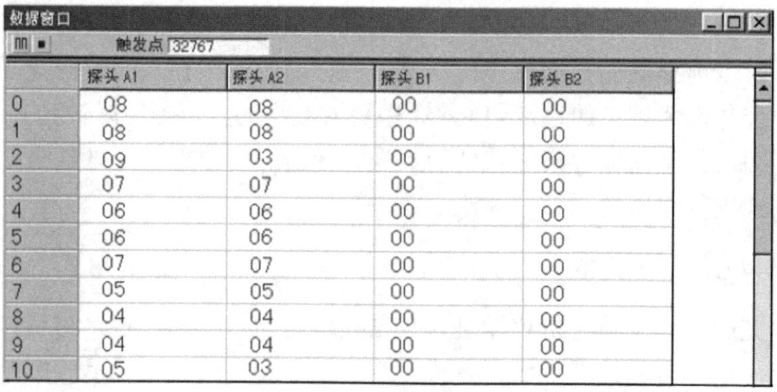

图 6.1.20　数据列表显示

3）**反汇编显示**

在对计算机系统进行测试分析，特别是软件测试时，通过观测数据列表中的数据流来分析系统工作很不方便。多数逻辑分析仪提供了另一种有效的显示方式，即反汇编方式。它将采集到的总线数据（指令的机器码），按照被测微处理器系统的指令系统进行反汇编，然后将反汇编生成的汇编程序显示出来，这样可以非常方便地观测指令流，分析程序运行情况。图 6.1.1 所示为将某计算机系统总线数据采集后，按照其指令系统反汇编的结果。

表 6.1.1　反汇编显示

地址（HEX）	数据（HEX）	操　作　码	操　作　数
2000	214220	LD	HL，2042
2003	0604	LD	B，04
2005	97	SUB	A
2006	23	INC	HL

4）图解显示

图解显示是将屏幕 X、Y 方向分别作为时间轴和数据轴进行显示的一种方式。它将要显示的数据通过 D/A 转换器变为模拟量，按照存储器中取出数据的先后顺序，将转换所得的模拟量显示在屏幕上，形成一个图像点阵。

图 6.1.21（a）所示为一个 BCD 码十进制计数器的输出数据的图解波形显示。BCD 计数器从 0 开始计数，来一个时钟计数值增 1，输出数据序列为 0000→0001→0010→0011→0100→0101→0110→0111→1000→1001→0000，10 个计数脉冲后输出回到 0，开始一轮新的循环。数据在时间轴上按先后出现，经 D/A 转换后形成递增的模拟量，在屏幕上形成由左下方向右上方移动的 10 个亮点，并如此循环。这种显示方式可用于检查一个带有大量子程序的程序执行情况，图 6.1.21（b）所示为一个程序执行时，对计算机地址总线进行检测，并将检测数据进行图解显示所得的波形。

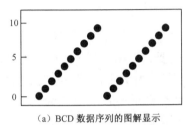

（a）BCD 数据序列的图解显示

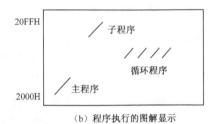

（b）程序执行的图解显示

图 6.1.21　数据列表显示

6．逻辑分析仪的主要技术指标及发展趋势

1）逻辑分析仪的主要技术指标

根据逻辑分析仪的功能特点，衡量逻辑分析仪性能的主要技术指标如下：

① 定时分析最大速率：逻辑分析仪工作在定时分析方式时的最大数据采样速率，可以是实际的采样时钟最高频率，也可以是等效采样速率。

② 状态分析最大速率：工作在状态分析方式时，外部时钟可以输入的最大频率。

③ 通道数：逻辑分析仪信号输入通道数量，包括数据通道和时钟通道。通道越多，可以同时观测的信号就越多。

④ 存储深度：每个通道可以存储的数据位数（KB），一般为几 KB 至几十 KB。

⑤ 触发方式：逻辑分析仪的触发方式越多，其数据窗口定位就越灵活。一般有随机触发、通道触发、毛刺触发、字触发等基本方式。有的还有一些触发附加功能，如延迟触发、限定触发、组合触发、序列触发等。

⑥ 输入信号最小幅度：逻辑分析仪探头能检测到的输入信号的最小幅度。

⑦ 输入门限变化范围：探头门限的可变范围，一般为-10～+10V，其可变范围越大，可测试的数字系统逻辑电路种类就越多。

⑧ 毛刺捕捉能力：逻辑分析仪所能检测到的最小毛刺脉冲的宽度。

除以上主要技术指标外，还有存储方式、采样方式、显示方式、延迟数、建立保持时间等，根据这些指标，再结合自己的需要，就可选择到合适的逻辑分析仪。表 6.1.2 所示为一些实用型号的逻辑分析仪的主要技术特性。

表 6.1.2　一些实用型号的逻辑分析仪的主要技术特性

型　　号	定时分析速率	状态分析速率	通　道　数	存　储　深　度	建立/保持时间	可测毛刺	触发序列
HP1660C	250MHz	100MHz	136	每通道 4KB	0～3.5ns	3.5ns	12/10
HP1661C	250MHz	100MHz	102	每通道 4KB	0～3.5ns	3.5ns	12/10
HP1682A	400/800MHz	200MHz	68	每通道 1MB	0～3.5ns	3.5ns	12/10
HP16700A	4GHz	400MHz	1020	每通道 32～128MB	0～3.5ns	3.5ns	12/10
TLA700	400MHz	400MHz	2176	每通道 64MB			
32GPX	200MHz	80MHz	80	每通道 4KB			
30HSM	2GHz	400MHz	4	每通道 120KB			

2）逻辑分析仪的发展趋势

大规模集成电路和计算机技术的飞速发展，对逻辑分析仪提出了更高的要求。逻辑分析仪的性能在不断提高，以适应数字系统测试的需要。早期的逻辑分析仪测试速度慢，功能简单，而且定时分析仪与状态分析仪分属两种仪器。由于计算机和集成电路技术的发展，人们把定时分析与状态分析结合在一起，以便于计算机系统的软/硬件分析。而且逻辑分析仪的分析速率、通道数、存储深度等技术指标也在不断提高。目前数字系统的速度越来越快，计算机的 CPU 内部时钟已达吉赫兹级别，外部总线速度已达 150MHz 以上，要对这些器件及总线进行测试，逻辑分析仪的分析速率必须更快。集成电路内部电路及数字系统也越来越复杂，分析时间要求更长，因此要求逻辑分析仪的存储深度更大。例如，有的逻辑分析仪的存储深度超过每通道 2MB，甚至几十 MB。

逻辑分析仪除了不断提高主要技术指标，其功能也在不断发展。例如，加强数据处理分析功能，不仅能进行反汇编源代码显示，有的还能进行高级语言的源程序显示；采用时间直方图监测程序各模块的执行时间，分析程序效率；用地址直方图监测程序模块活动情况，分析系统资源利用率。

逻辑分析仪的另一个发展趋势是与时域测试仪器示波器相结合。随着数字系统的速度加快及结构的复杂化，单纯的逻辑分析已难以找出故障原因，此时要通过信号的混合分析才能完成故障诊断。混合信号分析，要求在对信号进行逻辑分析的同时，对信号的波形细节进行观测，逻辑分析仪只能进行逻辑时序分析，示波器能够观测波形，单独的逻辑分析仪或示波器都不能完成混合信号分析。这时可以将两者集成在一起构成混合信号分析仪，以实现更强的测试分析能力。

同时逻辑分析仪也在向逻辑分析系统方向发展，逻辑分析系统包含测量部分和控制部分，其中测量部分包括逻辑定时分析仪、逻辑状态分析仪、数据发生器、模拟记录器（示波器），而控制部分包括显示、接口、数据处理等，实际上控制部分是由微机系统完成的。由于当前的逻辑分析仪的结构一般采用嵌入式 PC 为硬件平台，软件以 Windows 为平台，非常方便扩展和仪器的多样化，配以数字发生器模块和数字存储示波器模块，即可构成集激励源与测量仪器于一体的逻辑分析系统。同时逻辑分析仪也在向多用途方向发展，例如，给逻辑分析仪配以专用的探头夹具及分析软件，可以成为总线分析仪，对某一总线进行协议测试分析。

7．逻辑分析仪的应用

逻辑分析仪检测被测系统时，用逻辑分析仪的探头检测被测系统的数据流，通过对特定数据流的观测分析，进行软、硬件的故障诊断。

1）逻辑分析仪在硬件测试及故障诊断中的应用

逻辑定时分析仪和状态分析仪均可用于硬件电路的测试及故障诊断。给一数字系统加入激励信号，用逻辑分析仪检测其输出或内部各部分电路的状态，即可测试其功能。通过分析各部分信号的状态，信号间的时序关系等就能进行故障诊断。下面以一些例子说明逻辑分析仪在硬件测试中的具体应用。

（1）ROM 的指标测试。

逻辑分析仪可以通过测试器件在不同条件下的工作状态来测试它的极限参数。下面给出用逻辑分析仪对 ROM 的最高工作频率和工作寿命进行测试的方法。

① ROM 最高工作频率的测试

图 6.1.22 所示为 ROM 最高工作频率的测试方案。由数据发生器以计数方式产生 ROM 的地址，逻辑分析仪工作在状态分析方式下，将数据发生器的计数时钟送入逻辑分析仪作为数据采集时钟，ROM 的数据输出送入逻辑分析仪探头，同时用频率计检测数据发生器的计数时钟频率。

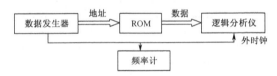

图 6.1.22　ROM 指标参数测试

首先让数据发生器低速工作，逻辑分析仪进行一次数据采集，并将采集到的 ROM 各单元数据存入参考存储器作为标准数据，然后逐步提高数据发生器的计数时钟频率，同时逻辑分析仪将每次采集到的数据与标准数据进行比较，直到出现不一致为止，此时数据发生器的计数时钟频率即为 ROM 的最高工作频率。

② ROM 的寿命测试

ROM 的寿命可以通过改变其工作电压和温度的方法间接测试，测试方案与图 6.1.22 类似，此时改变的是电压和温度而不是频率。首先在正常温度和工作电压情况下，由逻辑分析仪采集数据作为标准数据，然后改变工作电压和温度，逻辑分析仪采集数据并与标准数据比较，直到出现两者不一致时，停止并记录当时的工作电压及温度等测试条件，根据这些数据即可计算出 ROM 的工作寿命。

（2）译码器输出信号及毛刺的观测。

在计算机系统中要用到大量的译码电路，译码器输出的片选信号的正确与否，直接影响到系统的正常工作。译码器的测试电路如图 6.1.23（a）所示，分频电路由三个 D 触发器组成，在时钟 f_c 作用下在输出端得到 0～7（000B～111B）的状态信号送入 74LS138 的 A、B、C 三个输入端，用逻辑分析仪检测 74LS138 的输出 $\overline{Y}_0 \sim \overline{Y}_7$，逻辑分析仪工作在定时分析方式，选择适当的分析时钟频率，当 74LS138 的 G、$\overline{G}_{2A}$、$\overline{G}_{2B}$ 满足要求时，即可在逻辑分析仪的波形显示窗口看到如图 6.1.23（b）所示的译码输出信号时序图。

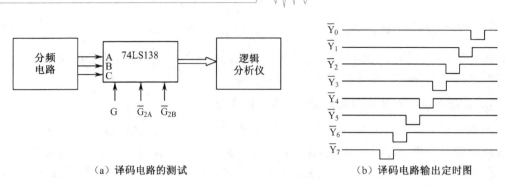

（a）译码电路的测试　　　　　　　　　　　　（b）译码电路输出定时图

图 6.1.23　逻辑定时分析仪测试译码电路

当分频电路中的 D 触发器速度较慢（如采用 74LS74）时，74LS138 的 A、B、C 三个输入信号间延时不一致，有可能在输出端出现引起错误动作的窄脉冲，而逻辑分析仪的正常采样方式观测不到该窄脉冲，这时要使用毛刺检测功能来观测毛刺。调节数据发生器的输出信号延时，同时逻辑分析仪工作在毛刺锁定方式下，在波形窗口中开启毛刺显示，即可观测到译码器输出端上的毛刺，如图 6.1.24 所示。

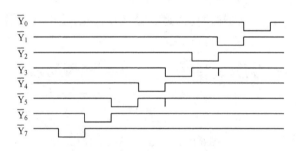

图 6.1.24　毛刺信号的观测

由图可见，译码器的输出波形与图 6.1.23（b）中的完全相同，只是在检测出毛刺的地方给出了毛刺的标记，表示此时该信号上出现了窄脉冲，可能会引起电路工作的不正常。

2）逻辑分析仪在软件测试中的应用

逻辑分析仪也可用于软件的跟踪调试，发现软件、硬件故障，而且通过对软件各模块的监测与效率分析还有助于软件的改进。在软件测试中必须正确地跟踪指令流，逻辑分析仪一般采用状态分析方式来跟踪软件运行。图 6.1.25 所示为对 80C51 单片机系统取指令周期的定时图。逻辑分析仪的探头连接到 80C51 的地址线、数据线及控制线。

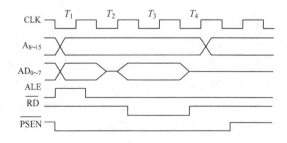

图 6.1.25　80C51 取指令周期信号时序关系

以 ALE 下降沿作为地址采集时钟，$\overline{RD}$ 的上升沿作为数据采集时钟，为正确采集指令数据，以 $\overline{PSEN}$ （程序存储器输出允许）为限定存储条件，设置触发条件为复位结束或某数据字，即可将 80C51 总线上传输的数据正确捕获。同时还可以将捕获的指令数据按其指令系统反汇编后进行分析。

如果程序比较复杂，程序中包含了许多子程序及分支程序，那么可以将分支条件或子程序入口作为触发字，采用多级序列触发的方式，跟踪不同条件下程序的运行情况。图 6.1.26 所示为一个具有两个分支的程序。

如果要监测程序沿通路 B 的运行状况，可以采用两级序列触发，第一级触发字设置为042D，第二级触发字设置为 03F2，那么 042D 为导引条件，保证在触发时采集的数据是程序沿通路 B 运行的状态。如果要监测程序沿通路 A 运行的状态，那么只需将导引条件设置为 03CF。当程序更为复杂，有多个分支时，采用更多级的序列触发即可，有的逻辑分析仪序列触发可达 16 级以上，因此能准确地跟踪和分析程序。

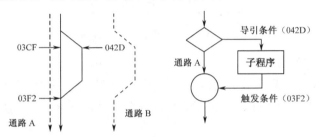

图 6.1.26　分支程序的跟踪测试

6.2　简易逻辑分析仪设计

［2003 年全国大学生电子设计竞赛（D 题）］

1. 任务

设计并制作一个 8 路数字信号发生器与简易逻辑分析仪，其系统结构框图如图 6.2.1 所示。

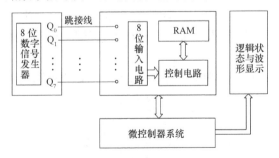

图 6.2.1　简易逻辑分析仪系统结构框图

2. 要求

1）基本要求

（1）制作数字信号发生器。

能产生 8 路可预置的循环移位逻辑信号序列，输出信号为 TTL 电平，序列时钟频率为

100Hz，并能够重复输出。逻辑信号序列示例如图 6.2.2 所示。

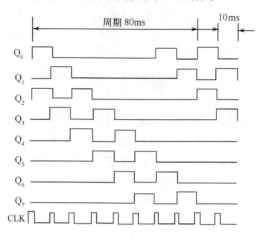

图 6.2.2　逻辑信号序列示意图

（2）制作简易逻辑分析仪。

① 具有采集 8 路逻辑信号的功能，并可设置单级触发字。信号采集的触发条件为各路被测信号电平与触发字所设定的逻辑状态相同。在满足触发条件时，能对被测信号进行一次采集、存储。

② 能利用模拟示波器清晰地显示所采集到的 8 路信号波形，并显示触发点位置。

③ 8 位输入电路的输入阻抗大于 50kΩ，其逻辑信号门限电压可在 0.25～4V 范围内按 16 级变化，以适应各种输入信号的逻辑电平。

④ 每通道的存储深度为 20 位。

2）发挥部分

（1）能在示波器上显示可移动的时间标志线，并采用 LED 或其他方式显示时间标志线所对应时刻的 8 路输入信号逻辑状态。

（2）简易逻辑分析仪应具备三级逻辑状态分析触发功能，即当连续依次捕捉到设定的 3 个触发字时，开始对被测信号进行一次采集、存储与显示，并显示触发点位置。三级触发字可任意设定（例如，在 8 路信号中指定连续依次捕捉到的两路信号 11、01、00 作为三级触发状态字）。

（3）触发位置可调（即可选择显示触发前、后所保存的逻辑状态字数）。

（4）其他（如增加存储深度后分页显示等）。

3．评分标准

	项　　　目	满　　分
基本要求	设计与总结报告：方案比较、设计与论证，理论分析与计算，电路图及有关设计文件，测试方法与仪器，测试数据及测试结果分析	50
	实际制作完成情况	50
发挥部分	完成第（1）项	18
	完成第（2）项	18
	完成第（3）项	5
	其他	9

4．说明

（1）系统结构框图中的跳接线必须采取可灵活改变的接插方式。

（2）数字信号的采集时钟可采用来自数字信号发生器的时钟脉冲 CLK。

（3）测试开始后，参赛者不能对示波器进行任何调整操作。

（4）题中涉及的"字"均为多位逻辑状态。例如，图 6.2.2 中纵向第一个字为一个 8 位逻辑状态字（00000101），而发挥部分中的三级触发字为 2 位逻辑状态。

6.2.1　题目分析

按题目基本要求，设计分为数字信号发生器和简易逻辑分析仪两部分。

1）8 位数字信号发生器

题目要求序列时钟频率仅为 100Hz，且负载能力要求不高，一般采用一片单片机（8051 或 8052）就可以实现 8 位数字信号发生器。

2）简易逻辑分析仪

简易逻辑分析仪应包括 8 位输入电路、控制电路、RAM 和微控制系统等。

该简易逻辑分析仪应具有如下功能：

（1）具有采样 8 路逻辑信号的功能，并可设置单级触发字。信号采集的触发条件为各路被测信号电平与触发字所设定的逻辑状态相同。在满足触发条件时，能对被测信号进行一次采集、存储。

（2）能利用模拟示波器清晰稳定地显示所采集到的 8 路信号波形，并显示触发位置。

（3）8 路输入电路的输入阻抗大于 50kΩ，其逻辑信号门限电压可在 0.25～4V 范围内按 16 级变化，以适应各种信号的逻辑电平。

（4）每通道的存储深度为 20 位。

（5）能在示波器上显示可移动的时间标志线，并采用 LED 或其他方式显示时间标志线所对应时刻的 8 路输入信号逻辑状态。

（6）应具有三级逻辑状态分析触发功能。三级触发状态可任意设定。

（7）触发位置可调。

（8）增加存储深度，且分页显示等。

6.2.2　方案论证

逻辑分析仪的核心在于存取方式，采样、触发等功能都是围绕存储器读/写控制展开的。存储方案可以有以下几种。

方案一：存储回放型。该方案先对信号采集，采集完成后，回放模块再对采集信号进行回放。该方案框图如图 6.2.3 所示。此方案可以完成信号采集与回放，且两个模块互不干扰，实现简单，能实现单次触发、显示触发点位置和显示光标等功能。但此方案的缺陷是无法对信号进行动态扫描、实时显示。

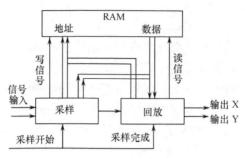

图 6.2.3   方案一原理框图

方案二：双口 RAM 实时回放。图 6.2.4 给出了方案二的原理框图，该方案采用完全独立的采样、回放模块，对双口 RAM 进行操作，既保留了方案一易实现的特点，又避免了无法实时回放的弊端，但双口 RAM 引脚多，占用控制器 I/O 量大，给电路实现带来困难，如使用 CPLD 内部双口 RAM，又会碰到许多 CPLD 内部不支持真正双口 RAM 的问题，给读/写带来不稳定因素。

方案三：单口 RAM 实时回放。方案三是本设计最终采用的方案，它能通过对读/写时序的控制，以单口 RAM 实现双口 RAM 的功能，采样、回放不完全独立，时序控制复杂一些，但功能可以媲美双口 RAM 存储方案，图 6.2.5 给出了方案三的框图。

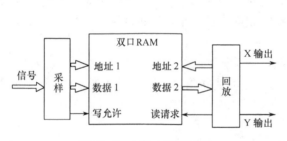

图 6.2.4   方案二原理框图

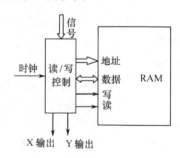

图 6.2.5   方案三原理框图

6.2.3   系统设计与原理框图

整个系统由信号预处理电路、RAM 及其读/写控制部分、D/A 接口部分及单片机控制部分组成，其中 RAM 及其读/写逻辑控制部分均由 CPLD 实现。系统原理框图如图 6.2.6 所示。

为了保证在示波器上能够看到清晰稳定的波形，示波器显示屏扫描的速度应为一个常数，即读 RAM 的速度是一定的。而对于写逻辑来说，写 RAM 的速度需要随输入信号变化而变化。要保证实时存储实时回放，就需要读操作与写操作互不冲突，互不影响。本设计CPLD 速度快、控制简单的特点也为电路实现提供了便利，具体实现方法见电路分析部分的"虚拟双口 RAM 实现"一节。

8 路信号输入经整形输入 CPLD 后，写控制模块对其并行采样并作为一个字节（Byte）存入 RAM，写控制模块负责实现运行/停止（RUN/STOP）、多种字触发源切换、正常触发与单次触发切换等功能。读模块将数据读出，根据当前正在显示的信号通道通过多路数据选择器（MUX）选出对应的波形数据，叠加相应的直流电平后输出到示波器的 Y 轴，而将读地址接到示波器的 X 轴，以产生水平扫描信号，分别将 8 路信号显示在示波器的不同位置。在不加入光标等附加功能的情况下，示波器的 X、Y 轴两路信号波形以及此时示波器上显示的波形如图 6.2.7 和图 6.2.8 所示。

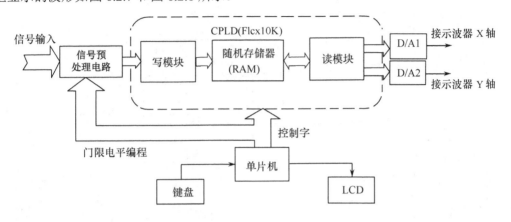

图 6.2.6　系统原理框图

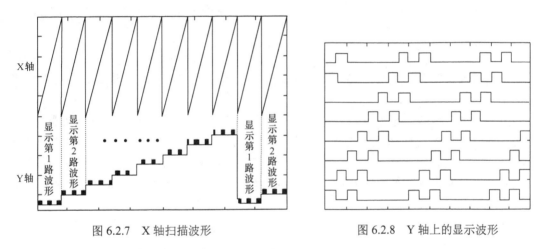

图 6.2.7　X 轴扫描波形　　　　　　　图 6.2.8　Y 轴上的显示波形

由于示波器两路上的波形都有较多电平跳变，对后级 D/A 的转换速率与压摆率（Slew Rate）要求较高，这里选用 DAC0800 与 OP37 运放作为后级输出接口，100ns 的转换速度与 17V/ns 的压摆率能够保证 500000 点/秒的扫描速度，即每秒波形刷新约 300 次，足以满足波形清晰性的要求。

另外，通过对读地址进行控制可以实现 8 路信号显示/消隐、显示光标、显示字符等功能，具体做法见电路分析与时序控制部分。

6.2.4　电路设计与说明

1）数字信号发生器的制作

本设计用 NE555 接成多谐振荡器，产生 100Hz 方波信号作为双向移位寄存器 74LS194 的输入时钟，巧妙地利用 74LS194 的两个控制端（S0，S1）来产生 8 路可预置的循环移位逻辑信号序列。如图 6.2.9 所示，当按键 SW₂ 按下时，74LS194 将指拨开关的逻辑状态送入移位寄存器，送入移位寄存器的这组数值便在时钟的控制下循环移位。

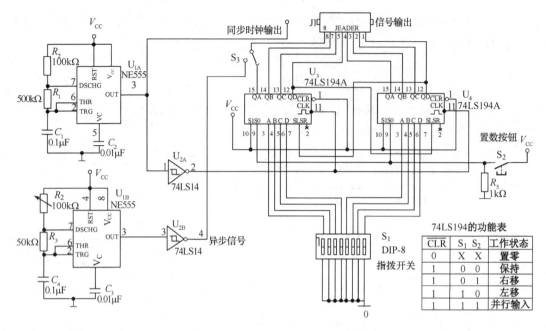

图 6.2.9 数字信号发生器原理图

此电路原理简单,操作方便,能够满足"8 路可预置的循环的位逻辑信号序列"的要求。

由于上述 8 路信号均为同一频率,当 8 路信号同时在示波器上显示并且示波器进入触发状态时,8 路信号就会很稳定地显示在屏幕上,与本设计中的停止(STOP)状态信号无法区分,所以在此模块中又加入了一个 NE555 产生与时钟无关的方波信号,以便在示波器进入触发状态时能够看到其余 7 路信号稳定显示,而此路信号不稳定,以便与 Stop 状态进行区分。

2)信号调理部分

输入信号经电压比较器 LM139,与一可调门限电压比较,并输出 TTL 电平信号,这些电平信号存入 CPLD 内部的 D 触发器采样。由于 LM139 的输入偏置电流仅约为 25nA,因此完全满足题目中输入阻抗大于 50Ω 的要求。

可调门限电压由如图 6.2.10 所示的可编程增益放大器产生。

在 DAC0832 的数据输入端接收输入数据,同时将 ILE 端置高电平,输入数据即被锁存,这样在后级运放(OP27 精密运放)就会得到对应输入数据转换后的直流电平。输出电压与所输入数据的关系为

$$U_{\text{out}} = \frac{D_{\text{in}}}{256} \times U_{\text{ref}} \qquad (6.2.1)$$

式中,U_{ref} 为 DAC0832 的参考输入电压,本设计采用精密电压基准 AD586 的输出作为其输入,提高了门限电平的精度。D_{in} 为 DAC0832 的数据输入端,由单片机输入数据,从而得到所需的直流电平。

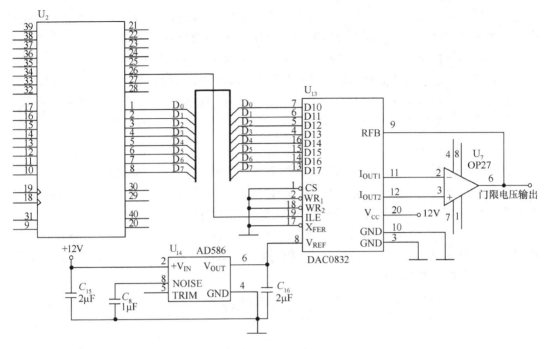

图 6.2.10　可编程增益放大器原理图

3）虚拟双口 RAM 的实现

由于本作品采用的 CPLD 为 FLEX10K10 系列，而只有在 FLEX10K10E 及更高级别的产品中才有真正的双口 RAM，因此如何用单口 RAM 实现双口 RAM 的功能便成为首要问题。

本设计采用的方法是读/写分时复用地址口，即奇数周期用于读，偶数周期用于写。而系统时钟接到 RAM 的时钟引脚，读/写操作都是在时钟上升沿发生的。各引脚波形图如图 6.2.11 所示。

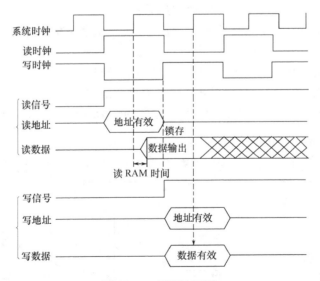

图 6.2.11　引脚波形图

本设计中，将系统时钟二分频后得到完全反相的读时钟与写时钟，分别用于读地址计数与写地址计数，由于读地址计数与写地址计数完全分开，所以写信号、写地址的变化只出现在写时钟的上升沿。当写信号出现一个上升沿时，写时钟处于高电平，此时系统时钟的一个上升沿将数据锁存并存入 RAM。同样，读信号上升沿出现在读时钟的上升沿，读时钟为高时系统时钟的一个上升沿启动 RAM 读取，读时钟的下降沿将数据锁存。这样，读/写操作均在一个系统时钟周期内完成，而且分占奇偶，做到了互不冲突、互不影响，达到了用单口 RAM 实现双口 RAM 功能的目的。

4）CPLD 读写控制

在整个系统中，RAM 地址计数、8 路信号选择、信号采样及读数据锁存均由 CPLD 实现，触发、光标等附加功能也是基于对地址计数的时序的控制来实现的。下面分别介绍读/写逻辑的框图与时序，并简要说明一些附加功能的实现方法。

由于虚拟双口 RAM 的实现，读写计数与控制可以完全分开，但其前提是读写时钟均由系统时钟产生并且完全反相。读、写时钟分别用于读/写计数，产生读写地址与读写信号。其中写控制模块框图如图 6.2.12 所示。

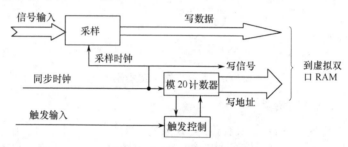

图 6.2.12　写控制模块框图

在图 6.2.12 中，同步时钟随外部信号一起输入，在不提供外部同步时钟时也能由系统时钟分频或直接频率合成法（DDS）产生，但由于存储点数较少，内部时钟很难与输入信号变化时钟保持一致，这样做很难保证信号的稳定性，因此这里没有提供内部采样时钟。

触发信号可以是输入 8 路信号中的一路，也可以是字触发或其他触发方式，触发信号的产生及触发控制模块工作原理将在后面说明。

读控制器框图如图 6.2.13 所示。图中，读时钟经固定分频后产生读信号，读信号计数产生读地址，其中读地址高位经可编程模计数器产生选通信号，通过一个 MUX 从 RAM 的读出数据中选出一路信号，叠加相应的直流电平后经 D/A 输出到模拟示波器的 Y 轴。

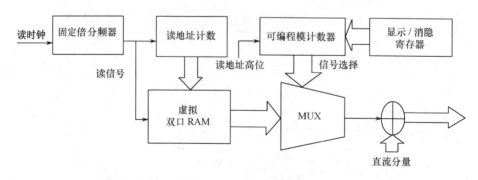

图 6.2.13　读控制器框图

可编程计数器用来实现各路的显示/消隐，它由模 8 计数器改进而来，当编程输入对应位为 1 时，跳过该位进行计数，编程输入为 01100010 时，计数输出依次为 0, 2, 3, 4, 7，这样 0, 2, 3, 4, 7 路显示，而其他路消隐。

读出信号经 MUX 后，需要叠加不同的直流电平，如果叠加的直流电平可调，那么输出波形垂直位置即可调，但最终发现实现各路垂直位置可调占用 CPLD 内部过多资源，因此这里没有采用，而是将信号接到 D/A 的第 4 位，而将高 3 位与 MUX 的选择端相连，这样各路信号就均匀显示在示波器的垂直位置上。

5）触发控制

（1）正常触发。

正常触发是指在对周期信号连续采样存储的过程中，实现触发点在存储器中存储位置的固定，若触发源周期恰是信号周期的整数倍，则信号可稳定显示。

实现正常触发的原理是：当存储器写地址最高位由高电平变低电平时，系统进入"触发等待"状态，禁止存储器的写入，直至触发源到来，将存储器写地址清零。同时允许存储器存储刷新，系统进入"触发中"状态，并如此往复。

若信号非周期，触发源只到来一次，则存储器将一直禁止写入，这便不能实现连续采样。本设计对此问题的解决方法是，当系统处于"触发等待"时，若地址最高位出现下降沿，即存储器的一个刷新周期内未出现触发，则系统强制刷新存储器。这时，屏幕显示的波形将移动，不能稳定显示，但反映了信号的变化。

另外，为了不让触发点总处在存储器的首地址处，这里对触发源加一可编程延时器，即使用"延时触发"。这样，首地址存储的是触发点后几个时钟的逻辑状态，而对于周期性的触发，与触发点相同的状态则出现在存储器中间的某个固定地址外，当系统处于"触发中"时，若触发源出现，则将当时的写地址锁存，用于触发点位置的标注，改变延时长度即可改变触发点位置。

触发时序如图 6.2.14 所示，触发控制电路框图如图 6.2.15 所示。

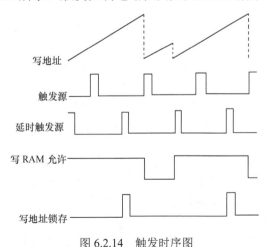

图 6.2.14　触发时序图

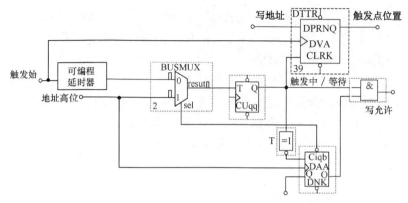

图 6.2.15　触发控制电路框图

（2）单次触发。

由于数字信号常常是非周期的，连续触发无法将其稳定显示，所以单次触发对逻辑分析仪很重要。

除"延时触发"外，单次触发原理与正常触发基本相同，只不过第一次触发后不再对存储器进行刷新。

为实现触发点位置可调（即可以调整触发点前后采样点数），本设计采用加窗技术，即将存储空间增加到 40 位，但只显示其中的 20 位，窗的位置决定显示哪些数据。本设计使存储器一直刷新，直至触发源到来后，锁存此时的地址。之后再刷新 20 个状态（存储深度 40），停止刷新。

根据已锁存的触发点在存储器中的地址和预置的触发点位置计算显示窗口的位置，如图 6.2.16 所示。

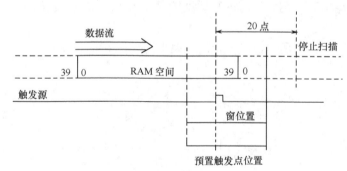

图 6.2.16　窗位置与 RAM 空间、触发点位置关系图

由于触发点处 RAM 的地址由触发模块给出，触发点在窗中的相对位置可以任意给定，这样窗的位置就可以由 RAM 地址减去预置触发点的相对位置得到。因此，通过改变窗的位置可以任意改变触发点在示波器的位置，即实现任意点触发。

（3）触发源。

① 沿触发：本方案实现了示波器常用的沿触发，8 路信号通过多路选择器即可构成某路信号的沿触发，再通过异或门可以选择上升沿或下降沿触发。

② 字触发：字触发是逻辑分析仪的重要触发方式，常常还要用到多级字触发。

本设计使用任意态"X"，它方便使用，且能将不同级数的触发字化归到一个模块来实现，即将高级触发字置"X"，就可将其屏蔽。

为了实现"X"，这里将一个触发字分成两个字，即"有效字"和"特征字"。例如，触发字"111000XX"的有效字为"11111100"，特征字为"11100000"，即"1""0"的有效位均为"1"，"X"的有效位为"0"，"0"和"X"的特征位为"0"，"1"的特征位为"1"。

"有效字"和"特征字"及信号进行以下运算形成单字触发源，如图 6.2.17 所示。

若干单字触发源经延时比较形成多级触发源，图 6.2.18 给出了三级字的例子。

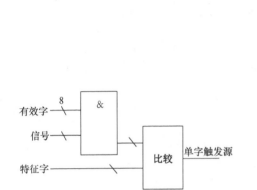

图 6.2.17　单字触发源形成电路

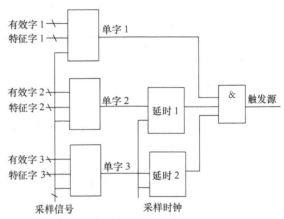

图 6.2.18　三级字触发源形成电路

若第三级触发字为"XXXXXXXX"，即有效字 3 和特征字 3 均为 0，则系统将变为二级触发；若有效字 2、特征字 2 也均为 0，则将变为一级触发。这便在同一系统中实现了各级字触发。

6）附加功能的实现

（1）光标。

当读地址计数一个周期返回零状态时，给出一个信号，让出两条接向 D/A 的总线。这时光标显示模块得到输出线的控制权，启动内部计数器，将 X 轴数据固定为给定值，将 Y 轴数据中的一位恒定接高，其他位接到模块内部计数器。计数完成后将输出线控制权还给地址计数，这样就在给定位置显示出一条虚线光标。若将接高位改变，则可改变虚线的疏密；我们通过这种方式在示波器上显示了两条疏密不同的光标，通过编码器控制单片机写控制字，以改变到不同的位置，而单片机则可通过两个控制字算出两光标间的时差。

（2）字符显示。

显示光标后，题目要求显示光标处的逻辑状态，在 CPLD 中获得此处的状态非常方便，只要在光标位置与读地址相等时将读数据送出即可。此时，单片机可以读取此值并在液晶屏上显示。但考虑到操作者的方便，我们把字符显示在示波器上，显示字符的原理与显示光标的相同，只是要将字符用点阵表示，并逐一扫描。本设计将字符显示在波形的下方，此时两固定位置显示两个光标处的 16 位字符，若对应信号处于消隐状态，则显示"?"。

（3）加窗移动。

为了满足触发稳定或单次触发后观测更多波形的要求，本设计将存储深度加大一倍，即存储 40 点，然后根据编程控制字来改变加窗位置，这种做法在单次触发时也发挥了很大的作用。

6.2.5 软件设计

图 6.2.19 是单片机软件编程实现的菜单。

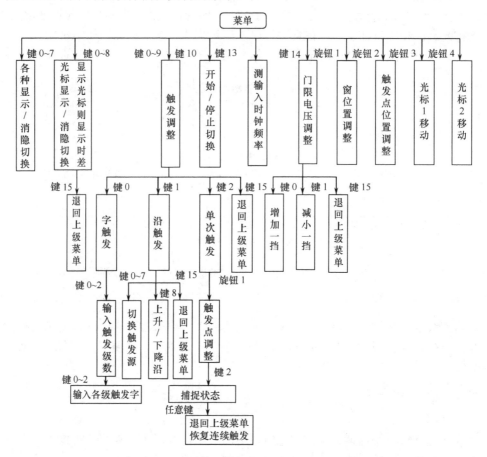

图 6.2.19 单片机软件编程实现的菜单

单片机给 CPLD 写入光标位置，触发源，触发字，延时触发的延时数，8 路显示消隐等控制字。单片机通过扫描键盘，实现上述菜单，其中的旋钮控制由 CPLD 的旋钮服务模块提供中断并由单片机处理。

单片机还对采样时钟测频，用以计算并显示两光标间的距离。

系统默认为连续触发，触发源为 0 路信号上升沿，此时可以通过旋钮 2 来改变延时触发的延时数，进而改变触发点的位置。

按键 8 可以改变触发源的类型，还可以进行单次触发，单次触发时，采用当前的触发源，先通过旋钮 1 改变所需的触发点位置，再通过按键 2 开始捕捉触发源，一旦触发，屏幕稳定，触发点放置在先前所设的位置。这时若按任意键，则退出单次触发模式，按照当前触发源和延时数进行连续触发。

光标 1、光标 2 的位置在任何时候都是可调的，但只有按 8 键才可在 LCD 上读出时差。

6.2.6　系统测试

1）测试仪器

HY1711-3S 双路可跟踪直流稳定电源。

CS-1830 30M 模拟示波器。

TDS210 数字示波器。

2）输入阻抗

经测试，本系统的输入阻抗为 9.67MΩ，满足题目中输入阻抗大于 50kΩ 的要求。

3）门限电压测试

经测试，电路实际产生的门限电压与设计值最多相差 0.02V。

由于本设计中 DAC0832 采用的参考电压为 5V，根据公式 $U_{out} = \dfrac{D_{in}}{256} \times U_{ref}$ 可得 $U_{out} = 5 \times \dfrac{D_{in}}{256}$，则 $\Delta U_{out} = \dfrac{5}{256}V = 0.020V$。由上述数据分析可知，当前的误差主要是由量化误差引起的。

4）频率特性测试

虽然本题只要求 100Hz 信号的测量，但我们的设计并非只针对这个频率，逻辑分析仪的采样时钟是外部任给的。将测试信号发生电路的 NE555 去掉，将方波发生器接在时钟输出端，调节方波频率，并在示波器屏幕上查看能否正常显示。发现在几赫兹到两千多赫兹的频率上均正常，这是由 LM139 的频率特性决定的。

5）功能测试

按相应键可以实现 8 路信号分别显示消隐、光标的显示与移动，光标所在点的逻辑状态可在示波器上清晰显示，两光标之间的时间差在液晶屏上显示，经测试比较精确。

该系统也实现了设想的各种触发，包括各路信号的沿触发、字触发、多级字触发。各种触发源均匀，可在正常和单次触发模式下工作。

6.2.7　结论

由于本题目扩展性很强，除完成题目的基本要求与发挥部分要求外，我们还实现了其他一些功能，表 6.2.1 归纳了题目要求与系统实现的性能。

表 6.2.1　题目要求与系统实现的性能

基 本 要 求	发 挥 要 求	实 际 完 成
产生 8 路可预置的循环移位逻辑信号		实现，并可同时产生一个与其他异步的信号
采集 8 路逻辑信号		实现
可设置单级触发字		实现
清晰显示 8 路波形，显示触发点位置		在示波器上以箭头指示触发点位置

续表

基 本 要 求	发 挥 要 求	实 际 完 成
通道存储深度为20位 输入阻抗大于50kΩ		基本存储深度为20位，在单次触发或加窗时，存储深度为40位，但显示仍为20位 输入阻抗为9.67MΩ
	示波器上显示可移动时间标志线	示波器上显示两个可移动时间标志线，同时标志线的移动由编码器控制，逻辑状态在示波器上显示
	三级逻辑状态触发功能	实现
	触发位置可调	对于单次触发能够指定触发位置，对于正常触发能够将触发位置在信号周期内调节
	其他	（1）8路信号的显示与消隐 （2）能够分别进行正常和单次触发 （3）能够识别有无触发信号，无触发自动进入扫描状态，即实现自动触发 （4）显示疏密不同的两个光标，并可测量两光标时差 （5）更多触发方式（如沿触发等）

除上述功能外，我们还考虑了其他功能，如毛刺捕捉、正常触发时的动态窗等；时间与资源的限制没有实现，另外有些功能的实现方式有待于进一步优化。

第⑦章
其他测量仪器

7.1 直流电动机测速装置

[2017 年全国大学生电子设计竞赛（O 题）（高职高专组）]

1. 任务

在不检测电动机转轴旋转运动的前提下，按照下列要求设计并制作相应的直流电动机测速装置。

2. 要求

1）基本要求

以电动机电枢供电回路串接采样电阻的方式实现对小型直流有刷电动机的转速测量。

（1）测量范围：600～5000rpm。

（2）显示格式：4 位十进制。

（3）测量误差：不大于 0.5%。

（4）测量周期：2s。

（5）采样电阻对转速的影响：不大于 0.5%。

2）发挥部分

以自制传感器检测电动机壳外电磁信号的方式实现对小型直流有刷电动机的转速测量。

（1）测量范围：600～5000rpm。

（2）显示格式：4 位十进制。

（3）测量误差：不大于 0.2%。

（4）测量周期：1s。

（5）其他。

3. 说明

（1）建议被测电动机采用工作电压为 3.0～9.0V、空载转速高于 5000rpm 的直流有刷电动机。

（2）测评时采用调压方式改变被测电动机的空载转速。

（3）考核制作装置的测速性能时，采用精度为 0.05%±1 个字的市售光学非接触式测速计作为参照仪，以检测电动机转轴旋转速度的方式进行比对。

（4）基本要求中，采样电阻两端应设有明显可见的短接开关。

（5）基本要求中，允许测量电路与被测电动机分别供电。

（6）发挥部分中，自制的电磁信号传感器形状大小不限，但测转速时不得与被测电动机有任何电气连接。

4．评分标准

项　目	主　要　内　容	满　分
设计报告	系统方案（比较选择、方案描述）	3
	理论分析与计算（测速方式与误差）	3
	电路与程序设计（电路设计、程序设计）	8
	测试方案与测试结果（测试条件、测试结果）	3
	设计报告结构及规范性（摘要、设计报告正文的结构、图表的规范性）	3
	合计	20
基本要求	完成第（1）项	15
	完成第（2）项	5
	完成第（3）项	15
	完成第（4）项	10
	完成第（5）项	5
	合计	50
发挥部分	完成第（1）项	14
	完成第（2）项	15
	完成第（3）项	15
	完成第（4）项	6
	合计	50
总　　分		120

7.1.1　题目分析

根据题意，本题有两项任务，如图 7.1.1 所示。

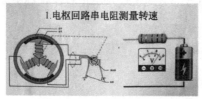

图 7.1.1　两项任务

本题的被测对象是直流永磁有刷电动机，其基本工作原理如下：当电枢绕组两端施加电压 U_a 时，电枢中流过的电流为 I_a，由于磁场的作用电枢将会受到电磁力，产生转矩 M 使转子转动。同时电枢转动也在切割磁场，产生反电动势 E_a。换向器和电枢的作用是及时地使电流换向，以便转子能持续地转动。当直流电动机通电转动达到一定的稳定状态后，电动机转速 n 为一个恒定值。描述直流电动机稳态特性的基本方程为

$$U_a = E_a + I_a R_a = C_e \varphi n + I_a R_a \tag{7.1.1}$$

$$M = C_m \varphi I_a = M_0 + M_L \qquad (7.1.2)$$

式中，φ 为磁通量，C_e 和 C_m 为常数；R_a 为电枢电阻。

对于小型直流有刷电动机不管采用何种调速方式（变电枢电压调速、变磁通调速、串电阻调速）和驱动方式（线性功率驱动、开关驱动等），均会在周围辐射电磁波。电磁波的频率与电动机的转速有关联。利用自制传感器检测电动机外壳外的电磁信号的方式实现对小型直流有刷电动机的转速测量就是基于这一原理。

注意，测量范围为 600～5000rpm（rpm 为转数/分），测量周期为 1s，这说明电动机对外辐射的电磁频率偏低，为保障测量误差不大于 0.2%。不能直接采用测频法，而必须采用在测周法。

下面列举一个荣获全国一等奖的案例。

资料来源：湖北武汉交通职业学院。

参赛作者：陈强、杨政、刘林。

指导老师：王伟祥、强琴。

7.1.2　系统方案

1）采样电路的比较与选择

（1）基本部分。

基本部分要求以电动机电枢供电回路串接电阻的方式实现测速，有高端采样和低端采样两种方式。

方案一：采用高端采样电路。在高端采样电路中，电阻与电源电压的正极相接；电动机接地，在 0.1Ω 电阻两端并联一个高精度、宽共模的 INA282 芯片。信号从电源高端采集可避免电动机悬浮不接地，引入干扰信号。

方案二：采用低端采样电路。在低端采样电路中，电阻接地；电动机与电源电压的正极相接，电动机内部产生电磁干扰。输入电压经过电动机会形成回路，电路中有干扰信号产生。

通过比较，选择方案一。

（2）发挥部分。

以自制传感器检测电动机壳外的电磁信号的方式实现测速，且传感器不与被测电动机有任何电气连接。本方案采用铁心线圈感应与电动机转速关联的脉冲电磁波。

2）单片机模块的比较与选择

方案一：采用 IAP15W4K58S4 主控芯片。该芯片具有：大容量 4KB SRAM；晶振频率可自主选择；超高速四串口；6 路 15 位 PWM；不需外部晶振和外部复位的单片机。

方案二：采用 STC12C5A60S2 主控芯片。该芯片具有：1280B SRAM 容量，两三个串口，二路 CCP/PCA/PWM。

通过比较，选择方案一。

3）电动机测速方式的比较与选择

方案一：测量电枢电流的变化幅度来测量电动机转速。采用电流放大器构成采样电路、比例放大和仪表放大电路。将电流变化转换为电压变化检测输出电压变化幅度。拟合电压幅度与电动机转速之间呈线性关系。经拟合后发现电压幅度与电动机转速之间的误差较大。

方案二：测量电枢脉冲电流频率。采用运放构成同相比例放大电路和电压比较器。获得电压频率与转速周期性变化，计算出电压频率与电动机转速之间的变化关系。经过后期处理，产生单片机便于处理的脉冲信号。

通过比较，选择方案二。

7.1.3 系统理论分析与计算

（1）电枢回路串联电阻测速。

以电动机电枢供电回路串接采样电阻获取脉冲电流的频率实现对小型直流有刷电动机的转速测量。根据 $U - C_e \phi n = I(r_0 + r)$，其中 n 为电动机转速数，C_e 为电磁常数，ϕ 为磁通量，r_0 为电枢内阻，r 为采样电阻），采样电阻越小，对电动机的转速影响越小，故选用 0.1Ω 的康铜丝电阻。

（2）传感器电磁信号测速。

自制电感传感器，利用电磁感应原理，将电动机的转动速度转换为电压信号，经调理电路滤波放大比较输出和电动机转速对应的矩形脉冲电压送入单片机进行频率采样。

误差：传感器的线圈多少、摆放距离位置的远近都会影响检测波形的质量。经反复测量，最终确定传感器位置。

测速误差影响因素：①电磁场噪声；②周围环境对电动机的影响；③电路内部锡丝连线等诸多影响。

7.1.4 硬件电路与程序设计

1）总体系统框图

（1）串电阻测速系统框图。

本系统主要由高端采样电路、信号处理电路、单片机、电动机转速显示等部分组成。输入电压进入高端采样电路，把流过高端采样电阻的脉冲电流转换为脉冲电压输出并进行放大和比较，将与电动机转速对应的脉冲信号送单片机进行处理，控制液晶屏实时显示电动机的转速。串电阻测速系统框图如图 7.1.2 所示。

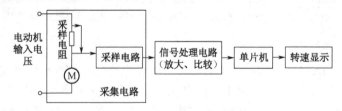

图 7.1.2　串电阻测速系统框图

（2）电磁探测测速系统框图。

本系统主要由采样电路、信号处理电路、单片机、转速显示等部分组成。电动机外部的电磁探头探测到变化的磁场，将变化的磁场转化为周期性的电压信号，经过后级放大比较的信号处理，得到直流脉冲信号，送单片机进行数据处理，液晶屏可以实时显示电动机转速。整个电磁探测的电动机测速装置电路框架如图 7.1.3 所示。

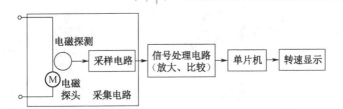

图 7.1.3　电磁探测测速系统框图

2）硬件电路的设计

（1）串电阻测速。

如图 7.1.4 所示，前级通过 INA282 将采样电阻的脉冲电流转换为幅度约为 100mV 的交流脉冲信号，该信号频率是与电动机转速线性相关的，呈周期性变化，如图 7.1.5 所示。经滤波和 LM324 放大，可得到最低为 2.5V 的有效电压，进入电压比较器将有效信号整形为随电动机转速变化的脉动直流信号。最后电压跟随器把输出电压信号送入单片机读取信号频率进行处理得到电动机的转速。

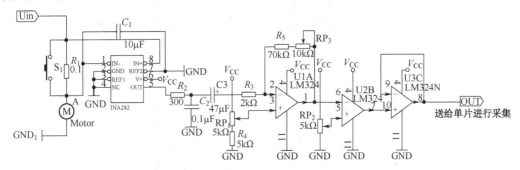

图 7.1.4　串电阻测速电路

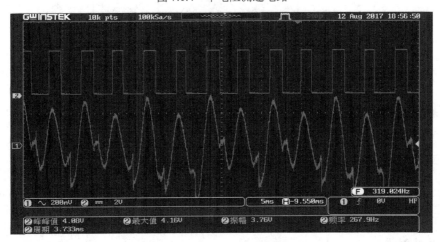

图 7.1.5　采样波形周期性变化图

（2）电磁探测测速。

如图 7.1.6 所示，以自制传感器检测电动机外部的电磁信号，电动机外部的电磁探头探测到变化的磁场，得到微弱的电压，再将该电压进行低通滤波，滤掉高频信号，然后把该信号送入 LM358 放大得到约 2.5V 的电压。最后经过低通滤波滤掉干扰信号送入电压比较器得到脉动直流信号，送入单片机进行计算得到电动机的转速。

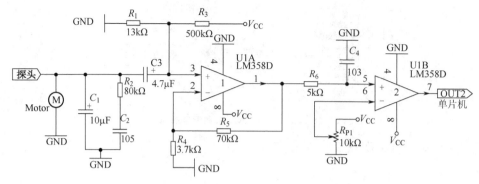

图 7.1.6　电磁探测测速电路

（3）过流报警电路。

电动机在超负荷运行下会导致电枢电流超过额度电流，长期运行会造成电动机寿命缩短，甚至损坏电动机，故设计过流保护报警电路是很有意义的。当电路中的电流不在预设范围内时，电路保护装置就会报警。本设计的报警电路如图 7.1.7 所示。通过 INA282 将采样电阻转化为电压信号，通过低通滤波转化为直流电压信号，经 OPA2348 放大送入单片机进行处理并实时显示电枢电流。当电流超过设定值时蜂鸣报警。

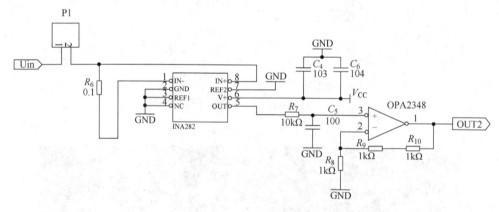

图 7.1.7　过流报警电路

3）程序设计

主程序设计流程图如图 7.1.8 所示。

上电后 STC15W4K58S 单片机开始工作，LCD12864 初始化，按下 K_1 时，单片机进入串接采样电阻工作方式；按下 K_2 时，单片机进入传感器电磁信号工作方式。按下 K_0 时，对单片机进行复位，单片机从开头开始执行程序。

4）系统测试

（1）测试工具。

直流稳压电源；6 位半数字台式万用表；100MHz 双踪数字示波器；非接触式测速计。

（2）测试条件。

由于本次设计的是电动机测速装置，电动机的转速受外界的风力、电动机负载、振动

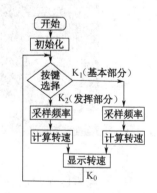

图 7.1.8　主程序设计流程图

等因素影响大，所以电路测试必须在无风、防振动的环境下进行。具体测试条件如下。

① 对照电路检查焊接质量，确保无虚焊、漏焊、短路等故障。

② 将各模块电路依次连接，然后将程序下载到单片机进行系统联调。

（3）测试数据。

测试数据是标准电动机的转速与实际单片机测量的转速，得出两者之间的误差。串电阻测速数据表和电磁探测测速数据表分别如表 7.1.1 和表 7.1.2 所示。

表 7.1.1　串电阻测速数据表

标准值/Ω	594	1000	1506	2006	2502	3012	4523	4730	4998
实测值/Ω	596	1003	1502	2015	2495	3000	4500	4618	4980
误差/%	0.33	0.3	0.2	0.43	0.27	0.39	0.5	0.25	0.36

表 7.1.2　电磁探测测速数据表

标准值/Ω	612	1125	1532	2032	2553	3355	4250	4600	4976
实测值/Ω	611	1123	1529	2028	2547	3350	4242	4594	4970
误差/%	0.16	0.17	0.19	0.19	0.2	0.14	0.18	0.13	0.12

（4）测试结果分析

（1）由表 7.1.1 可知，当测量范围为 600～5000rpm 时，测量误差在 0.2%～0.5%范围内变化，测量周期为 2s，液晶屏可显示 4 位十进制转速和测量周期，满足基本要求第（1）～第（4）项。因采用 0.1Ω 采样电阻，接通短路开关后，对转速的影响不大，满足基本要求第（5）项。

（2）由表 7.1.2 可知，当测量范围为 600～5000rpm 时，测量周期为 1s，测量误差在 0.1%～0.2%范围内，液晶屏可显示 4 位十进制转速和测量周期，满足发挥部分要求第（1）～第（4）项。

（3）其他：当电枢电流过大时，启动过流报警电路，满足发挥部分要求第（5）项。

7.2　简易水情检测系统

[2017 全国大学生电子设计竞赛（P 题）（高职高专组）]

1．任务

设计并制作一套如图 7.2.1 所示的简易水情检测系统。图 7.2.1 中，a 为容积不小于 1 升、高度不小于 200mm 的透明塑料容器；b 为 pH 值传感器；c 为水位传感器。整个系统仅由电压不大于 6V 的电池组供电，不允许再另接电源。检测结果用显示屏显示。

2．要求

1）基本要求

（1）分 4 行显示"水情检测系统"和水情测量结果。

（2）向塑料容器中注入若干毫升的水和白醋，在 1 分钟内完成水位测量并显示其值，

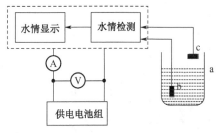

图 7.2.1　简易水情检测系统示意图

测量偏差不大于 5mm。

（3）保持基本要求第（2）项塑料容器中的液体不变，在 2 分钟内完成 pH 值测量并显示其值，测量偏差不大于 0.5。

（4）完成供电电池的输出电压测量并显示其值，测量偏差不大于 0.01V。

2）发挥部分

（1）将塑料容器清空，多次向塑料容器注入若干纯净水，测量每次的水位值。要求在 1 分钟内稳定显示，每次测量偏差不大于 2mm。

（2）保持发挥部分第（1）项的水位不变，多次向塑料容器注入若干白醋，测量每次的 pH 值。要求在 2 分钟内稳定显示，测量偏差不大于 0.1。

（3）系统工作电流尽可能小，最小电流不大于 50μA。

（4）其他。

3．说明

（1）不允许使用市售检测仪器。

（2）为方便测量，要预留供电电池组输出电压和电流的测量端子。

（3）显示格式：第一行显示"水情检测系统"；第二行显示水位测量高度值及单位"mm"；第三行显示 pH 测量值，保留 1 位小数；第四行显示电池输出电压值及单位"V"，保留 2 位小数。

（4）水位高度以钢直尺的测量结果作为标准值。

（5）pH 值以现场提供的 pH 计（分辨率 0.01）测量结果作为标准值。

（6）系统工作电流用万用表测量，数值显示不稳定时取 10 秒内的最小值。

4．评分标准

	项　　目	主　要　内　容	满　分
设计报告	系统方案	方案比较，方案描述	3
	设计与论证	水情信号处理方法；电压检测方法	6
	电路与程序设计	系统组成，原理框图与各部分电路图，系统软件与流程图	6
	测试结果	测试数据完整性 测试结果分析	3
	设计报告结构及规范性	摘要，设计报告正文的结构　图表规范性	2
	合计		20
基本要求	完成第（1）项		20
	完成第（2）项		10
	完成第（3）项		10
	完成第（4）项		10
	合计		50
发挥部分	完成第（1）项		18
	完成第（2）项		18
	完成第（3）项		10
	完成第（4）项		4
	合计		50
总　　　　分			120

7.2.1　题目分析

水情检测系统主要用于水文部门对江、河、湖泊、水库和地下水等水文参数进行实时监测，监测内容包括水位、水雨情、流量、流速、沉沙、冰渍、水质等。该系统一般为无人值守系统，需要自动监测，而且需要低功耗设计。

考虑到竞赛命题的实际情况，本题定义的水情检测系统仅要求测试水位、pH 值并供电电源的电压和电流，是一种模拟的自动水情检测系统。同时，本题是一个较为典型的基于电压测量的测量仪类赛题。

1．电压的测量

题目要求如下：测量并显示供电电池的输出电压，显示值保留 2 位小数，单位为"V"，电压的输出范围为 5～6V，测量偏差不大于 0.01V。

$$测量误差：\quad \sigma = \frac{0.01V}{6.00V} \times 100\% = 0.17\%$$

经分析，本题实际上是要设计一个最大显示 6.00V、测量误差为 0.17% 的单量程数字电压表，其系统组成示意图如图 7.2.2 所示。

图 7.2.2　直流电压测量系统组成示意图

将总误差 $\sigma = 0.17\%$ 分配给各部分：要求调整电路的测量误差不大于 0.07%，要求 A/D 转换器的测量误差不大于 0.1%。

A/D 转换器的选择：首先明确位数确定原则，即为达到要求的测量，A/D 转换器的分辨率应高于精度的 3 倍以上。因此要求分辨率优于 0.03%，可选 12 位 A/D 转换器（约为 0.025%）。

2．pH 值的测量

题目要求显示值保留一位小数，测量偏差不大于 0.1，测量时间不大于 2 分钟，以分辨率为 0.01 的 pH 测量结果作为标准值。

设计分析：使 pH 值的显示范围为 0.00～14.00，偏差不大于 0.1，相对测量误差 $\sigma = 0.1/14.00 = 0.7\%$。

设计目标：显示范围为 0.00～14.00、测量误差为 0.7% 的 pH 计。

① 系统组成示意图：pH 计系统组成如图 7.2.3 所示。

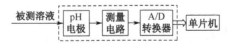

图 7.2.3　pH 计系统组成示意图

② 把总误差 0.7% 分配给各部分电路：要求测量电路的测量误差不大于 0.1%；要求 A/D 转换器的测量误差不大于 0.1%；要求 pH 电极的测量误差不大于 0.5%（实际传感器可以达到 0.1%）。

③ A/D 转换器位数的选择：可选择 12 位 A/D 转换器。

④ pH 电极的选择：设计要求 pH 电极的测量误差不大于 0.5%（实际上，如果设计合理并操作正确，那么 pH 电极的测量误差理论上可以接近 0.1%）。pH 电极配置图如图 7.2.4 所示。

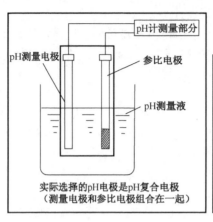

图 7.2.4　pH 电极配置图

⑤ 测量电路设计：设计要求测量电路的测量误差不大于 0.1%；pH 电极要求测量电路的输入阻抗必须高达 $10^{12}\Omega$ 以上。pH 值测量电路如图 7.2.5 所示

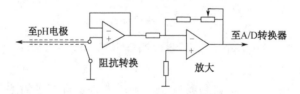

图 7.2.5　pH 值测量电路

图中，阻抗变换部分选用高阻抗运放，采用正向跟随接法来提高阻抗。通过良好的屏蔽隔离并使用低漏电电缆作为输入线，可使输入阻抗达到 $10^{13}\Omega$ 以上，从而保证测量精度。

3. pH 值的温度补偿问题

pH 电极产生的电动势 E 可由能斯特方程式表述：

$$E - E_0 = -2.3026\frac{RT}{F}\mathrm{pH_C} \tag{7.2.1}$$

式中，E_0 为标准电位；R 为气体常数（8.315J）；T 为热力学温度（$273 + t℃$）；F 为法拉第常数（96500C）；$\mathrm{pH_C}$ 为偏离 7 的 pH 值。

① E 是 pH 值的一个线性函数。

② 其中，$-2.3026\frac{RT}{F}$ 称为斜率因数，它与温度 T 有关。

不同温度下 pH 和 E 的关系如图 7.2.6 所示。由图可见，当温度变化 ±3℃ 时，温度影响最大时的变差不大于 0.1，能满足基本要求和发挥部分的要求。

当温度变化 ±15℃ 时，温度影响最大时偏差不大于 0.5，能满足基本要求部分的要求，但不能满足发挥部分的要求。

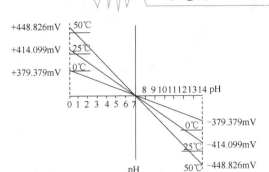

图 7.2.6　pH 和 E 与温度的关系曲线

本题原则上应该考虑温度补偿问题！

温度影响的大小与 pH 值有关；pH = 0 和 pH = 14 时，温度影响最大，约为 0.03pH/℃。

pH 值的自动补偿方法：测量溶液的实际温度，然后通过软件方式（包括查表法）进行补偿。其控制原理框图如图 7.2.7 所示。

图 7.2.7　pH 值的自动温度补偿原理框图

4．水位计的设计

题目要求：测量范围为 0～220mm，测量偏差不大于 5mm，测量时间≤1 分钟，以钢直尺的测量结果作为标准值。水位计的设计如下。

方案一：基于压力传感器的水位计。

采用压力敏感传感器，将静压转换为与该液体的高度成比例的电信号。这也是一个典型的以电压测量为基础的测量仪表。

传感器由不锈钢探头、导气电缆和电气盒组成。探头与电气盒之间由专用电缆密封连接，电缆中间有一导气管使传感器的背腔与大气相通。把传感器投入水中的某一位置，当液位变送器投入被测液体中的某一深度时，传感器迎液面受到的压力为

$$P - P_0 = \rho g H$$

式中，P 为变送器迎液面所受的压力；P_0 为液面上的大气压；ρ 为被测液体的密度；g 为当地的重力加速度；H 为变送器投入液体的深度。

基于压力传感器的水位计原理及实物如图 7.2.8 所示。

方案二：基于超声波测距的水位计。

该水位计有两种形式：液介式即探头安装在液体的底部；气介式即探头安装在水面的上方，如图 7.2.9 所示。

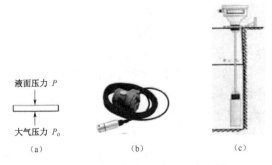

图 7.2.8　基于压力传感器的水位计

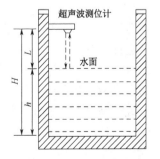

图 7.2.9　基于超声波测量的水位计

303

液位高度公式为

$$h = H - L$$
$$L = vt/2$$

式中，H 为声传感器的安装高程；L 为声传感器至水面的距离。v 为超声波在大气中的传播速度，t 为超声波的往返时间。

5．低功耗系统设计

便携式或无人值守系统一般是低功耗系统，以延长电池的续航时间。

依据题目要求：水情检测系统的工作电流尽可能小（≤50μA），故其工作电流取 10s 内的最小值。

简易水情检测系统应该按低功率系统的模式进行设计；其中，活动阶段的工作时间≤9s，工作周期≤60s，工作时的电流为 XXmA；非活动阶段的待机电流≤50μA，如图 7.2.10 所示。

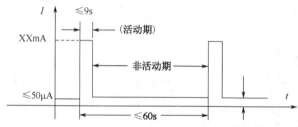

图 7.2.10　活动期和非活动期示意图

低功耗系统设计步骤如下。

① 单片机选型：选择超低功耗、具有休眠模式的单片机芯片。如 MSP430F149，其工作电流为 0.4mA，休眠电流为 0.9μA。当 MSP430 进入休眠状态时，CPU 停止工作，但保留外部中断，以便能唤醒 CPU 进入工作作态。

② 器件的选择：选择超低功耗的 CMOS 集成电路、静态显示方式的低功耗液晶屏等。必要时，选择具有可关断模式的低功耗芯片。

③ 电源及其动态管理：选择 DC/DC 稳压模块、低压差线性稳压模块或具有可关断功能的稳压芯片。

例如，选择具有可关断功能的稳压芯片 TPS78230，系统要进入休眠状态时，微处理器将芯片的 EN 引脚置低，即可关断电源供电，此时芯片电流仅 0.5μA。

6．低功耗系统的软件设计

软件设计的编程原则（部分）如下：

不进行测量和数据处理时，让单片机执行一条"sleep"指令，进入低功耗模式。

根据不同时段，动态关断不需要工作的电路模块，实现电源的优化配置。

编程尽量短并采用优化算法，尽量用中断代替查询，以压缩 CPU 的运行时间。

系统时钟设置在较低的频率上，降低微处理器的功耗。

软件设计流程如图 7.2.11 所示。

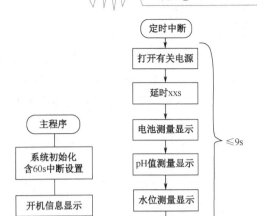

图 7.2.11 软件设计流程图

7.2.2 系统设计方案

本案例荣获全国一等奖。

参赛学生：刘权、王敏、陈明飚；指导老师：刘运松、罗丹。

1）pH 传感器的论证与选择

方案一：采用 pH 复合电极作为 pH 传感器进行 pH 值检测。测量范围包括 pH 值在 0~14 的全部范围。电位变化与被测溶液中的 pH 值呈线性关系。利用 pH 计确定 pH 值，由 pH 值与电压的对应关系得到线性表达式。这种方法在每次使用 pH 传感器时，都需要对其进行校正。

方案二：采用金属电极的 pH 传感器。这种传感器具有抗干扰能力强、对仪表及环境要求不高的特点。但测量的 pH 值范围一般为 4~12，金属电极容易与其他离子发生作用。目前测量 pH 值的金属电极有锑电极和钽电极两种，但价格都较贵。

因此选用方案一，采用 pH 复合电极作为 pH 传感器。

2）主控制器的论证与选择

方案一：采用 AT89C52。该单片机价格便宜、应用广泛，但功能单一、片内资源少，且不自带 A/D，需要外接高精度的 AD 模块。如果采用外部 AD 模块，那么不能实现课题中的最小工作电流的要求。

方案二：采用增强型 80C51 内核的 STC 系列 STC12C5A60S2 单片机。片内集成了 8 通道的 10 位 ADC、2 通道的 PWM、16 位的定时器等资源，具有高速、低功耗的优点。虽然片内 AD 模块的精度不是很高，但能够实现课题中所有的精度要求。

方案三：采用 Atmega128 AVR 单片机。片内内置 8 路 10 位 ADC，AVR 采用精简指令集，比 51 系列单片机的运算速度快且运算能力强。但 AVR 的编程一般需要有特定的环境，编程相对要复杂一些，因此要在竞赛的四天三晚内掌握编程较为困难。

综合考虑，本设计选用方案二，采用 STC12C5A60S2 作为主控制器。

3）液位传感器的论证与选择

方案一：采用超声波传感器实现水位的检测。这是由微处理器控制的数字物位仪表。在测量中，脉冲超声波由传感器发出，声波经水面反射后被同一传感器接收，转换成电信号，并由声波发射和接收之间的时间来计算传感器到被测物体的距离，测量精度高，但超声波液位计测试有盲区。

方案二：采用激光传感器实现水位的检测。传感器发出激光，经物体表面反射被传感器接收，转换为电信号。由发出到接收的时间计算出传感器到被测液位的距离，获得液位高度。盲区很小，能够到达课题要求的液位精度测量。

经综合考虑，本设计选择方案二。

7.2.3 系统设计与论证

1）水情信号处理方法

（1）pH 信号处理方法。

根据采用的 pH 传感器测得的电极电压与 pH 值呈线性关系的表达式（7.2.1），可知要对电极的电位进行测量，可通过计算可得到溶液的 pH 值，即

$$pH = \frac{F}{2.303RT}(E - E_0) \tag{7.2.1}$$

式中，E 为电极电位；E_0 为基准点电极电位；pH 为溶液的 pH 值。

要想获得 pH 值与电极输出电压的线性关系，需要知道斜率和基准点。这可采用二值标定法实现，即选用两种标准溶液进行标定。由于 pH 复合电极的内阻非常高（10～1000MΩ），因此采用由 TLC4502 构的成高阻抗测量电路对电极输出的电压信号进行处理。同时通过表达式（7.2.1）可以看出，电极输出电压 E 随温度的变化而变化，因此需要进行精准的温度补偿，保证 pH 的测量精度。采用热敏电阻构成温度测量电路获得温度信号，传送给单片机经软件完成自动温度补偿。

（2）水位信号处理方法。

使用测距传感器（激光测距传感器），固定一个基准点，从基准点开始测量没有水的距离，然后在程序中进行算法处理，直接显示出当前液位高度。

2）电压检测方法

本系统采用标准电压为 3.7V 的电池作为系统电源，通过并联 3.7V 电池电压，增加电源容量和电流。将电池两端的电压信号传送到片内 A/D 模块进行转换后，采用中值滤波算法获得比较标准的测量电压值，并通过液晶显示屏显示。电压检测方法流程图如图 7.2.12 所示。

图 7.2.12　电压检测方法流程图

7.2.4 电路与程序设计

1) 总体系统设计

本水情检测系统以 STC12C5A60S2 单片机为主控制器，在外围搭建 pH 检测电路、水位检测电路、稳压电路、LCD 显示电路、按键电路低功耗模块等部分。系统总体设计框图如图 7.2.13 所示。

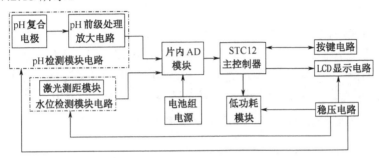

图 7.2.13 系统总体设计框图

2) 单元电路设计

（1）主控制器电路设计。

主控制器主要对外部检测电路的电压信号进行数据处理，该控制器可产生 8 路 A/D 转换通道，利用 2 路 A/D 通道分别对 pH 电极信号、电池电压信号经行 A/D 转换，并利用 MCU 的第二串口调用光电传感器测量水位，控制器采用 12MHz 的晶振。主控制器电路如图 7.2.14 所示。

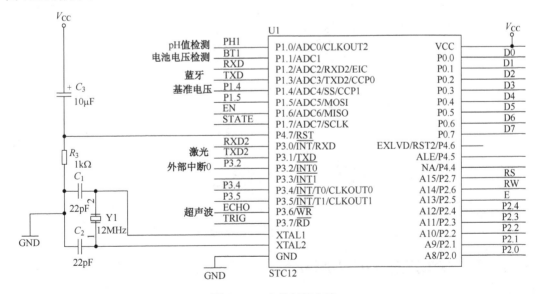

图 7.2.14 主控制器电路

（2）pH 检测电路设计。

根据水情信号处理方法，需要对 pH 电极输出信号进行放大处理，同时还需要对 pH 信号进行温度补偿，因此需要设计温度检测和处理电路。

（3）pH 电极输出放大处理电路。

由于 pH 复合电极的内阻非常高，同时 pH 电极的输出电压不符合 STC12 中的 A/D 转换对采样电压要求的 0～5V 范围，因此需对 pH 电极的输出信号进行放大，此后方可达到所需的电压范围，因此选用高输入阻抗运放 TLC4502 构成前级电极信号放大处理。

（4）水位检测及显示电路设计。

采用激光测距获得传感器到液面的距离，利用软件处理获得溶液水位的高度值，送单片机进行数据处理与显示。

（5）稳压电路设计。

由于系统采用电池组供电，电池电压在系统工作过程中存在损耗，电压会下降，因此设计稳压电路为检测电路和主控制器提供稳定的电压。采用开关稳压芯片 LM2577 设计电路获得 5V 的稳定电压。输出电压的表达式为 $U_{\mathrm{OUT}} = 1.23(1 + R_3/360)$，通过调节电位器 R_3 的阻值使输出电压为 5V。稳压电路如图 7.2.15 所示。

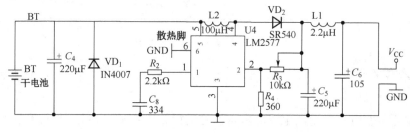

图 7.2.15　稳压电路

3）软件设计

系统的主程序流程图如图 7.2.16 所示。

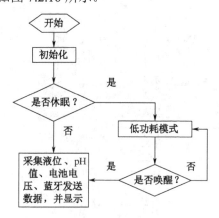

图 7.2.16　主程序流程图

7.2.5　测试方法、结果及分析

1）测试方法及仪器

（1）测试方法：给水情检测系统上电，获取水位高度和溶液 pH 值、电源电压值，完成基本部分测试后，完成发挥部分的测试；最后按下低功耗按键，使模块电路停止工作，测量系统的工作电流，然后按下唤醒按钮使系统正常工作。

（2）测试仪器：钢直尺、秒表、万用表、pH 标准溶液、pH 计。

2）基本功能测试结果

基本功能一：向容器中注入若干毫升的水和白醋，在 1 分钟内完成水位测量并显示，测量偏差不大于 5mm。保持基本要求第（2）项容器中的液体不变，在 2 分钟内完成 pH 值的测量并显示，测量偏差不大于 0.5。测试数据如表 7.2.1 所示。

表 7.2.1　基本功能一的测试数据

序号	水位测量数据				pH 值测量数据			
	水位标准值/mm	水位测量值/mm	时间/s	水位偏差/mm	pH 值的标准值	pH 值的测量值	测量时间/s	pH 值偏差
1	30	30	5	0	5.12	5.11	20	0.01
2	50	50	4	0	4.30	4.35	35	0.05
3	80	80	5	0	6.24	6.21	50	0.03
4	100	100	4	0	4.82	4.87	40	0.05
5	130	130	5	0	3.50	3.55	37	0.05

结论：1 分钟内显示水位，水位偏差小于 5mm；2 分钟内显示 pH 值，pH 值偏差小于 0.5。

基本功能二：完成供电电池的输出电压测量显示，偏差不大于 0.01V。测试结果如表 7.2.2 所示。

表 7.2.2　基本功能二的测试数据

序　号	标准电压值/V	测量电压值/V	偏差/V	结　　论
1	4.051	4.055	0.004	测量偏差不大于 0.01V
2	4.049	4.047	0.002	测量偏差不大于 0.01V
3	4.063	4.060	0.003	测量偏差不大于 0.01V
4	4.044	4.040	0.004	测量偏差不大于 0.01V
5	4.045	4.042	0.003	测量偏差不大于 0.01V

3）发挥部分测试结果

发挥部分功能一：将塑料容器清空，多次向塑料容器注入若干纯净水，测量每次的水位值。要求在 1 分钟内稳定显示，每次测量偏差不大于 2mm。测试结果如表 7.2.3 所示。

表 7.2.3　发挥部分功能一的测试数据

序　号	水位的测量值/mm	水位的标准值/mm	稳定显示时间/s	偏差/mm	结　　论
1	41	41	3	0	1 分钟内稳定显示，偏差＜2mm
2	57	57	5	0	1 分钟内稳定显示，偏差＜2mm
3	101	101	4	0	1 分钟内稳定显示，偏差＜2mm
4	122	122	26	0	1 分钟内稳定显示，偏差＜2mm

发挥部分功能二：保持发挥部分第（1）项的水位不变，多次向塑料容器注入若干白醋，测量每次的 pH 值。要求在 2 分钟内稳定显示，测量偏差不大于 0.1。测试结果如表 7.2.4 所示。

表 7.2.4　发挥部分功能二的测试数据

序　号	pH 值的测量值	pH 值的标准值	稳定显示时间	pH 值偏差	结　　论
1	6.52	6.51	20	0.01	2 分钟内稳定显示，测量偏差不大于 0.1
2	6.10	6.12	23	0.02	2 分钟内稳定显示，测量偏差不大于 0.1
3	5.52	5.55	25	0.03	2 分钟内稳定显示，测量偏差不大于 0.1
4	5.20	5.25	26	0.05	2 分钟内稳定显示，测量偏差不大于 0.1

（3）其他

使用蓝牙 HC-05 模块将采集的水情数据实时反馈给手机，实现手机 APP 移动实时监控的效果，效果图如图 7.2.17 所示。

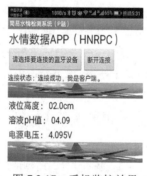

图 7.2.17　手机监控效果

4）测试结果分析

该简易水情检测系统实现了题目的基本功能的要求，能实现在 1 分钟之内稳定显示水位，偏差控制在 2mm 以内；能实现 1 分钟内实现稳定测试 pH 值，偏差控制在 0.1 以内，精度非常高。同时当电路处于休眠状态时，最小电流为 12.7μA，达到题目的发挥部分要求。

7.3　单相用电器分析监测装置

［2017 年全国大学生电子设计竞赛（K 题）］

1. 任务

设计并制作一个可根据电源线的电参数信息分析用电器类别和工作状态的装置。该装置具有学习和分析监测两种工作模式。在学习模式下，测试并存储各器件在各种状态下用于识别电器及其工作状态的特征参量；在分析监测模式下，实时指示用电器的类别和工作状态。分析检测装置示意图如图 7.3.1 所示。

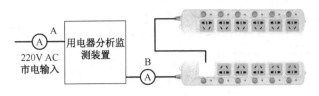

图 7.3.1　分析检测装置示意图

2．要求

1）基本要求

（1）电器电流范围为 0.005～10.0A，可包括但不限于以下电器：LED 灯、节能灯、USB 充电器（带负载）、无线路由器、机顶盒、电风扇、热水壶。

（2）可识别用电器总数不低于 7、电流不大于 50mA 且工作状态数不低于 5 个的电器件，同时显示所有可识别电器件的工作状态。自定可识别的电器种类，包括一件最小电流电器和一件电流大于 8A 的电器，并完成其学习过程。

（3）实时指示用电器的工作状态并显示电源线上的电气特征参数，响应时间不大于 2s。特征参量包括电流和其他参量，自定义其他特征参量的种类、性质，数量自定。电器的种类及其工作状态、参量种类可用序号表示。

（4）随机增减用电器或改变使用状态，能实时指示用电器的类别和状态。

（5）用电阻自制一件可识别的最小电流电器。

2）发挥部分

（1）具有学习功能。清除作品存储的所有特征参数，重新测试并存储指定电器的特征参数。一种电器的一种工作状态的学习时间不大于 1 分钟。

（2）随机增减用电器或改变使用状态，能实时指示用电器的类别和状态。

（3）提高识别电流相同而其他特性不同的电器的能力及大、小电流电器共用时识别小电流电器的能力。

（4）装置在监测模式下的工作电流不大于 15mA，可以选用无线传输到便携终端上显示的方式，显示终端可为符合竞赛要求的通用或专用便携设备，便携显示终端功耗不计入装置的功耗。

（5）其他。

3．说明

图 7.3.1 中 A 点和 B 点预留装置电流和用电器电流测量插入接口。测试基本要求的用电器自带，并安全连接电源插头。具有多种工作状态的要带多件，以便所有工作状态同时出现。最小电流电器序号为 1；序号 1～5 的用电器电流不大于 50mA；最大电流电器序号为 7，可由赛区提供（如 1800W 热水壶）。交作品之前完成学习过程，赛区测试时直接演示基本要求功能。

4．评分标准

	项　　目	主　要　内　容	满　　分
设计报告	系统方案	比较与选择，方案描述	2
	理论分析与计算	检测电路设计 特征参量设计和实验，筛选	7
	电路与程序设计	电路设计与程序设计	7
	测试结果	测试数据完整性，测试结果分析	2
	设计报告结构及规范	摘要，设计报告正文的结构 图表的规范性	2
	合计		20
基本要求	实际完成情况合计		50
发挥部分	完成第（1）项		10
	完成第（2）、第（3）项		20
	完成第（4）项		15
	其他		5
	合计		50
	总分		120

说明：设计报告正文中应包括系统总体框图、电路原理图、主要流程框图、主要测试结果。完整的电路原理图、重要的源程序和完整的测试结果用附录给出。

7.3.1　题目分析

根据题意，被识别的电器有 LED 灯、节能灯、USB 充电器（带负载）、无线路由器、机顶盒、电风扇、热水壶等。这些电器接通电源后，阻抗为 $Z = R + jX$。可用二端网络等效，如图 7.3.2 所示。

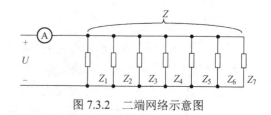

图 7.3.2　二端网络示意图

电器所呈现的阻抗表达式为

$$Z = R + jX = |Z| \angle \varphi \qquad (7.3.1)$$

式中，Z 为阻抗；$|Z|$ 为阻抗的模；φ 为阻抗角；R 为电阻；X 为电抗。

二端网络所涉及的电参数有：电流 I（单位为安培）、电压 U（单位为伏特）、瞬时功率 p、平均功率 P（单位为瓦特）、无功功率 Q（单位为乏）、视在功率 S（单位为伏安）、功率因素 $\cos\varphi$、频率 f（单位为赫兹）等。

端口电压和电流是同频的正弦量。设

$$i = \sqrt{2} \cdot I \cdot \sin(\omega t)， \quad u = \sqrt{2} \cdot U \cdot \sin(\omega t + \varphi)$$

则二端网络所吸收的瞬时功率为

$$p = u \cdot i = UI \cdot \left[\cos\varphi - \cos(2\omega t + \varphi) \right] \qquad (7.3.2)$$

平均功率 P（平均功率又称有功功率，是瞬时功率在一个周期内的平均值）为

$$P = \frac{1}{T} \int_0^T p\,dt = UI \cos\varphi \qquad (7.3.3)$$

或

$$P = I^2 \operatorname{Re}[Z] = U^2 \operatorname{Re}[Y] \qquad (7.3.4)$$

无功功率 Q 为

$$Q = UI\sin\varphi \qquad (7.3.5)$$

视在功率 S 为

$$S = UI \qquad (7.3.6)$$

由于 $P = U_R I = I^2 R$，$Q = U_X I = I^2 X$，$S = UI = I^2 |Z|$，故功率三角形、电压三角形和阻抗三角形是一组相似三角形，如图 7.3.3 所示。

由以上分析可知，表征二端网络的电参量诸多。哪几个量是关键量？这样的量一是要容易测量，二是由它可以推算出其他各参量。笔者认为电压 U、电流 I 和电压与电流的相位差 φ 是关键量。若 U、I、φ 可以测量出来，则有功功率 $P = UI\cos\varphi$，无功功率 $Q = UI\sin\varphi$，视在功率 $S = UI$，电阻 $R = \dfrac{U}{I}\cos\varphi$，电抗 $X = \dfrac{U}{I}\sin\varphi$ 均可推算得

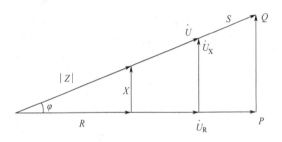

图 7.3.3 功率三角形、电压三角形和阻抗三角形

到。其中，$\varphi = 0$ 呈纯阻性，$\varphi > 0$ 为感性，$\varphi < 0$ 为容性。

关于 U、I、φ 的测量方法有多种，因为 U、I 均为正弦信号有效值，因此可采用 AD637 集成芯片进行测量，相位差 φ 可采用 "低频数字式相位测量仪设计"（2003 年全国大学生电子设计竞赛 C 题）的测量方法进行测量，这里不再重复。

根据基本要求第（4）项，随机增减用电器或改变使用状态，能实时指示用电器的类别和状态；根据发挥部分第（2）项：随机增减用电器或改变使用状态，能实时指示用电器的类别和状态。

设有 N（$N \geqslant 1$）个用电器并联在市电网上，利用上述测量方法可以计算出改变前的用电器等效阻抗 Z（$Z = R + \mathrm{j}X$）和改变后的等效阻抗 Z'（$Z' = R' + \mathrm{j}X'$）。现在分两种情况讨论。

（1）随机增加一个用电器，如图 7.3.4 所示。等效阻抗为

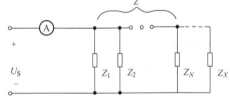

图 7.3.4 随机增加一个用电器示意图

$$Z' = \frac{Z \cdot Z_x}{Z + Z_x}$$

解此方程得

$$Z_x = \frac{Z \cdot Z'}{Z - Z'} \qquad (7.3.7)$$

（2）随机减少一个用电器，不难推得等效阻抗为

$$Z_x = \frac{Z \cdot Z'}{Z' - Z} \qquad (7.3.8)$$

根据上述分析，很容易识别电流相同、其他特性不同的用电器。

大、小电流用电器共用时识别小电流电器的问题，本题的难点之一。解决这个问题的

办法是提高测量电流、电压、电压与电流相位差 φ 的精度。ADC 和 DAC 必须采用 12 位以上的集成芯片。同时要将电器按用电电流大、小分成两组，小于等于 50mA 的为一组，大于 50mA 为另一组。在学习模式下，有意将电器按用电电流从小到大排序，这样做有利于识别小电流电器的种类及工作状态。

选用无线传输到便携终端上的显示方式，显示终端可以是任何符合竞赛要求的通用或专用的便携设备，便携显示终端功耗不计入装置的功耗。

此问题是本题的难点。可采用互联网进行数据传输，这雷同于 2017 年全国大学生电子设计 H 题（远程幅频特性测试仪）发挥部分的第（3）项。使用 WiFi 路由器自主搭建局域网，将数据信息与笔记本计算机连接起来，由笔记本电脑完成数据和识别结果的显示，或采用移动通信将信息发送给手机进行显示。

根据前面对题目的全面剖析，不难构建系统原理框图，如图 7.3.5 所示。

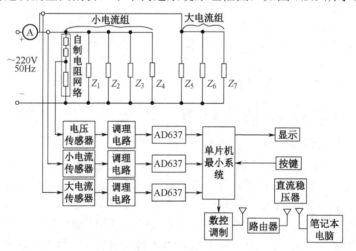

图 7.3.5　系统原理框图（一）

市面上已有功能强大的集成电路芯片，如 CS5463、ADE7953 等集成模块，它们可以直接测出 U、I、φ，并计算出 P、Q、S、$|Z|$、R、X 等的数值，因此可使电路设计大大简化，如图 7.3.6 所示。

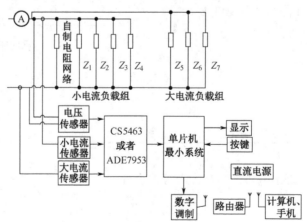

图 7.3.6　系统框图原理图（二）

7.3.2 系统方案

本系统主要由数据采集模块、单片机系统、液晶显示模块组成。下面分别论证这几个模块的选择。

1）液晶显示器件的论证与选择

方案一：采用 LCD12864 液晶显示屏。该屏幕驱动简单，显示信息明确，价格低廉，与 51 单片机兼容性良好。

方案二：采用 LCD1206 液晶显示屏。该屏幕价格低廉，与 51 单片机兼容性良好，但是显示内容有限，不能显示详细的信息。

通过比较，我们选择方案一。

2）数据采集模块的论证与选择

方案一：采用电流互感器与电流变送器。这一方案可以直接测得较为精确的电流，经过加法器抬升后再送到单片机进行 A/D 采样，得到与输入信号一致的电流波形。

方案二：采用电流互感器与电压互感器。采用 CS5463 电能计量芯片、CT118F 电流互感器和 ZMPT101B 电压互感器，可以测出具体的电流值和电压值。CS5463 是一个包含两个 $\Delta\Sigma$ 模数转换器（ADC）、功率计算功能、电能/频率转换器和一个串行接口的完整功率测量芯片。它可以精确测量瞬时电压、电流，并计算 I_{RMS}、V_{RMS}、瞬时功率、有功功率、无功功率、功率因数、频率，功能齐全。

综合以上两种方案，选择方案二。

3）方案描述

220V 交流信号经过电流互感器及电压互感器处理后变成几百毫伏的交流信号，然后经过电路将信号送入 CS5463 芯片实现模数转换功能，再通过串口通信将信号传输给 51 单片机系统。单片机处理信号后显示在液晶显示器上。系统总体框图如图 7.3.7 所示。

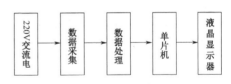

图 7.3.7 系统总体框图

7.3.3 理论分析与计算

1）电流互感器

电流互感器采用 CT118F，体积小，精度高，一致性好。CT118F 结构图如图 7.3.8 所示。

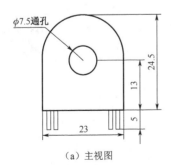

（a）主视图 （b）底视图

图 7.3.8 CT118F 结构图

2）电压互感器

电压互感器采用 ZMPT101B，其结构图如图 7.3.9 所示。

3）信号处理电路

CS5463 芯片是一个包含两个 ΔΣ 模数转换器（ADC）、高速电能计算功能和一个串行接口的高度集成的 ΔΣ 模数转换器。如图 7.3.10 所示，它可以精确测量和计算有功电能、瞬时功率、I_{RMS} 和 V_{RMS}，用于研制开发单相双线或三线电表。CS5463A 可以使用低成本的分流器或互感器测量电流，使用分压电阻或电压互感器测量电压。CS5463A 具有与微控制器通信的双向串口，芯片的脉冲输出频率与有功能量成正比。CS5460A 具有方便的片上 AC/DC 系统校准功能。

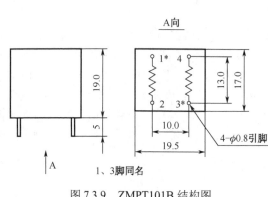

图 7.3.9　ZMPT101B 结构图

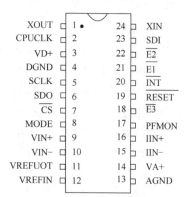

图 7.3.10　CS5463 引脚图

4）电压和电流测量计算

数字滤波器的输出基于 DC 偏移量调整和增益校准（见系统校准部分）。校准后测量的瞬时电压、电流是有效的。RMS 值利用 N（N 的值放在周期计数寄存器中）个瞬态电压/电流采样值计算，这些值可从 V_{RMS} 和 I_{RMS} 寄存器中读出：

$$I_{RMS} = \frac{\sum_{n-0}^{N-1} I_n}{N}$$

5）功率测量计算

瞬态电压/电流的采样数据相乘得到瞬时功率。N 个瞬时功率平均，计算出有功功率的值，用来驱动电能脉冲输出 E_1。电能输出 E_2 是可选的，可指示电能方向，也可输出与视在功率成正比的脉冲。电能输出 E_3 提供一个与无功功率或视在功率成正比的脉冲输出。E_3 还能表示为电压通道的电压符号，或作为 PFMON 比较器的输出。功率的计算公式为

$$P = U_{RMS} \cdot I_{RMS}$$

7.3.4　电路设计

1）信号采集和处理电路

220V 交流信号经过电流互感器及电压互感器处理后，变成几百毫伏的交流信号，然后经过电路将信号送入 CS5463 芯片实现模数转换功能，信号采集和处理电路如图 7.3.11 所示。

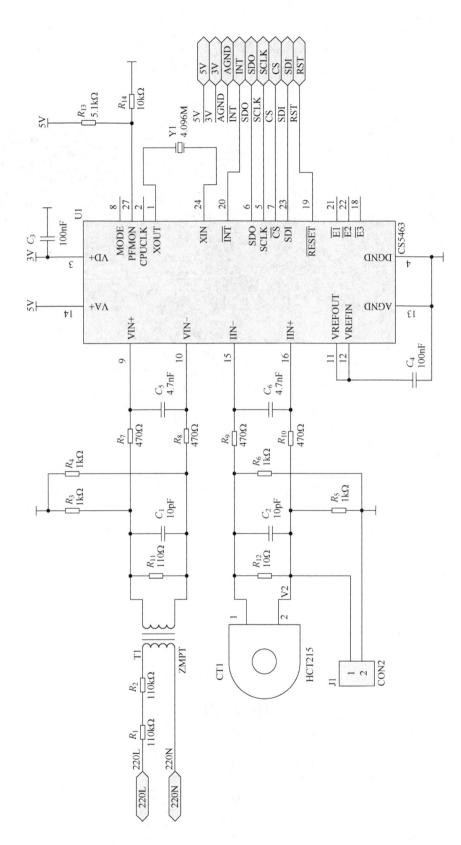

图 7.3.11 信号采集和处理电路

2）单片机系统

本模块是整个设计的核心部分，设计采用的是 STC89C52 单片机系统。STC89C52 是 STC 公司生产的一种低功耗、高性能的 CMOS 8 位微控制器，具有 8KB 在系统可编程 Flash 存储器。STC89C52 系统的原理图如图 7.3.12 所示。

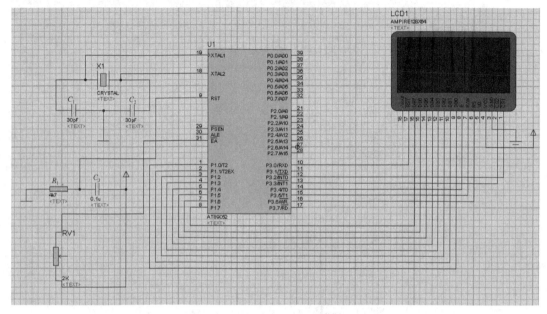

图 7.3.12　STC89C52 系统的原理图

7.3.5　程序设计

本系统采用 C 语言编程，主函数调用已编写好的功能函数，实现基本功能。功能函数有处理电压信号的函数、处理电流信号的函数、处理功率信号的函数、处理温度信号的函数等。程序流程框图如图 7.3.13 所示。

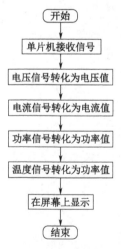

图 7.3.13　程序流程框图

7.3.6 测试方案与测试结果

1）测试方案

（1）硬件测试。

检查多次，硬件电路必须与系统原理图完全相同，并且检查无误，硬件电路保证无虚焊。然后使用示波器测量采集模块的波形，220V 交流电经电流互感器和电压互感器后的信号波形如图 7.3.14 所示。

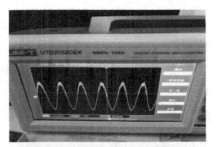
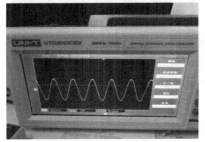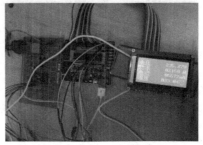

图 7.3.14 硬件测试图

2）测试结果及分析

测试结果如下表所示。

类 型	测 试 电 流/A	测 试 电 压/V	测 试 功 率/W	负 载 性 质
电磁炉	5.7900	233	1349	感性
电炉子	5.1520	233	1200	阻性
白炽灯	0.2710	233	63	阻性
机顶盒	0.7215	230	165	感性
电热水壶	5.2173	230	1200	阻性
电风扇	0.2732	230	62	感性

参 考 文 献

[1] 全国大学生电子设计竞赛组委会编。第一届～第六届全国大学生电子设计竞赛获奖作品精选。北京：北京理工大学出版社，2005.

[2] 高吉祥. 全国大学生电子设计竞赛培训系列教程——电子仪器仪表设计[M]. 北京：电子工业出版社，2007.

[3] 高吉祥，王晓鹏. 全国大学生电子设计竞赛培训系列教程——2007 年全国大学生电子设计竞赛试题剖析[M]. 北京：电子工业出版社，2009.

[4] 高吉祥，王晓鹏. 全国大学生电子设计竞赛培训系列教程——2009 年全国大学生电子设计竞赛试题剖析[M]. 北京：电子工业出版社，2011.

[5] 陈尚松，雷加，郭庆. 电子测量与仪器[M]. 北京：电子工业出版社，2005.

[6] 高吉祥. 电子技术基础实验与课程设计（第 3 版）[M]. 北京：电子工业出版社，2011.

[7] 高吉祥. 模拟电子线路（第 4 版）[M]. 北京：电子工业出版社，2016.

[8] 高吉祥，丁文霞. 数字电子技术（第 4 版）[M]. 北京：电子工业出版社，2016.

[9] 高吉祥. 高频电子线路（第 4 版）[M]. 北京：电子工业出版社，2016.

[10] 陈光福. 现代电子测量技术[M]. 北京：国防工业出版社，2000.

[11] 古天祥. 电子测量原理[M]. 成都：电子科技大学出版社，2004.

[12] 杨吉祥等. 电子测量技术基础[M]. 南京：东南大学出版社，1999.

[13] 张永瑞等. 电子测量技术基础[M]. 西安：西安电子科技大学出版社，2002.

[14] 全国大学生电子设计竞赛湖北赛区组委会编. 电子系统设计实践[M]. 武汉：华中科技大学出版社，2005.

[15] 徐欣. 基于 FPGA 的嵌入式系统设计[M]. 北京：机械工业出版社，2005.

[16] 刘畅生，张耀进，宣宗强，于建国. 新型集成电路简明手册及典型应用[M]. 西安：西安电子科技大学出版社，2004.

[17] 现代集成电路测试技术编写组. 现代集成电路测试技术[M]. 北京：化学工业出版社，2006.

[18] 荀殿栋，徐志军等. 数字电路设计实用手册[M]. 北京：电子工业出版社，2003.

[19] 高吉祥. 全国大学生电子设计竞赛系列教材第 5 分册——电子仪器代表设计[M]. 北京：高等教育出版社，2013 年.